愿以本系列丛书敬献每一位关注并践行“建筑中国60年”历程的朋友

愿以本系列丛书献给每一位关注并践行"建筑中国60年"历程的朋友

建筑中国六十年

评论卷

天津大学出版社

图书在版编目(CIP)数据

建筑中国六十年·评论卷/《建筑创作》杂志社编。天津：天津大学出版社，2009.9

ISBN 978-7-5618-3179-3

Ⅰ.建… Ⅱ.建… Ⅲ.建筑艺术–艺术评论–中国–1949～2009

Ⅳ.TU-092

中国版本图书馆CIP数据核字（2009）第152577号

策划编辑 金 磊 韩振平

责任编辑 高希庚

版式设计 涂家昌

封面设计 胡珊瑚

出版发行 天津大学出版社

出 版 人 杨 欢

地　　址 天津市卫津路92号天津大学内（邮编：300072）

电　　话 发行部：022-27403647

邮 购 部 022-27402742

网　　址 www.tjup.com

印　　刷 北京华联印刷有限公司

经　　销 全国各地新华书店

开　　本 185mm×250mm

印　　张 17.25

字　　数 420千

版　　次 2009年9月第1版

印　　次 2009年9月第1次

定　　价 62.00元

序：建筑设计历甲子

今年是我们共和国的60华诞，干支轮回整整一个甲子。我们是这60年历程的亲历者，我们亲眼目睹，并亲身感受了这60年中国家所发生的天翻地覆的变化，中国从一个满目疮痍、百废待兴的落后穷国，建设成一个生机勃勃、繁荣富强的新兴大国。这里有一组简单的对比数据，或许可以简略地反映出这一巨大变革：

总人口：5.42亿（1949年），13.2亿（2007年）；

国内生产总值：1 015亿元（1952年），300 670亿元（2008年）；

人均GDP：119元（1952年），22 674元（2008年）；

粮食总产量：1.1亿吨（1949年），5.28亿吨（2008年）；

固定资产投资额：43.6亿元（1952年），137 239亿元（2007年）；

城镇化水平：10.64%（1949年），43.9%（2006年）；

城镇人口：0.576亿（1949年），5.77亿（2006年）；

高等学校在校生人数：11.7万（1949年），2 005万（2007年，包括在校本科生和研究生）；

……

这些数字充分说明了这60年是全国人民同甘共苦的60年，攻坚克难的60年，硕果累累的60年。利用60年大庆的契机，各行各业也都要回顾盘点一下自己行业、部门的奋斗史、发展史。在中国建筑学会建筑师分会的指导和北京市建筑设计研究院的大力支持下，《建筑创作》杂志社经过精心策划，和天津大学出版社通力合作，推出了“建筑中国六十年”系列丛书（以下简称“建筑60”）。这套丛书是以全新的视角对建筑行业、建筑文化诸领域的全面回顾和审视，具有其重要的时代意义、社会意义和历史意义。

严格说“建筑60”系列可称为中华人民共和国国史（简称“国史”）研究的一个小小组成部分。尽管史学界对于国史、当代史、现代史的许多理论问题还有争论，但自十一届三中全会以后，国史研究逐渐开展起来，并作为中国史研究的一个分支而日趋成熟。1990年成立了当代中国研究所、中华人民共和国国史学会，创办了《当代中国史研究》刊物。此后各省市、各部门相继成立了相关机构，相关的通史、专题史、地方志、年谱、汇编等陆续问世。其中有代表性的就是由胡乔木同志倡议、中共中央书记处批准、中宣部部署、中国社会科学院组织实施的“当代中国”大型丛书，从1983年启动，经过十余年的努力，在1999年完成了24大类152卷的鸿篇巨制，为国史研究提供了系统翔实的资料。又如北京市从1988年启动地方志的编写，最后完成35卷107册，全面深入地记述了北京自然与社会的历史和现状。但上述各丛书有关事件的叙述和史料的收集也多止于20世纪90年代。

与官方主编的大型丛书、志书相比，民间或个人的传记、年谱、回忆、汇编也随国史研究的开展不断问世。历史学家们认为历史应尝试从更多的角度、用更多样的方法来加以复原和阐释，历史应是众多合力作用的结果。官方修史比较看重把政治层面的因素看做推动历史发展的关键动力，或按照一定通史框架限定而决定取舍，但自下而上的民间视角，把一些过去人们比较容易忽略的民间的、普通底层的思想和记忆纳入研究范畴，扩展了反映的深度和广度，使历史的复原更为全面。生活在时间之中的人们有讲述历史的权利和能力，也能够对过去发生的事实表达自己的认知，"建筑60"就是这样一部由有责任心和使命感的建筑媒体自下而上策划的建筑设计行业的大型丛书，就行业来说恐怕也是空前的一次总结、回顾和传播活动。在编选过程中传来消息，在中宣部、新闻出版总署的组织下，经过充分论证，"建筑60"丛书选题已入选"庆祝新中国成立60周年百种重点图书"选题，表明这一民间活动完全与主流活动合拍，这对丛书的主编、出版单位，都是极大的鼓励和支持。

法国著名作家维克多·雨果说："人类没有任何一种思想不被建筑艺术写在石头上。"人类创造的建筑和城市是当之无愧的人类文明纪念碑。经过建筑行业全体员工60年的栉风沐雨，建筑业已经成为我国国民经济的重要支柱产业，大量投资通过建筑业的转化，形成了促进国民经济长期发展的固定资产和现实生产力，并极大地改善了城市面貌，提高了人民居住水平。所以在"当代中国"丛书的24大类中，专门列出了基本建设和建筑两大类。北京地方志中也有城乡规划卷（4册）、建筑卷（1册）、市政卷（13册）。即便如此，对于为共和国发展作出巨大贡献的建筑业的宣传和表彰还很不够，社会上对这一行业的认识也有待提高。最近中央有关部门联合组织开展评选"100位为新中国成立作出突出贡献的英雄模范人物和100位新中国成立以来感动中国人物"活动，经组委会审定，推荐公布了300名候选人的事迹，但其中没有一名从事建筑业的先进人物，也没有从事建筑设计的先进人物，更没有从事建筑设计的代表人物，这不能不说是很大的遗憾。

至于建筑业中的建筑设计行业，是一个充满活力、推崇原创的创意产业，建筑设计的龙头和引领作用已越来越为人们所认识。据2006年统计，全国有工程勘察设计单位14 264个，企业全年营业收入3 714.42 亿元，从业人员112.07万人。由于建筑作品本身是技术与艺术的综合，是物质与精神的载体，是观念和价值的体现，建筑创作既要研究和表现技术、艺术、材料方面的综合性和普遍性，又要因时、因地、因势而表现出本身个性和特殊性，由于要表现和维护特定的价值观念和社会利益，也常常带有意识形态的色彩。如何表现长达60年跨度的这一跌宕起伏的行业，也是对丛书编者、策划者的极大挑战。我国各类史书，主要采取编年体、纪传体和本末体三大体裁，近代以来又增加了章节体，这些体裁各有个性也有其局限性。如《北京志·城乡规划卷》中的建筑工程设计志则按建筑设计、建筑技术、建筑科研、建筑管理四章加以叙述，许多方面没有涉及。“建筑60”在策划过程中经过多次研讨，最后决定用事件卷、机构卷、作品卷、人物卷、评论卷、遗产卷、图书卷共七卷的内容来表现这一行业的60年历史。从内容上看，它已包含了这一行业的主要方面；从体裁体例上看，它综合了前述各种体裁形式的特点。它因事制宜，其中既有时序明晰的编年体，也有人物回忆口述的纪传体，更有跨越专题、综合表现的章节体，叙述来龙去脉的本末体。这样，既有纵向的发展，也有横向的沟通；既有专题上的深入，也有多方位的视角；既有创作者的坎坷道路，也有建筑师的精神档案。总之，多样化的形式都围绕着如何更有利于建筑设计这一行业的学术传播，更有利于社会对建筑和建筑师的了解，更有利于读者的广泛化和非专业化。梁启超先生在提出新史学时，强调要努力“使国民察知现代之生活与过去、未来之生活息息相关”，亦即我们研究的视线要下移，要广拓。丛书的编辑强调“不去寻找60年与建筑设计相关的最喜之事、最痛之事、最悲之事、最无端之事、最扑朔迷离之事，而要总结那些60年来最可引发思考之事，最可代表建筑界社会贡献及影响力的事件，并从中汲取今日方向”，希望社会上各行业更关注建筑，扶植建筑，爱护建筑，传播建筑，从而为我国的建筑设计行业在国内外争得更多的话语权。

史学和建筑学都是知识最密集的学科，因此在较短时间内编辑这样一套大型丛书的难度是可想而知的。记得在此前的一次策划研讨会上我曾半开玩笑地说，这套丛书中的任一个子课题都可以作为博士论文的极好题目。但由于年代的久远（至少已是两代人），因时代和形势的影响，许多档案和资料并未完整地保留下来；因许多重要当事人的故去，也失去了宝贵、鲜活的第一手口述史料或回忆。此前在许多史实上造成事实不清，以讹传讹，再加上本丛书的编写人员大都相对年轻，缺乏对60年当中一些重要时段的亲身感受，诸多困难不言而喻。但他们有年轻人的激情和干劲，最后在这个年轻团体的通力合作下，在各界的大力支持下，终于较好地完成这一工作。这里也需要提及当代建筑史学的一些先行者，像资深老编审杨永生先生，一直关心建筑史料、人物的钩沉，尤其自1979年《建筑师》创刊后即关注资料的积累，在1998年后又策划推出了“建筑百家丛书”，从言论、史料、回忆、评论、书信诸方面做了大量工作。又如以清华大学陈志华教授、天津大学邹德侬教授等人为代表的治中国现代、当代建筑史的史家（杨永生先生主编的《建筑史解码人》中列出了我国治中外建筑史的学者、教授共77人，但研究现代、当代建筑史的人不多），尤其是邹教授积二十余年的功力，完成了《中国现代建筑史》巨著，填补了国内有关现代建筑史的空白。此外中国艺术研究院近年也有《中国建筑艺术年鉴》出版。策划编辑“建筑60”这套丛书的《建筑创作》杂志社自1989年6月成立以来，即注意建筑历史和文化方面的文字和资料的积累，出版了建筑界人物和作品方面的系列书籍，如“新设计作品100丛书”、“设计文化丛书”、“建筑学人自选系列丛书”、

"BIAD设计作品丛书"、《中国青年建筑师188》、《创作者自画像》、《石阶上的舞者》等。从2005年起陆续推出了《中国建筑设计年度报告》，在2008年，为纪念我国改革开放三十年，又策划并组织了百余位建筑界人士撰文，出版了《1978~2008 中国建筑设计三十年》，积累了大量史料和文图，并对重要事件、作品、人物进行了一定深度的梳理和盘点，为"建筑60"丛书的出版打下了较好的基础。

盛世修史。历史关系到民族之生存、治国之需要，以至明辨是非，惩恶扬善；历史又是精神的宝库、智慧的源泉。但历史认识本身又具有时代性、间接性、相对性，人们依靠自己的经历理解历史，对历史有选择地吸收，所以列宁说："认识是思维对客体的永远没有止境的接近。"在60年中，我们取得了巨大的成就，但在前进道路上也充满了曲折、反复和挫折，我们正是在不断总结经验的道路上前进的。孔子说："六十而耳顺。"历史的回顾也不应回避我们的失误，忽视取得的教训。记得1989年国务院经济技术社会发展研究中心在总结新中国前30年发展的历史教训时，提出了三点：频繁的政治运动延误了我国的发展进程；经济建设急于求成，反而欲速则不达；人口迅速膨胀成为经济发展的负担。近30年从城市和建筑的发展看，也不断受到权力和利益的干预和干扰，党和国家也在不断加以警示，如针对价值观和发展观上的问题提出科学发展观；针对浮躁心态、急功近利强调全面、协调、可持续；针对表面文章、"政绩工程"提出要关注民生；针对铺张浪费、奢华排场提出要勤俭节约、精打细算；针对崇洋逐外，唯"新"唯"奇"提出要弘扬先进文化，注重地方特色和历史文化。总之，要结合国情，务实求真，这些对建筑设计行业同样具有指导意义。在未来的岁月里，尽管还会有新的问题，会遇到新的矛盾，但"以史为鉴"，通过对60年的回顾，我们的城市和建筑在科学、理性、求实的道路上定能更健康地发展和壮大。

严格说，对这样一套表现60年建筑行业的大型丛书而言，我并不是作序的适宜人选，因为自参加工作至今我才经历了44年，只了解一些事物的表面和局部，所以此文只能说是就"丛书"的出版发表自己的一点感想罢了。

马国馨

中国工程院院士

中国建筑学会副理事长

全国工程建设勘察设计大师

2009年7月

目录

建筑需要评论

金　磊

国内最权威的建筑评论教材是郑时龄院士2001年2月推出的《建筑批评学》，他认为建筑批评从学科上讲是研究建筑批评的学科，是一种元批评，本身就是建筑理论的重要组成部分。建筑批评，又称建筑评论和建筑评价。郑院士在建筑批评的基本术语中归纳了结构、语言、话语、符号、记号、符号学、能指、意指、信息、信码、文本、多义性、空间、场所、作者、使用者反映批评、关联域、共时性、历时性、元批评、象征、隐喻、原型共23个“词汇”，意在展示建筑评论含义的广博与深度，意在表现如何深入展开建筑评论的实践。这是我们在盘点并回溯中国建筑60年建筑评论足迹必须关注的问题。建筑评论尤其重要的是客观，英国批评家瑞恰兹认为：“一位优秀的批评旁及要具备三个条件。他必须是个善于体验的行家，没有怪癖，心态要和他所评判的艺术作品息息相通。其次，他必须能够着眼于不太表面的特点来区别各种经验。再则，他必须是个合理判断价值的鉴定者。”从捍卫中国建筑文化出发，这里旨在对庞大的建筑评论体系实践中的问题谈几个方面，希望在60年回望这“弹指一挥间”中，找到较为系统的建筑评论要点及其命题。

一、两位建筑评论家的启示

资深建筑学编审杨永生先生是建筑出版界著名专家，更是数十年倾力为中国建筑师“画像”的倡导者，近十年来他利用离休之余完成了数百万字的各类口述历史文献的整理与出版，为中国建筑师的“百家言”铺好了路。这位可敬的前辈更是一位倡言并身体力行建筑评论的大家。3年前，杨永生见《建筑创作》杂志出版《建筑师茶座》，便赠予我他手头都奇缺的“建筑论坛丛书”（《建筑与评论》潘祖尧、杨永生主编，天津科学技术出版社，1996年9月第一版），该书共收录了杨永生、潘祖尧、蔡德道、邹德侬、左肖思、王天锡、曾昭奋、邢同和、刘力、张孚佩、孟建民、陈世民共12人的文章，这不能说不是中国建筑评论在20世纪90年代中后期有影响力的作品，因为现在读来仍有许多新鲜感。时任广州广厦建筑设计事务所总建筑师生的蔡德道从十方面谈了开展建筑评论的实操性做法：①评论很重要；②评论要有现状、胆识与气度；③评论有标准但也无标准；④评论允许“片面”与“偏见”；⑤评论要走出面向业内的“象牙塔”；⑥百密也会有一疏，对大作品可质疑和商榷；⑦评论可独具慧眼发现新人新事；⑧从保护与传承上讲，评论是温故而知新的；⑨帮助公众树立正确的建筑观，是建筑评论的使命；⑩评论要注意舆论有引导与误导的双重性。要看到自20世纪90年代以来，中国已一步步进入“建筑大国”行列，但今日是不是可以说我们的建筑设计与科研水平已耸立于世界建筑之林？在2009年英国皇家建筑师协会“世界建筑奖”的桂冠下的T3航站楼、“鸟巢”、“水立方”，是否意味着中国整体建筑创作水平之高呢？这种惊世之作除了得益于合作设计的创意之外，还应留给评论界更多的思考，那就是该如何持续中国建筑的辉煌。杨永生先生在《建筑创作》杂志2007年第2期发表了《十问中国建筑史》，希望有更多的人士与他共鸣，他近来又表示，想针对“建筑中国六十年”的话题再为行业出十个题，这表达了作为建筑专业评论家的一种责任和胆识。

我敬佩的第二位建筑评论家钟华楠，他是早年毕业于英国伦敦大学的香港著名建筑师，作为中国建筑学会海外名誉理事，他也曾担任香港建筑师学会会长。前不久，我陪杨永生先生拜会了钟华楠先生，我颇有收获地得到了钟华楠所著《城市化危机》

左起：金磊 杨永生 潘祖尧
2008年4月于北海公园

钟华楠

（商务印书馆香港公司， 2008年9月第一版）一书，我从该书上感受到一种特有的力量。作为一位职业建筑师，他大胆地指出：21世纪初，中国的建筑或都市设计的可持续发展很重要，但中国的国家生存可持续与否更重要。进而他问责：中国建筑理论可持续发展吗？中国特色的建筑文化到哪里去了？他进一步追问到，为什么迄今我们的管理者、房地产商、购房者都喜欢西方式、欧陆式、威尼斯水乡式、法国凯旋门式的建筑呢？作为一名颇具学养的建筑大家，钟华楠先生的评论跳出具体建筑的细枝末节，做出了对内地建筑师颇具启示的分析，使他成为一位环保型、资源型、人道型、社会型的建筑师。他进一步的独到分析是：①“现代文明”不文明。人类进步不单是物质和科学，也包括消除不平等，心理自由，自我生命满足和精神的追求。先进科技，如基因改选、急冻胚胎、种植人体部分等已使生命失去了尊严，这无疑是对负有社会责任建筑师的文明观的挑战。②“现代城市”不现代。现代世界已经很少有完全崭新的城市，愈是发达的国度，愈是拥有百岁高龄的现代城市，人口密度与环境质量都在加剧恶化。无论外国还是中国，都不可避免采光、通风、气氛、空间减小、噪声等结构性的负面影响，伴随着大都会及大中工业城市的“老化”，“现代城市”不现代再不是危言，重在一代代建筑师要有勇气为城市创造“新生”。

从杨永生、钟华楠二位先生身上我感受到一种超越建筑本身的传媒力量，这正如杨永生编的《建筑百家言》（中国建筑工业出版社，1998年9月第一版）一书所流露出的激情：难得有这么多专家、教授为一本书写出这么多精辟的文章，我们确信它有助于提高全社会的建筑意识，并反映着建筑界人士在20世纪末叶所思考的问题。

二、建筑评论与文化传承

2007年12月19日北京市规划委、北京市文物局公布了《北京优秀近现代建筑保护名录》(第一批),共计71项,时间是从1840年到1976年“文革”结束,标准是现状遗产较为完整,能够反映北京近现代城市发展历史,且有较高历史艺术及科学价值的建筑物(群)和遗迹(不包括文物保护单位及文物普查登记单位)。值得注意的是,2009年7月,北京有两处名人故居之命运引发关注,先是西城八道湾胡同11号院鲁迅故居面临被拆可能,后是地处北总布胡同的梁思成、林徽因故居在已拆了一半后紧急叫停的。梁思成当年曾力主全面保护北京旧城,可惜的是50年后被拆除的命运竟也降临到他的故居上。据有关资料统计,北京城现有308处名人故居,保护较好的只有74处,不及全部的1/4,名人故居已被拆除的比例高达1/3。众多文保及建筑专家强调,虽梁、林故居尚不是挂牌文物保护单位(事实上未挂牌已经大错特错),但按照《北京市城市总体规划》,只要属于旧城整体保护范畴,就必须予以坚决保护,不是文保单位也不该随意拆除,这分明不仅仅是立法的缺失,更是对“人文北京”理解执行差的显现。事实上,在中国广袤的土地上,又有多少城市为发展让文化遗产的命运在飘摇中消失。

第29届奥运会,由于人文奥运的力量,世界看到了一些北京四合院文化,2010年上海世博会,拿什么展示给世界呢?里弄建筑是不可缺少的一部分。现存的上海里弄保留了中西合璧的历史传统,符合世界遗产所要求的原真性标准,在这里可体味到文化韵味。如里弄石库门是中国传统住宅文化的升华和变异,它留住了天井,沿袭了合院,还有堂屋和西厢,已增加了厨房和辅房,单元格局完全是中国传统的延续,白墙灰瓦,江南民居石库门上加一点西洋装饰很有特色。在布局上有联排,有总弄和支弄,独门独院,适应现代城市土地的集约和合理使

2006年9月27日北京一次书评座谈会

用。但作为一种悖论，不少人针对上海旧里弄的现状，认为拆除才是改变这种居住环境的办法。对此阮仪三教授认为：拆旧建新并非解决问题之良策。因为拆旧的同时，里弄文化也消失了，盖新居高楼是难唤回原来精神的。城市居住发展是重要的公益投入，政府要有决心下力量，万不可再借助舆论宣传“旧里弄的陈旧破败是贫困的根源”，要用发展和保护的观念使上海里弄保护跳出困境。再看位于福州市城南的胪雷村的命运，如今的废墟上已看得出火车站的雏形。福州火车站于2008年9月开工建设，其建设场地有1 000多户人，70年前是我国著名数学家陈景润的出生地，老人会记得他家的老房子就在陈氏祠堂旁。相传，明清两代这里共培养了46位秀才、举人和进士。如今，这百年老村已成一片废墟，谁也无法说清700岁村落的保护价值。据悉，该火车站为全国十大区域铁路客运交通枢纽站，是我国东南沿海快速铁路通道上已开工建设的最大旅客站房。感慨的村民们及其后代只能看到人来车往的火车站广场，只能从穿过现代化庞大建筑的暗影缅怀中听老人们讲起昔日古村的容貌。在2009年7月举行的第13届上海国际青年建筑师设计作品展活动中，专家也对部分作品发表了不同的建筑评论。专家泛指理论家、建筑师、艺术史学家、文艺批评家及专栏作者，他们的评论及所树立的标准在建筑的发展中起到重要的作用，有时会改写历史及文化。如武汉辛亥革命博物馆设计虽令人有肃然起敬之感，但夸大的几何造型在武汉城市环境中是否合理，与开放城市现有文化是否和谐，含义是否准确都是尚未回答的命题。

三、如何看待“大师热”

列宁曾说，天才人物不是成千成百地产生出来的。天才如此，大师也更不例外。因为建筑与艺术界有越来越多的“大师

纪事

北窗杂记（八十九）

窦　武

春意正浓的时候，到粤南和澳门去了一趟。粤南主要是去深圳，那里有许多老同学，都是深圳的第一批开拓者和建筑者，奇迹的创造者。二十几年了，我还没有去看望过他们。其次是惠州，有一位朋友热情地相邀，他知道我将近二十年来主要干的是乡土建筑研究和保护，要我去看几个村子。中间夹了去一趟澳门，因为有两位杂志编辑，要编一期澳门专刊，为它的古建筑申报世界文化遗产助一把力，拉上我当个帮手。

最高兴的是见到了老朋友，我是一直惦记着他们的；最意外的是知道了原来澳门曾经是那么一座可爱的滨海小城，典雅而亲切，过去却以为那不过是一座赌城，专门拉贪官污吏们下水的。惠州则让我看到一些特色老房子和相当完整的老村子，更佩服当地的负责人已经着手在保护它们。

到澳门去，主人是特区文化局，由它下属的文化财产厅负责接待，厅长陈先生和高级技术员黄先生陪了我们整整四天。四天里，白天加晚上，我们把澳门的几个重点地方看了看。过去之前，深圳的朋友们说：澳门嘛，半天就看够了。可是我们还远远没有看够。

澳门是西方人在中国的第一个落脚点，是西方文明传入中国的第一个门户，作为中西文化交流早期使者的

热”，自然，建筑评论要了解各种议论，参加到评论中去。2009年2月，一篇《文怀沙的真实年龄及其他》，赫然对素有国学大师“楚辞泰斗”之称的文怀沙的学问及人品发出质问，成为2009年文化界的一大“热事”，对此文怀沙先生坦言他是“中学水平”，从未认为自己是大师。无论“文怀沙事件”的发展如何，但它至少给文化科技界一个提醒：要反省“大师热”。钱钟书先生也曾讲到“大抵学问是荒江野老屋中二三素心人商量培养之事，朝市之显学必成俗学”。现实中，真正的大师和建筑界、艺术界的人们心中不是没有一杆秤，大家从心底拥戴的是道德文章集于一身，才学识德融化无间。所有大师，未必都是高学历，但绝不是靠煽情忽悠的结果，“学本是修德，有德然后有言”。无论是建筑界还是艺术圈，都有荒诞可笑的吹牛者，都有著作界的小商贩，都有可怕的文化魔术家，如果传媒及评论界任他们纷纷登场，我们的社会哪来真学问。

2009年5月27日在南京召开的“中国近现代建筑文化遗产研讨会”上有专家披露，在一次交流会上有建筑艺术的评论者扬言，新中国建筑几乎寻不到经典项目，“垃圾作品”居多，甚至公开否认以梁思成、刘敦桢等建筑先辈开创的中国建筑事业。2009年6月16日，在北京某学院召开的“你心中的标志性建筑”为题的“建筑师茶座”上，前来参会的30多位本科生及研究生中基本上已说不全北京不同时期的“十大建筑”了，甚至不知道北京人民大会堂总建筑师张镈大师的名字，甚至在研讨中将1999年在北京召开的第20届世界建筑师大会确定的建筑经典，如北京民族文化宫项目视为单纯追求民族建筑形式的反例……在这一片迷茫及喧嚣中，我极其吃惊地感到，我们既然强调文化遗产保护，就不可丢失作为文化物质遗产的建筑文化遗产；我们既然强调要保护以中山纪念建筑为代表的辛亥革命后的中国近现代建筑，就必然应考虑到量大面广的新中国建筑；我们既然已将一批不同时期的建筑视为城市“十大建筑”，就更应有计划、有政策保护并推进对它们的宣传及保护事业。

记得2008年11初赴陕西汉中作建筑新田野考察，在西安领略到代表周、秦、汉、唐时期的四大遗址，有保存最完整的明代大型城垣，后又到达西安城外的户县、洋县、勉县、佛坪、城固县等，但已经几乎找不见多少明清建筑了，唯一可寻到的县城中心的钟鼓楼，可它们也多为近几十年间修建的，让人看上去总有某种别扭感。然而，在即将返京时，西安市规划局长和红星推荐我一定要去看关中民俗艺术博物院。一看，果然不凡，这里有物质文化真品遗产约33 600件（套），上可溯至秦、汉，以至唐、宋、元、明、清与民国，尤以关中历代拴马桩规模最大，近8 000柱石桩的“军阵”，犹如“地上兵马俑”，不仅神形万象，栩栩如生，还极大地浓缩了关中民俗文化的旧影。仅一小时的参观令我眼前一亮再亮。为什么该博物院靠民间的力量保存保护住了上千年的华夏建筑文明，而我们今日甚至难寻到几十年来建筑文化的风采。我觉得全国大中城市多么希望、多么应该由政府挂帅做好建筑文化遗产的保护的文章，其意义先不说为人类文化，至少应为2009年即将到来的新中国60周年庆典的建筑总结。

事实上，我国近现代建筑保护的工作由来已久，1949年新中国成立前夕，周恩来特别指示要注意保护各地重要的古建筑。为在全国解放战争中尽量保存古建筑，梁思成接受解放军有关部门委托，组织了当时清华大学营建系的教职员编写了《全国重要文物建筑简目》。1953年10月，针对城市基本建设工程引发的文物保护问题，中央政府发布了《关于在基本建设工程中保护历史及革命文物的指示》；1960年11月国务院通过了《文物保护管理暂行条例》和第一批全国重点文物保护单位名单，1961年3月发布了180处全国重点文物保护单位，其中涉及革命遗址及革命纪念建筑32处；1996年11月国务院公布“第四批全国重点文物保护单位名录”，共计250处，从此，原来的“革命遗址及革命纪念建筑物”类型由“近现代重要史迹及代表性建筑”取代；2006年6月迎来中国第一个“文化遗产日”，国务院批复了“第六批全国重点文物保护单位名录”，它们极大地促进了各地对近现代建筑保护的进程。可现在的问题是：人们对近现代建筑保护的文化视角至多集中在1949年以前，而对1949年新中国成立以来的建筑缺少保护思考，并已出现不理想建筑即拆即炸的大量案例，以至于在全国连续发生不少寿命低于20年的建筑被炸的事件。这里需要说明的是，至今虽然全国各大城市按国家的要求出台了一系列保护近现代建筑的规定及保护名单，但我以为随着第29届奥运会一大批场馆建筑开始“申报”文化遗产的新信息，更要求我们要重新理清文物与文化遗产的概念与关系，全面而仔细地应对新一轮建筑文化遗产保护高潮的到来。

为此建议：对于1949年以来新中国建筑的文化遗产保护的宣传策略至少有五方面：其一，要纳入各级政府的管理视线之中，尤其要按各城市确定的历史名城及保护范围展开新城建设；其二，要立即按重要程度整理并总结各城市1949年以来优秀现代建筑的名录，以确保其成果纳入第三次全国文物普查系列之中；其三，要在全社会加大对建筑文化及艺术的普及力度，不允许各种形式对现代建筑以各种“借口”的破坏行为，它同时也绝不可再由于规划设计管理的疏忽而造成新一轮的“建筑性破坏”；其四，作为把握话语权的建筑传媒及大众传媒，要在新中国建筑宣传上当好“传媒意见领袖”的角色。纠正并引导建筑创作的社会风气，去除单纯的从众心理、旧怀心理，更要反对缺少调研的逆反心理和炫耀心理，尤其要杜绝偏好心理，培养自身的修养及鉴别力；其五，鼓励全社会如同记住梁思成一样，记住那些为新中国建筑事业做出贡献的更多的建筑师及文博专家的名字，更充分地开展建筑评论。特别要投身到用国家建筑文化遗产的高度去关注1949年以来新中国优秀建筑保护与清查的宣传之中，并使之成为对建筑中国60年的重要见证及“活的”史料，并使之在公众心目中留下文化自觉的深刻“印迹”。

四川大邑县某展览厅“文革”壁画（2006年摄）

四、如何让建筑作品提升文化境界

在历史的徜徉中，20世纪60~70年代经历了一个特殊的转折期，一系列大的变动使建筑作品在量与质上都显黯淡。但经典是民族文化智慧的结晶，经典是民族文化传承的源泉，中国在60、70年代也问世了可传世的建筑经典，因此，认识经典，提升作品的文化境界，应成为建筑评论的永恒主题。以旅游宾馆为例，20世纪70年代前后全国的标志性旅馆有北京饭店东楼（1972年）、苏州宾馆（1977年）、南京丁山宾馆（1977年）、青岛汇泉宾馆（1978年）、河北石家庄宾馆（1977年）、广州宾馆（1968年）、广州流花宾馆（1973年）、南宁邕江饭店（1973年）、桂林漓江饭店（1976年）、广州东方宾馆新楼（1973年）、天津友谊宾馆（1974年）、广州白云宾馆（1976年）等。在业内不少人认为，如果站在今天“国际化”视角上看这些项目，不过是在特定历史时期上的佳作而已，要知道在这些作品中确有可称作经典作品的，确有保持着创作上的永久魅力的，重要的是我们选取什么样的视点去看待它们。时下，建筑文化发展到今天，虽普及面不太广，但人们因各种目的关注建筑已经风起云涌，为此，我们认为建筑评论必须在业内外担当起社会责任：①评论应承担起反映社会生活和建筑巨变的现实使命。建筑中国60年及奋进了30载的建筑师，已经重新站在历史的起点上，他们应该用自己的作品接受生活的厚赠。建筑设计作为一项高度复杂的多工种协调配合的独创性工作，之所以要体现使命感就是因为它必须社会化。②建筑评论要引领人们学会如何高雅地体味建筑作品。建筑评论重在负责，因此反对将粗鄙当个性，反对任何形式的谩骂及发泄，重在要有精神及文化语境的逻辑含量，努力做到每每评论都在平淡中见力道，在平常中见深刻，就是对特别需建筑批评的作品与事件，也要经得起良知的检验，让业内外公众在阅读中感受到分析的生命力。③建筑

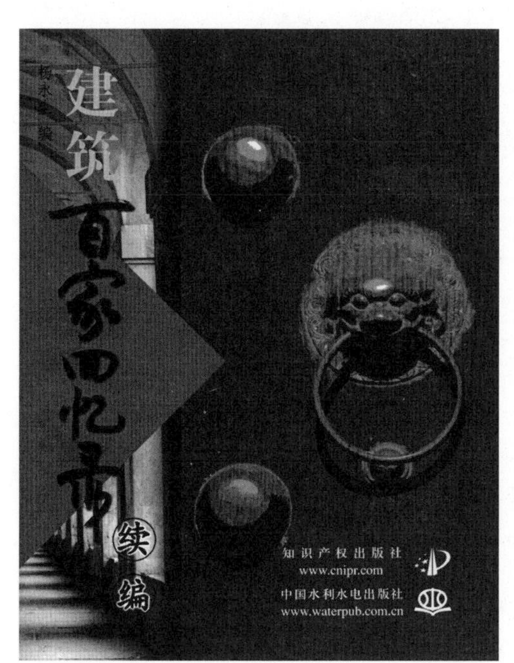

评论还要呼唤建筑作品的审美及人文关怀诸方面的导向作用。19世纪俄国文艺评论家杜波罗波夫说过“公众要艺术家喊出他们现实要喊的声音”。要提升建筑作品及事件的文化境界，还要杜绝评论上的伪饰化。现实中某些评论家奢侈地追求批评的功能，毫无节制地发挥语言的伪饰作用，使评论失去理论的光辉思想的照耀，变成了玩弄文字的炫技。建筑师与评论家的社会分工不同，建筑师使用的建筑语言是可以跳跃的、片断的和拼贴的，而评论家必须用合乎逻辑然而又是科学逻辑和艺术相融合的语言，将建筑作品的意义拼贴到公众的言语之中。所以评论家要有作为良知及优秀素质下的“规范文本”，评论需要理论高度及文化高度，只有这样，才会发现作品之影响的意义、问题及缺失，找准文化提升的境界。

在新中国建筑60年的历史记忆中，留有许多时代的特殊词汇，它们已构成历史信息的符号，共同绘就共和国建筑设计诸多评述中弥足珍贵的画面。回首60载中国建筑在思想史上的每一变化，那如火如荼岁月的生动故事，就会从建筑长卷中纷至沓来，激起人们对建筑前辈们的无比敬意。建筑评论作为建筑与人的思想、文化、艺术荟萃之地，不仅要坚守理念，开阔视野，更要引领博弈、发展与文潮。其中，以人为本建筑评论的价值取向，文化原创、建筑评论精神寄托及理念追求的不竭动力，文化境界，建筑评论超脱世俗、闪耀思辨光芒的发展旨归，都应该是中国建筑今后开启走向公民建筑的文化诉求及评说的准则，因此，本书选取的各类文章基本能代表每个时代发展的一个个坐标。

（金磊 《建筑创作》杂志社主编）

评论文萃

把基本建设放在首要地位

目前我国国民经济的恢复阶段即将宣告结束，新的大规模的建设即将开始。今后我国的建设，规模是空前的，我们要完成过去几十年的工作量。我国前所未有的规模巨大的对于我国工业化有决定意义的某些复杂的现代化企业，将在今后逐渐地建设起来。这些企业建立的迟早，将决定我国工业化的程度和速度。这是一个空前复杂的艰巨的新任务。

为了使我国的工业生产能够以较快的速度不断增长起来，这就要求我们进行规模巨大的基本建设工作。三年来国家对于基本建设的投资是逐年增加的，明年基本建设的投资又将比今年增加很多，其中工业投资将增加更多。因此，基本建设在整个工作中的比重，已经起了根本的变化，基本建设工作在整个国家工作中被提到了首要的地位。我们能不能建设一个工业化的国家，首先要看我们是否能够保证基本建设的成功。一切忽视基本建设的观点和做法都必须受到严格的批判。

当然，我们的基本建设工作不是没有困难和矛盾的。基本建设的主要矛盾是它的任务十分重大，而我们的力量还十分薄弱。无论地质勘探的力量、设计的力量和施工的力量，都远不能满足大规模建设的需要，有的相差一倍二倍甚至几十倍。个别单位的基本建设任务很重，但是基本建设的机构还没有建立起来。这种严重情况是不容许继续下去的。

我们的基本建设力量为什么会这样弱呢？这是因为过去三年间，我们在全国范围内还忙于土地改革、镇压反革命和抗美援朝。我国所有的经济部门，过去主要的任务是恢复生产和进行生产改革。过去也有一些基本建设，但只是一些恢复与改造的工程。领导机关和干部的注意力，过去不能不集中在生产方面，这在当时的情况下是适当的。但在今天，如果我们继续这样做就不适当了。现在我们必须把基本建设的工作提到首要的地位。我们需要立即把最优秀的干部、技术人员和技术工人投入基本建设部门（包括地质部门），迅速地增长基本建设的力量，以便肩负起大规模经济建设的任务。把基本建设放在首要地位，这必须成为今后全国共同执行的方针。我们必须努力贯彻这个方针，否则一切都是空话。

要贯彻这一方针，我们必须反对两种

错误倾向。一种是左的冒进倾向。这是不懂得基本建设工程的复杂性，把新建工程看成是轻而易举的事。这些人以为只要上级批准投资，新建工程就能完成，把建立现代化的工厂看成像开办一个手工工场那样的容易，把新建工厂看成像接管时期维持工厂生产那样的简单，因此既不周密设计，也不准确施工，结果，出现了像广州那样完全无用的肥料工厂，在全国各地造成了许多返工浪费现象。这种错误经过去年的检讨，有了改正，但随着出现的是另一种属于右的保守倾向，其表现是在设计用料时，只求安全，不惜浪费材料，把“没有设计，不准施工”看成可以拖延建设。这两种倾向都是错误的。我们必须继续反对左的冒进倾向，同时又必须反对右的保守倾向。

克服基本建设工作中任务重大和力量薄弱这一矛盾的关键，在于迅速增长基本建设力量，在于迅速增长地质勘探力量、设计力量和施工力量。这样才有可能克服投资用不完、年年完不成基本建设任务和工程质量低劣的严重现象。

增长基本建设力量，这就是说要有计划地开办各种专业学院，开办各种专科学校，开办各种技术学校，开办各种短期训练班以及在各种基本建设工程队中用带徒弟的办法来培养各种技术人员和各种技术工人。这些是必须做的，而且有的已经开始做了，当然还要尽最大的可能来做。但是这些力量不是一年半载就能生长起来的。因此在目前为了迎接一九五三年繁重的基本建设任务，必须立即按照中央人民政府政务院财政经济委员会基本建设会议上所规定的办法，积极地从生产方面抽调人员。这在目前来说是最大量而且是最可靠的增长基本建设力量的方法。

当然，从生产方面抽调优秀的干部、技术人员和技术工人到基本建设中来，是不会没有障碍的。但是这些障碍是必须克服的。这些障碍已经表现出来的有以下三个方面。

第一，有些部门在基本建设工作中存在着等待和依赖思想。如有的在等待人事部门给他们分配干部，自己却不肯迅速地积极地从所属的生产部门中抽调干部；有的想依赖建筑工程部门替他们施工，自己却不肯积极地去组织和扩大施工队伍。人事部门已经分配一批干部到基本建设部门中去了，今后还会继续分配出去，这是当然的；但是这种干部的调配，也需要相当的时间，数量也有限，不可能满足一九五三年基本建设任务的需要。同样，建筑工程部门明年已有许多方面的建筑任务，这些任务也是必须完成的，如果各部门想完全依赖建筑部门，那是一定会落空的。等待与依赖的结果，必然是耽误了基本建设。

不积极地从生产方面抽调人力，就一定要吃亏。

第二，有许多生产部门不肯把优秀的干部、技术人员和技术工人输送到基本建设部门中去，这也是障碍之一。他们只懂得生产的重要，却不懂得基本建设的重要。他们不了解基本建设中问题之多和问题之复杂，远远超过生产方面。因此，首先必须把最强的力量放在基本建设方面。有人说，从生产方面抽调人员，这难道不会使生产垮台吗？我们的回答是：不会的。因为我们三年来在生产方面已经有大批的干部和技术人员涌现出来了，他们能够继续很好地搞好生产。从生产中抽调人力，这决不是忽视生产。鞍山钢铁公司在这一点上是我们很好的榜样。他们在今年春季已经大批地向基本建设方面输送人员，生产却仍然在照常地进行；不但这样，而且他们的生产方面又生长了新的力量，培养和提拔了大批新的干部，超额完成了生产任务。根据实际经验，我们可以肯定地说，生产部门完全能够而且必须大批地和不断地向基本建设方面输送优秀的人员。把基本建设做好了，生产就永远不会垮台。那些把生产和基本建设对立起来或轻重倒置的思想是完全错误的。

第三，障碍还表现在某些干部和技术人员不愿意从生产部门转向基本建设部门。有的不愿意改行，有的认为责任太重，有的怕问题太多太复杂，有的怕受苦。这些想法显然也都是错误的。有这些想法的人，都因为他们害怕困难，缺乏顽强的克服困难的精神和信心，对于新鲜事物缺乏追求的热情。他们现在还看不到我国大规模经济建设开始之后，就将进一步使我国生活的面貌焕然一新。当广大人民已经创造出新的生活，并使每个人自己的生活发出了耀眼的光辉的时候，今天在新事物面前犹豫害怕的人就一定要成为落伍者。

必须指出，增长基本建设力量，不允许也不应该是盲目的，而必须按照计划有步骤有领导地进行。抽调人员、训练人员以及扩大固定工人，各部门都应该有计划地进行，否则手忙脚乱，将会造成严重的损失和浪费。

摆在我们面前的大规模经济建设的任务，是一个严重的政治任务。我们必须动员全国人民的力量，来保证这个任务的完成，首先要保证迅速地增长基本建设的力量，完成一九五三年的基本建设任务。参加经济工作的干部要用全力去学习基本建设的技术和管理基本建设的方法。每一个共产党员在执行这个伟大的任务中，更必须高度地发挥先锋的模范的作用。

我们都记得，我们的党中央，还在一九四九年三月十三日七届二中全会的决议中，就已经指出：“关于恢复和发展生产的问题……我们的同志必须用全力去学习生产的技术和管理生产的方法。” 同年七月一日，毛泽东同志在《论人民民主专政》中又教导我们：“严重的经济建设任务摆在我们面前。我们熟习的东西有些快要闲起来了，我们不熟习的东西正在强迫我们去做。”“我们必须学会自己不懂的东西。”“钻进去，几个月，一年两年，三年五年，总可以学会的。”“苏联共产党就是我们的最好的先生，我们必须向他们学习。”现在正是我们努力实现毛泽东同志的指示，去完成重大的经济建设任务的时候了。我们有许多优越的条件，有丰富的资源和潜力，有伟大苏联的帮助，这是极为可贵的。

我们相信，如同三年来我国恢复工作的成就一样，我们一定能够并且必须光荣地去完成今后大规模建设的任务，使我们的伟大祖国迅速地走上工业化的道路，使我国的工业生产不但能够在原有企业中，提高设备利用率，并依靠工人群众技术熟练程度的提高、先进经验的推广和劳动组织的改善，大大提高劳动的生产率；而且由于部分原有企业经过扩充、改建和大规模新建企业陆续投入生产，使我国今后工业生产能够不断地增长起来。

（原载1952年11月18日《人民日报》）

反对设计中的保守落后思想

在为我国工业化而进行的大规模基本建设的艰巨任务面前，我们必须及时地注意到目前在设计工作方面的落后状况，必须把提高设计工作的思想水平、增强设计能力当作目前一项迫切而严重的工作。因为在国家制定了正确的建设计划，有了必要的建设资源后，如果没有设计能力，我们就不可能把计划付之实现；如果设计得不正确，它就会造成国家资财严重的浪费和工业建设极不合理的现象，甚至可能把我们的工业建设引到错误的道路上去。因此，设计工作者对于国家的基本建设负有重大的任务。

在过去几年中，我们曾用相当大的力量建立了一些设计机构，设计部门中许多技术人员也曾进行了艰苦的和有益的工作，并且在设计中取得了不少经验与成绩。然而必须指出：一方面在很多设计机构和设计人员（包括行政领导干部和技术人员）中，还没有树立起指导设计工作的正确思想，许多错误的、保守的资产阶级的技术观点，几乎在我们所有的设计部门中都严重地存在着；另一方面，这种落后状态、这种错误的思想观点还没有得到必要的批判和应有的改进，还在不同程度上影响着设计工作。为了改变这种状况，提高设计工作的思想水平和设计能力，就必须展开对各种错误思想观点的揭露、批判，展开设计机构中的自我批评，开展向先进的设计思想去学习。

不久以前，在报纸上我们曾批评了东北第一陶瓷厂的设计者由于不从国家和人民整体利益的观点去理解经济核算，没有正确的指导思想，因而造成了严重的浪费。我们现在可以再举一个冶炼厂的设计来说明这种错误的后果。下面是检查该项设计的同志所写报告中的一段：（对于一般的读者来说，这一段话里和后面的文章里有些专门的术语是需要学习的，但是我们决心要了解工业建设中的具体问题，就不能怕这一点不可避免的麻烦。要记住：在这些小小的麻烦背后，就是工业建设的成败，就是几十亿几百亿国家财富的命运啊！）

“（一）在采矿与选矿部分，该厂的设计主要是依赖过去的资料和旧有基础为根据。对于这些资料，事先都没有详细审查，就盲目进行设计，因而发生了不少问题。譬如，设计工作者在设计中确定采用的完全是富品位的矿石，但实际上比原设计者确定品位低百分之五十的矿石，也是需要采取的和应该采取的。矿量的记载也不准确，直到现在能肯定的矿量只有原资料中的三分之一。由于资源调查和地质勘测工作没有进行，厂房的修建也就发生了问题。有些厂房和宿舍盖好以后，发现其地下有矿，现在正考虑这些厂房和宿舍的搬家问题。另外，选矿的机械设备绝大多数都是过去留下的，其设备性能怎样、陈旧程度和效用也都没有很好检查、鉴定，大都原封不动地往上安装，到试车后就发现了很多设备不良的现象。半年多来，边试边修，到现在还没有结束。(二) 设计不周，造成生产设备上的不平衡。例如：选矿厂的球磨、浮选能力小，破碎和过滤能力大，相差有一倍左右；冶炼厂的烧结能力小，熔矿炉的能力大。选矿厂的能力小，冶炼厂的能力大。此外，电厂的能力小，一九五三年供电就要发生问题，上半年还可勉强应付，下半年就无法解决了。(三) 设计草率，造成工程上不合理的情况也很多。例如选矿厂的厂房用的是木结构，据说只有三五年的寿命；储藏矿砂和铜精砂的储矿仓用的都是平底，矿砂不能全部自动流出，要用人工来处理。冶炼厂厂房设计和设备设计没有联系，有的宽，有的狭。熔铜炉旁的两个柱子因妨碍操作，只好打掉，改用加厚横梁的办法，烧结机的大牙轮放不下，只好把梁挖去一块。浇铸机因地方太小安装不上。由于熔铜炉的结构没有设计好，下面湿度太大，降低了炉子温度，十一月十九日一试车就冻结了前床。吹铜炉两个炉子只有一套传动装置，开一个就得停另外一个，虽然现在还没有试车，一九五三年却又要分开另设一套。……诸如此类的事情是很多的。”

这份检查报告所提出的事实，首先说明了我们的许多干部和技术人员，还没有树立起国家的整体的经济核算的思想。我们的国有企业是社会主义性质的企业，我们设计任何一个工厂或矿山，都必须从整个国家的长期利益出发，考虑怎样才能合理地运用国家资源。但是这个冶炼厂的设计者却没有这样的思想。他们一方面对矿石品位不作认真的分析，另一方面又只考虑到利用含铜量很高的富矿石，而没有考虑到在采矿过程中矿石含铜品位可能下降时如何利用较低品位的矿石。而从国家的经济核算观点来看，较低品位的矿石在技术上是完全可能使用的，在经济价值上也是应该使用的。只有资产阶级的企业主，他们为了个人的利益，在开采矿山时，往往不顾浪费国家地下资源，宁肯把完全有使用价值但品位较低的矿石弃置不用，而只采取高品位的矿石，借以保证他们个人的高额利润。我们必须以国家整体利益的经济核算观点去反对资产阶级的这种不正确的思想。如果不在思想上克服资产阶级从局部和暂时利益出发的观点，就一定要造成国家长期的损失。

其次，这个检查报告也说明了在这项设计工作中缺乏总体设计思想。设计一个较大规模的厂矿，必须事前弄清设计的根据，只有如此才能做出正确的建厂方针和总体设计，才能提出经济上技术上合理的方案。但是冶炼厂的设计者并没有这种总体设计的思想。在设计这一工程时，甚至连资源的勘查都被认为是可有可无的。他们在设计之前不对地下资源认真勘探，仅仅依据过去不可靠的而且是不完全的材料，假定埋藏量为多少万吨，这样当然就一定使设计的正确性发生问题。也就是说，由于设计的根据发生了问题，即使有了总体设计，也会发生错误的。同时，由于设计者没有总体设计思想，不经地下资源的勘查就进行建厂设计，因而根据设计所建筑的房屋，有的恰恰盖在了矿藏之上，这就不能不被迫地去考虑重新搬家的问题。

再次，在这项设计中没有在可能范围内采取先进的技术成就，而是以保守的落后的技术观点去从事设计。设计工作者应该是先进思想和先进技术成就的传播者和组织者。设计工作者应该在自己的设计中，最敏锐地考虑和吸收科学上的新成就，根据具体条件，尽可能地把新的技术成果运用到新的厂矿中，这样才能使我们新建的工厂、矿山在经济上更加合理，在技术水平上更加提高。目前我们的设计人员虽然有许多已经感觉到有学习苏联先进技术理论的必要，但是还有更多的人员坚持着保守的技术理论。他们不知道以唯物辩证法为思想指导的苏联科学进步的速度，已经大大地超过了资产阶级国家所能达到的速度。在这种思想状态下，我们的设计人员就不可能取得技术上先进的理论，他们依然把很久以前从资产阶级国家或学校里获得的教条奉为经典。以上所举的这个冶炼厂的设计，正是表明了技术上的保守思想多么严重地影响着我们的设计人员。例如该厂的原设计，根据资本主义国家的技术标准，规定其生产能力为两千吨，但是根据苏联专家的研究，认为只要抛弃落后的技术标准而采取科学上新的成就，则在利用原有建筑条件下，只要增加少数设备就可达到一万吨的生产能力。为什么两者相差这样大呢？这是因为原设计在联带烧结机方面采用了落后的日本标准（每平方米有效面积只能烧结八吨）。如果根据先进的标准设计，则每平方米有效面积的生产率将提高三倍以上。在熔矿炉方面，原设计对于风口断面所采取的落后定额为每平方米二十五吨。如果采用先进技术标准，则可达每平方米六十到一百二十吨。在吹炼方面，由于原设计传动装置的错误也就大大地限制了其本身的生产能力；在生产操作系统方面，原设计采用了落后技术标准，而没有采用现代的多层烧结炉和反射炉熔炼法。因此，苏联专家认为，只要根据新的技术成就加以改造，再增加一台烧结机及其他一小部分设备，则整个工厂的能力提高五倍是完全可能的。由此可见，先进的技术理论和设计人员的思想，在基本建设中有多么重要的意义。

还有，设计工作者对于负责设计的工厂、矿山，必须考虑各个车间与各个分厂之间的平衡，而且对于需要数年之久才能完成全部工程的大规模厂矿，还应该尽可能地考虑到各车间开始局部投入生产时怎样求得相互间的平衡。因为只有这样才能尽量避免国家资金和物资的积压与浪费。但是我们所举的这个冶炼厂的设计者，甚至连前一种最低限度的平衡要求都没有加以慎重考虑。它所设计的选矿厂，其磨矿和浮选能力小于破碎和过滤能力；烧结能力小于熔炉能力；而整个选矿能力和熔炼能力又极不相称。此外，厂房设计和设备设计也不能相互适应。所有这些事实，也都说明这种设计是么缺乏思想性的。

"拼凑"，它所造成的损失是严重的。对于

这样一个新建的工厂，当它刚刚要投入生产时，国家又将不得不拨付大量资金去重新改造它！

最后，在这项设计中，也没有注意克服资产阶级设计中不注意技术保安和劳动保护的思想，没有尽一切可能地考虑到劳动保护的条件。因而在建设完毕之后，技术保安上一系列的问题不能解决。例如在炼炉、吹炉的旁边，不正确地设置了水、气管道，因而在紧急的时候，如果把矿水放到车间地上时（这种现象在工作中是完全可能的），就会使水、气管道的线路发生意外故障。又如，在劳动保护方面，对于严重损害职工健康的硫化气体都没有考虑怎样加以处理，使它变为无害而又有用。

我们为什么要这样详细地分析这个冶炼厂的设计中的错误呢？因为这个设计提供了一个典型，让大家懂得，究竟什么是设计中的错误思想，这种错误思想究竟会给国家建设事业造成多严重的损害。我们要坚决反对一切缺乏正确的指导思想的“设计上的拼凑”。我们希望设计部门展开普遍的检查，揭露各种错误的设计，批判各种错误的思想。只有这样，才会给先进的设计工作开辟道路，才会使工业建设和其他基本建设不致遭受令人痛心的有时是不可挽救的损失。

（原载1953年1月25日《人民日报》）

两幢豪华的宿舍大楼

朱　波

北京地安门大街新建了两幢充满着古代建筑风格的机关干部的宿舍大楼。这两幢大楼还没有全部竣工，特别是外部装修大部都没有完工，但是已经可以看出它那完全没有必要的豪华的外形。

由于北京机关人员很多，住宿极为困难，修建一些宿舍是必要的。修建宿舍的目的主要是为了居住方便安适。可是这两幢大楼的建筑者所注意的却不是这些。在这两幢大楼的每幢楼顶上，都修了3个古老样式的亭子。这是建筑师用很多古老建筑的宫殿、寺院和宝塔上面的花样装饰起来的，远远望去和景山上的亭子差不多，只是建筑的年代不同。亭子之间是楼顶花园和露天舞池。在楼顶四周是挑檐1公尺宽的女儿墙。女儿墙是用钢筋混凝土做的，上面粉刷一层斩假石，然后又在女儿墙檐上铺上绿色的琉璃瓦。楼的下边是用斩假石做成的六七公尺高的须弥座，上面还雕刻着一排整齐美观的花纹。在临近地安门大街的一面，每幢楼都有三座门。根据图样要求，门楼的样式和寺院的门楼一样，所不同的是它比寺院的门楼更豪华更壮观。特别是中间的大门。绿色的门罩，朱红的檐坊，斗拱和柱子都要采用复杂的朱红彩画，门楼的地面上铺着一层花岗石。阳台的侧面用的是深色的斩假石，上面还有白色斩假石做成的栏杆。这些装饰，有哪些是对改善干部居住条件有密切关系的呢?

既然力求豪华，自然就会造成很大浪费。两幢大楼的总面积共42 110平方米，每平方米的造价约200元，比一般的干部宿舍的造价要高很多。其中只是楼顶上6个亭子的工料造价就达54.6万多元。据工人们说，这6个亭子的全部造价和全部人工，差不多可以建筑一幢很像样的办公大楼。楼内装备的浪费也很大。楼梯、走廊和大厅却为美术水磨石，共值26万多元，比一般材料高出数倍。显然的，这种建筑，是完全和当前国家和人民的生活水平不相适应的，也是脱离群众的。

由于设计上强调大楼外形美观，给施工单位也带来很多不必要的人力的浪费。

总之，这两座楼房是太豪华了！当我们国家正集中力量建设重工业的时候，建筑单位为什么把过多的金钱用在一座干部宿舍上呢?

当然，建筑单位对这种浪费现象是要负责的。但是设计者也难辞其咎。这两幢楼房是建筑工程部设计院陈登鳌建筑师设计的。陈建筑师一接受设计这两幢楼房的任务，就把大楼的立面形式放在第一位。他想，大楼所在的地方是首都最幽美的风景区，西有北海公园，南有景山和故宫，而且都是金碧辉煌的古代建筑，如果不把大楼的立面形式处理得美一点，这和周围的风景很不相称。而且一定要“民族形式”，不然，大楼和那些生动、富丽、辉煌的古代建筑群比起来，情调太不协调。他曾和北京市都市建设委员会的人员交换了意见，他们认为这样处理是对的。

他研究了很多古代建筑立面形式的处理，尽量想办法吸取古代建筑艺术的精华，来装饰这两幢大楼。考虑了几个方案，都不能使他满意，后来他又参考了我国其他地区古代建筑的宫殿、寺院、门楼和宝塔等资料，研究了它们的特点和风格，才设计出现在的样子。在整个设计工作中，他忽略了建筑设计的“经济”、“适用”、“美观”等三个基本原则的统一性。他说：“过去进行建筑设计时，很少考虑到节省建筑材料的问题，强调造价越高越好，设计出来的建筑物越特别越好。”他有一个想法，在建筑物中住的人没有在建筑物外看的人多，因此就要特别注意建筑物的立面形式的美观。

这两幢大楼是否美呢？其实，它好像不是一座新的建筑，而是从古老朝代遗留下来的刚刚经过粉刷过的建筑一样。

最后，还需要谈谈这两幢宿舍的工程质量。这两幢大楼在施工中曾发生了不少的质量事故，有些重大的质量事故是由于技术设计上的错误而造成的。如第三段两个宿舍的门设计在一起，门和门之间只有一根单薄的砖柱，支持着5根钢筋混凝土的大梁。施工时的情况非常危险，如果不采取紧急措施就有垮下来的可能。施工人员把原有的门口堵塞了11个，在砖柱上面加上钢筋混凝土横梁6根和柱子2根，并在那些不得不留下来的房门上面加上了钢筋混凝土的框架，来分散砖柱承重的力量，这样才挽回了这一危险情况。在下层楼房的盥洗室里，设计师把有暗管的墙壁设计为37公分（应该是49公分），在有暗管的地方还不到20公分的厚度。这是非常危险的事情。后来施工单位把暗管改成明管，用水泥把留暗管的地方填实，才解决了问题。其他还有因改变房间多打门洞等返工事故，也影响了大楼的质量。

（原载1955年3月28日《人民日报》）

反对建筑中的浪费现象

在我国社会主义建设的计划中，修建办公楼、宿舍、学校、医院和工业建设的其他附属建筑，占着一个相当重要的地位。几年来，在以上各方面，全国修建了数千万平方米的各种建筑，仅1953年，国家直接投资建设的房屋面积即达3 000万平方米以上，其中住宅约1 200万平方米。建筑事业的这种繁荣景象，中国历史上任何一个时代都不会有过。只有在人民的中国，由于党和人民政府对人民文化和物质生活的高度关怀，才可能把这些建筑列入国家的计划，成为国家建设计划的一个重要组成部分，并且以这样巨大的规模进行这些建筑。但是正因为这样，所以这些建筑也就应该服从国家建设的要求，而不应该离开国家计划的轨道，离开国家的经济利益和人民的实际需要。

国家对建筑的要求是什么呢？建筑的原则，党和政府早就指出了。这就是一切建筑都应该做到适用、经济，在可能条件下注意美观。适用就是要服从国家和人民的需要，这永远是建筑中头等重要的问题。比如，工厂中的附属建筑，一定要满足生产的要求，便利于生产和工作；学校必须便利于学习；医院必须便利于医疗和病人使用。如果不是这样，建筑便会失去存在的价值。经济就是要服从当前国家的财力和人民的生活水平，要最大限度合理地、节省地使用国家的投资，要用少数的钱盖更多的房子，以便更多地满足国家和人民的需要。建筑中不顾经济效果，追求富丽堂皇的做法，就是违背这个原则，就是损害社会主义建设的利益。建筑的美观当然也是重要的，我们决不否认建筑艺术而提倡丑陋，但是除了少数以满足艺术要求为主要目的的特殊建筑以外，建筑的美观一般决不应当违反适用和经济的原则。美观而不适用，就是为次要的利益而牺牲主要的利益；美观而不经济，那不但是浪费了国家的财力，而且往往使需要住房子的人因为费用太高而住不起，其结果也就不能算作适用了。

当前建筑中的主要错误倾向是什么呢？就是不重视建筑的经济原则。目前我们正紧张地进行着工业建设，国家的资金和人民的收入都有限，必须竭力提倡节约，反对浪费。在建筑中只追求铺张豪华而不讲究经济，使本来可以少用的钱多用了，本来可以多建造的房舍少建了，这种做法既脱离了人民的生活现实，又违背了集中一切财力物力首先进行工业建设的国家建设方针，这是决不能容许的。因此，必须要求一切建筑单位、管理建筑的部门、设计机关和建筑师在进行设计和建筑时，时刻关心每一平方米的造价，采用先进的技术，加快建筑的进度，降低建筑的成本，并在这个条件下创造既适用又美观的建筑形象。

目前建筑中浪费的表现之一，就是有些机关和企业，不分轻重缓急，盲目建筑，使许多可建可不建的建了，许多不必多建或大建的也多建或大建了，结果占用了国家大批资金，浪费了许多人力物力。西北的一个疗养所，只有30个床位，却占用近6 000平方米的建筑面积，去疗养的人不多，利用率非常低。北京市在1953年和1954年两年中盖了86个礼堂，有的礼堂装饰得还非常华丽。事实上，许多礼堂盖起后闲着的时候多、用着的时候少。这类建筑，为什么不可减少一些呢？即使必须修建，又为什么不可以由几个部门联合建筑共同使用呢？如果我们有计划地修建，岂不是就能节约很多资金吗？

建筑中浪费的另一种表现，就是追求所谓“七十年近代化、一百年远景”，毫无限制地提高建筑标准，提高建筑造价。根据长春“地质宫”、哈尔滨医科大学、鞍山设计大楼等3个建筑统计，每一平方米的造价大都在240～300元之间，只是这3个建筑的造价就超过国家标准700多万元，用这笔钱可以盖80元1平方米的宿舍9万多平方米。北京有些建筑每1平方米的造价也有在320元以上的。齐齐哈尔机车车辆厂新盖的职工宿舍，由于建筑和设备的标准都高，房费最低的1月要18元，最高的要41元，比旧宿舍的房费高2～6倍，工人因出不起房租不愿住进去。类似的例子各地区都有不少。这种做法显然是同集中力量进行重点建设的方针背道而驰的，这是严重违犯国家财政制度的行为，是对国家和人民的犯罪。

建筑中浪费的一个来源是我们某些建筑师中间的形式主义和复古主义的建筑思想。许多建筑师在设计中不愿意从事标准设计，认为这是“三等”工作，想搞单独的设计，而且要设计大建筑、要设计豪华的建筑。他们往往在反对“结构主义”和“继承古典建筑遗产”的借口下，发展了“复古主义”、“唯美主义”的倾向。他们拿封建时代的“宫殿”、“庙宇”、“牌坊”、“佛塔”当蓝本，在建筑中大量采用成本昂贵的亭台楼阁、雕梁画栋、沥粉贴金、大屋顶、石狮子的形式，用大量人工描绘各种古老的彩画，制作各种虚夸的装饰。有的建筑装饰的造价竟占总造价的30%。这些建筑不但耗费了大量的金钱，而且大都有碍实用；又因大量采用手工作业，无法采用工业化建筑方法，也就推迟了建筑的进度。

至于建筑施工中的浪费，也是很严重的。有不少的工程由于设计的标准高、使用的材料复杂、结构奇特、门窗种数繁多、装饰太琐碎等，给施工带来了很多困难，以致返工事故增多，造成许多浪费。也有不少的建筑工程，由于施工单位管理不好，原材料和劳动力的耗费很大，工程质量不高，造成了严重浪费。北京市就有不少建筑，刚建筑好就发现梁柱裂纹、混凝制品有蜂窝麻面、门窗不严、水管不通、排气不良、顶皮脱落等现象；甚至还在施工过程中，就已发现有些未交工的工程发生上述各种事故。由于施工质量不高，交工后年年都得花费很多钱去维修，结果造成一种长期的浪费。这种现象必须迅速设法加以坚决的改变。

建筑中不注意经济的倾向，首先要由有关的领导机关负责。许多兴修建筑的机关和企业有严重的本位主义思想，缺乏财政纪律观念，不认识节约每一文钱支援工业建设的重要，因而不珍惜国家资金，发展了严重的铺张浪费现象。其次是建筑领导机关没有及时提出这一问题加以批判和纠正。中央设计院、北京设计院的领导干部，也没有把主要的精力用来研究设计中的经济问题。中央设计院、北京设计院设计的某些建筑，如地安门宿舍、新北京饭店等等都在不同程度上存在着严重的浪费。在这里还必须提到建筑学会。在该会出版的两期建筑学报上，人们找不到关心建筑中经济问题的文章，相反却可以找到许多宣传错误建筑思想的文章，甚至刊登有严重浪费和形式主义倾向的论文和设计图。最后，国家的财政机关和监察机关没有坚决地同这种浪费现象进行无情的和有效的斗争，也是使浪费现象得以蔓延的一个原因。

我国正在动员各方面力量，全力为完成社会主义建设的第一个五年计划而奋斗。党和政府一再号召我们为保证我国工业建设的胜利，必须厉行节约，反对浪费。这是全国人民共同的任务，这是一切国家工作人员在工作中必须遵守的纪律。因此，建筑中忽视经济原则的倾向必须迅速克服，使建筑事业真正符合国家的计划，用有限的财力物力最合理地、最有效地为经济建设和人民的物质、文化生活服务。

（原载1955年3月28日《人民日报》）

从节约观点看“四部一会”的办公大楼

重　达

国家计划委员会和地质部、重工业部、第一机械工业部、第二机械工业部联合修建的办公大楼，是北京市一个规模很大的建筑群。第一期工程包括主楼一座、副楼两座，共9万平方米。副楼连屋顶共8层，主楼连屋顶是10层。主楼屋脊离地面46米，是北京市砖石结构建筑中最高的一个。现在，约6万平方米的两座副楼已竣工，主楼工程正在建筑中。

从工作需要看，建造这群建筑是必要的。因为目前北京有不少的部、局，办公室小，不得不分散在各处办公，有的相距十几里，这种情形在一定程度上妨碍了工作。但是，建筑单位和建筑师在考虑需要的同时，却没有充分注意建筑中的经济问题。

这两幢楼的浪费，首先表现在追求建筑形式方面。为追求房屋的轮廓线，在两幢副楼上加了6个毫无用处的重檐屋顶，耗费工料费32万元，而这还不包括因屋顶太重而引起加大结构方面的浪费。由于强调民族建筑的“特点”，在重檐下面，用水泥做了许多虚假的构件，如斗拱、额枋等。“女儿墙”上也镶上琉璃瓦，甚至连锅炉房也用琉璃瓦镶边。为了表面的装饰，采用了一批贵重的材料，有些地方用人造大理石和白水泥，这些材料的价值比普通材料贵数倍到十倍。另外还有彩画顶棚和大宫灯。由于强调装饰，就使建筑工程复杂了。仅模型试样一项费用，就花了9 700元；有些花饰做了十几次样子。建造大屋顶时，因为操作困难，把全部工程竣工日期向后拖了45个工作日，影响到使用单位不能早日利用这群建筑。

在设计过程中返工浪费的现象也不少。根据施工单位的统计，由于设计不周而改动设计的达245次，1000余处。以改变水暖工程设计为例，曾使这一工程不能正常施工，损失工料费达3.2万多元。又如设计地板时没有空气洞，又兼“龙骨”较小，致使1400多平方米的地板裂缝，不得不返工重做，损失许多木料和人工。

施工当中同样有不少浪费。在1954年一年中，发生的有记录的大小质量事故共570多次。其中因图纸交代不清、施工技术方面发生错误，使混凝土楼板超过原设计1~2分，浪费了4 200袋水泥。因为在施工过程中制定作业计划不准确、施工不均衡，曾发生不少窝工现象。去年3月份至12月份，因施工不均衡，用技工干粗工活，浪费了技工5.4万多个。

这就是说，如果建筑单位、建筑师、施工单位能够十分重视节约，避免上述的浪费，至少可为国家节省50万~60万元的资金，按80元1平方米计算，可多盖6 000~7 000平方米宿舍。

这些浪费现象之所以形成，还由于建筑单位未能在设计和施工中进行具体检查、施工单位未能在施工中想更多的办法降低工程成本，特别是由于设计人员的形式主义建筑思想作祟，设计过程中，虽曾考虑过经济问题，但由于追求建筑的轮廓线，便模仿北京古老城墙上城楼的式样，把几个古老的屋顶加在这群近代建筑的上面了！其动机虽然是为了美观，实际上不但浪费了钱，而且不美，使这群建筑像一个古代的城堡。

当然，也应该提到的，是设计这座建筑群的建筑师，在设计中曾作了一些可贵的努力。比如把原计划的钢筋混凝土骨架结构改为砖石结构，节省了钢材和水泥；立面处理得比较简单，没有烦琐装饰；适当控制建筑密度、加大了房屋的深度，节省了用地面积和室外附属工程费用，等等，因此使这个建筑的造价降到每平方米140元左右。施工单位在施工中，也实行了计件工资、开展了劳动竞赛，因而提高了劳动生产率。可惜的是他们到此为止了，没有想到如何进一步节约，把工程造价降低到最低限度。

最近，由国家计划委员会、地质部、重工业部、第一机械工业部、第二机械工业部组成的建房委员会派人对这个建筑进行了一次较彻底的检查，本着节约的精神修改了正在施工的主楼的设计，取消了主楼的大屋顶、减掉了室内的不必要的装饰，用普通材料代替某些贵重材料，结果降低造价20万元。这种做法是正确的、及时的。

（原载1955年4月5日《人民日报》）

华而不实的西郊招待所

范荣康

在"传统形象"的支配下，北京市西郊招待所已经建成的主楼、南配楼、北配楼、大会堂和正在建筑及即将建筑的其他建筑物，共约16万平方米建筑面积。

这个巨大的建筑群，是北京市设计院的建筑师张镈和他所领导的第一设计室的同志们设计的。他们强调西郊招待所处在"远山近树"的环境中，临近颐和园，又是用来招待国际友人的，因而尽量采用我国建筑的"传统形象"、"古典作风"和"古典色调"。这个想法似乎是并不错的。因为我国古代建筑毕竟是劳动人民艺术的创造。但是它们又毕竟是受了古代的社会条件的限制，并不适合于我们现代生活的需要。西郊招待所的设计人员完全没有考虑到这些问题，一味盲目地模仿古代建筑的形象，并且把它们集中堆砌在一起。比如在主楼上，他们采用无数根彩色的斗拱、檐椽、飞椽托着一座铺满翠绿色的琉璃瓦，侧面绘有金色山花的大屋顶；把主楼的女儿墙全部用琉璃瓦的小瓦檐装饰起来，向外伸展；正门上装饰了琉璃门框、琉璃栏、琉璃墙花和绘有各色图案的彩画；大会堂采用了许多琉璃瓦、大理石、汉白玉、石膏花和金箔，甚至暖气片罩子的雕花上，也被贴上了金。建筑师还把庙宇里放佛像的旧壁龛的形象也搬来了，在大会堂的门厅里用翠绿色的大理石砌成五座壁龛，每座刻有七道雕边，建筑师还觉得不漂亮，又在大理石的花纹上雕花。这些壁龛究竟有什么用处，谁也说不出来。

建筑师们为了追求"传统形象"、"古典作风"和"古典色调"，确实花了不少心血。建筑西郊招待所的工人们告诉我，观众厅天花板的图案原是方格形的，建筑师们嫌不好看，快要完工时叫拆掉，改成龟背脊形；彩墨刚描上了，嫌不好看，也叫抹掉重做。三番五次，不计其数，以致往往弄成画蛇添足和削足适履的情况。

华而不实

建筑，必须是适用的，必须体现出对人的关怀的社会主义原则。西郊招待所的设计者却牺牲适用去迁就"传统形象"。

主楼的立面上都是一排排的窗户，未免"单调"，建筑师设计了8块混凝土窗花嵌在正门两边的两排窗户上。立面装饰好像是"丰富"了，但这8间房子却因此长年处在阴暗状态中。南边4间是卫生间，暗就暗点关系还不大；北边4间正是寝室，阳光把窗花的阴影投射在地面上，东一摊、西一摊；往外看，那窗花像密密的栅栏一样，挡住你的视线，阴暗以外，更有一种闭塞的感觉。

“传统形象”中有台基，建筑师就把主楼地下室的外墙向外突出，砌成假台基。台基是有了，地下室的窗户安在哪里呢？安在立面上，自然破坏了台基这“传统形象”的效果，建筑师就把一部分窗户给截掉一大半，只留了一小节窗户在假台基的后面探着脑袋；在另一部分地下室里，索性把窗户开在假台基的顶棚上，这一部分地下室里，除了从天窗里透过一小块阳光外，全是漆黑一团，从早到晚都得点灯。

在南配楼和北配楼，有40多间曾经令人作难的寝室。这些不足12平方米的寝室里，安了一个房门、一个壁橱门、一个通卫生间的门，已经很碍事了，建筑师为了外形上的美观，还加了一座大阳台，再开一扇通到阳台的大门，屋小门多，不论把床铺放在哪一边都碍事。最后，总算找到一个窍门，把原先是横放的暖气片竖起来，腾出放暖气片的地方，挤进一张床去。

为了显示“我设计的建筑里没有附属建筑”，建筑师把总锅炉房、总厨房都集中在大会堂的建筑里，却不顾大会堂位于这个建筑群的中部。在这样的地方设置总锅炉房，安上一根大烟囱，不管刮哪一个方向的风，都有一部分房屋会吹进煤屑；也不顾这许多建筑挤在一起，相互间将发生多少干扰，以致一个设有20多间化妆室、演员休息室和排演厅，装有29道布景吊杆，可以演大戏的舞台没有一座把布景和道具运进去的高门，只得打通舞台和餐厅的壁墙，借道餐厅搬运布景。

主楼上有6处楼梯，现在有4处被禁用了。各层楼梯口的大门上都加了大锁。原因是建筑师在盘旋而上的楼梯之间，留下了比楼梯踏步还要宽的空间。从上往下看，只见楼梯的栏杆一弯一弯地向下落，直落到黑黝黝的地下室去。当中的空间那样大，那样深，站在楼梯口，就像是站在万丈深渊的悬崖上。客人们不得不日夜操心，总害怕有朝一日自己的孩子会从这里跌下去。就这样，4处楼梯被封闭了。

从这些事实，可以看到一条形式主义的红线贯穿在西郊招待所的建筑设计里。适用和对人的关怀的社会主义的建筑原则，变成了形式主义建筑设计思想的牺牲品。

严重的浪费

采用“传统形象”的造型，把一座大屋顶盖在高层建筑上，要比普通的屋顶增加两倍的负重，因而需要增加一系列的建筑用料，大大提高建筑造价。仅西郊招待所的主楼和大会堂，这两个建筑的大屋顶和卷棚小亭，就用了500多个斗拱、90多个角梁、7 000多根挑檐椽子。单拿主楼来说，它的建筑面积和结构，和去年完工的新侨饭店完全相同，只是由于盖上了大屋顶，内外装修比较多，造价就比新侨饭店贵了100多万元，光大屋顶就比一般平顶多花了19万元。

细部要有“古典作风”，色彩要有“古典色

调”，建筑师们就大量采用琉璃制件，到处贴金箔，雕梁画栋，也要多花许多钱。西郊招待所单是1954年，就用了30万件琉璃瓦，价值20多万元。单是金箔就贴了20多万张，单是大会堂门厅里的5个壁龛就用了1万多元。

然而，这种浪费还是可以看得见、算得出的。至于给长期的房屋管理中造成的浪费，就无法以数字来统计了。建筑师为了不使主楼的大屋顶“过分严肃突出”，用数十根混凝土柱子，顶着一排排木梁，组成4排长长的花架，把大屋顶和两旁的卷棚小亭连接起来。使用单位如果要使这些花架不致形同虚设，要购买大批藤类的盆花，添一批养护的工人，不知要增加多少开支。那高达数十米的外檐的梁枋和密密的斗拱上绘满彩画，建筑师为预防鸽子飞上去拉屎，却挡不住天长日久，雨打日晒，今天是金碧辉煌的彩画，明天褪色的褪色，脱落的脱落，重新修缮一次，单是搭那么高的脚手架，又要花多少钱？

更严重的浪费是大量采用特殊材料，到处贴金彩画，施工被迫脱离了机械化、工厂化的先进经验，陷在落后的手工操作中，迟迟不能前进。大会堂的平面被布置成扇形的，前大后小，共有41个标高，800多号梁型，一处和一处不一样，施工中困难重重，返工特多。南配楼和北配楼的门窗共有63种样式，陡然增加了加工的困难。贴金彩画，更是古老的手工细活，非老彩画工不能胜任。壁龛上大理石的雕花工程，一般石工不会做，沈阳大理石厂来的工人不会做，最后只得请建造人民纪念碑的工人来帮忙。

特别使施工单位感到困难的，是那银灰色的斧刃砖。这种砖。需要五面磨光。一块一块地对上去砌起来。单是主楼采用的斧刃砖就有5 000多平方米。然而，什么样的砖才经得起五面磨光呢？建筑师向施工单位提出要采用河北省满城县出产的澄浆砖。施工单位的工程师特地坐了火车亲自赶到满城县去，到处打听，才找到一个小村子。那里有两座土窑，当年曾为清王朝建造皇宫烧过澄浆砖，但如今早已闭窑多年了。工程师好不容易才找到一个老头儿，再三说服动员，晓以“支援社会主义工业化”的大义，才答应重操旧业，启窑烧砖。那两座破窑能力毕竟有限，澄浆砖的生产过程又比较复杂，哪能跟得上施工需要？再加上澄浆砖出窑后，要经过100多里的乡村小路，用大车运到火车站，再装上火车运到工地。一路上几番装卸，澄浆砖质量虽好，到底不是铜板铁块，经这一折腾，第一批运到工地的30 000块澄浆砖里，完好无损的只剩下几千块。施工单位只得请人在装车前，用草绳把澄浆砖五块五块地捆起来。这一捆，一运，澄浆砖的成本就比出窑时增加了3倍。把澄浆砖五面磨光，又花了1.2万多工日。

形式主义的建筑设计思想，牺牲了建筑的适用原则，也必然牺牲了建筑的经济原则。

责任何在

西郊招待所的建筑设计，也有好的一面。例如建筑师在部分建筑中，采用了混合结构，这对于我国的高层建筑来说，还是一个好的现象。而且在比较短促的时间里，在设计资料不足、任务分批下达的困难情况下，完成了这样繁重的设计任务，建筑师们确实是做了不少努力的。

作为西郊招待所建筑设计的主要负责人，张镈对这个建筑设计的错误是要负主要责任的。但这不等于说其他人就没有任何责任。主持西郊招待所建筑的基本建设部门，对这个形式主义的建筑设计错误，是负有相当责任的。当然，这个招待所担负着重要的任务，只要这些钱用在该用的地方，是可以多花一点钱的。但建设单位没有加强搜集设计资料、审核图纸和财政监督工作，督促建筑师把每一元投资都用到最必要的地方去，反认为“多花一些钱，总可以盖出好房子来”。结果，钱是多花了，并没有换来好房子。

北京市设计院院长沈勃同志对西郊招待所形式主义的建筑设计采取了自由主义态度，认为“只要甲方同意就行了”，助长了错误的发展。

此外，北京市第三建筑工程公司建筑西郊招待所的工程质量是不好的，客人搬进了大楼，工程公司还派了几十个工人在做补修工程。

西郊招待所形式主义的建筑设计，在施工中曾遭到工人们的多方责难，可惜当时建筑师们没有冷静地考虑这些意见，以致造成了无法弥补的损失。

（原载1955年4月28日《人民日报》）

加快设计进度，提早供给图纸

我们国家的基本建设规模越来越大了。1956年国家对基本建设的投资总额，将比1955年增加50%以上；开始施工和继续施工的重要工程比1955年增加了。苏联帮助我们建设的156个项目中，有123个要在今年施工，新修建的铁路有两千多公里。这个规模宏伟的基本建设计划，占第一个五年计划基本建设工作量的32%。顺利地完成任务以后，第一个五年计划的基本建设任务就有可能提前完成。

完成1956年的巨大的基本建设计划的关键在于设计部门要迅速地把图纸拿出来。几年来，我国的工业设计力量从无到有，从小到大，学会了很多本领，基本上完成了设计任务。但是，和国家建设日益增长的需要相比，设计工作还是常常落在施工的后面。1955年，全国各基本建设工地窝工现象很严重，其中很大一部分就是因为图纸不能及时供应所引起的。有些工程因为不能按时得到图纸，不得不推迟开工或延缓竣工日期。今年图纸的供应情况比往年有很大的进步。如重工业部国内设计的图纸，已有52%在去年年底全部交出和部分交出了，今年第二季度以前，基本上可以交完本年度施工工程的全部施工图。但是，从根本上说，设计仍然落后于施工。这就不能不急起直追了。

由于我国社会主义建设形势的发展，1957年的基本建设规模不但不会比今年小，相反，一定还会增大。因此，设计部门一方面要以最大的努力及时供应今年施工所需要的图纸，另一方面，还必须从现在起，就采取基本措施，为1957年和第二个五年计划的工程项目准备图纸，力争在两三年内根本扭转设计落后于施工的被动局面。当然，目前我们的设计力量还不够充足，许多重要的工程还不能独立进行设计，地质资料和其他设计资料还不能满足设计的需要。但是，加快设计速度仍然是可能的。

大量地采用标准设计和重复使用图纸，是加快设计速度的最有效最根本的措施。去年上半年，煤矿设计系统采用标准图纸和重复使用图纸仅占施工图工作量的5%，仅据五个设计院的统计，就节省了五千多个工日。用这些工日可以完成六对半年产60万吨煤的矿井的初步设计。去年年底，他们召开了全国煤矿设计机构的图纸交流大会，发现今年开工的六千多个单项工程中，就有四千多个可以采用标准图纸和重复使用图纸，而这样做，就可以节省十万多个工日，等于五百多个设计人员一年的工作量，用这些工日可以完成一百多对年产60万吨煤的矿井的初步设计。预计今年采用标准图纸和重复使用的图纸，可以达全年施工图工作量的40%。这种广泛采用标准设计和重复使用图纸的可能性，在各个设计单位都有。

在某些设计中，适当地简化设计程序和在设计资料基本具备的条件下提前设计，也是加快设计速度的一项重要措施。按照一定的程序和依靠充分确实的资料进行设计，是设计工作必须遵守的原则，任何草率从事的做法，都会造成错误，带来很大的损失，最后还是“欲速则不达”。这是我们坚决反对的。但是，有一些工程，技术上比较有把握，也可以把设计程序适当地简化一些，甚至可以把三段设计并成两段设计。有些比较简单的工程项目或小厂矿的恢复工程，更可以不必采用三段设计，而应该采取现场设计的办法，制定适当的规划以后，就可以发出施工图。这样就可以大大缩短设计时间。有一些工程，当基本资料具备的时候，就可以动手设计，然后再根据完整的资料修正，修改的工作量并不很大，而这样也可以争取时间。煤矿系统采取这种做法，可以使矿井设计提前两三个月开工。

成立专业设计机构，是培养和壮大设计力量、提高技术水平和设计效率的基本措施。这是适应工业技术飞速发展，分工日益精细的必然趋势。重工业部准备立即着手在两年内组成十几个专业的设计院和设计分院，以保证加速黑色冶金、有色金属、化学工业、建筑材料工业等等的基本建设速度。其他各部也正在考虑采取这样的措施。这种做法是完全必要的，适时的。为了有计划地提高设计的技术水平，还必须对设计工作进行全面的规划，保证在一定时期内，能够独立地进行重要工程的成套设计，以满足国家的建设要求。现在，重工业部已经提出计划：要求各设计院在两年内学会年产150万吨的钢铁联合企业、年产40万吨到50万吨的水泥厂等等重要工程的全套设计，其他各部也正在进行这样的规划。各个设计单位应该抓紧时间，动员全体设计人员，制定周密的具体的计划，保证实现设计工作的组织上的改革，达到技术发展的目标。

为了加快设计速度，各个设计单位还要加强设计的计划工作和组织工作，充分发挥设计人员的作用。要加强计划管理，制定先进的设计计划，把设计工作的各个环节科学地组织起来，加强薄弱环节，消除设计中的窝工和互不衔接等现象。要合理地使用设计力量，加强对设计人员的政治思想教育，进一步发挥他们的积极性和创造性。要认真地总结和推广设计工作中的各种先进经验。缩短每一个工序的设计时间。如果我们在这些方面做得更好些，就可以在现有的人力条件下，更快地完成更多的设计任务。

采取这些措施，一定可以大大加快设计速度。但是，同时又必须严格保证设计的质量和经济上的合理。使我们的基本建设事业又多、又快、又好、又省地向前发展，加快设计进度，提早供给图纸，这是全体设计工作人员当前的光荣任务。

（原载1956年1月6日《人民日报》）

反对“建筑八股” 拥护“百家争鸣”

张开济

我毫无保留地拥护在建筑界中提倡“百家争鸣”。目前建筑设计中公式化或八股化的倾向是非常严重的，一般建筑的平面布置，除了一字形及其发展之外，不是“匚”字形，就是工字形或H字形。比较庞大一些的建筑往往采用“匚”形，这样的平面有些像蛤蟆，所以有人就称为“蛤蟆形”。不少大学的主楼建筑都采用蛤蟆形，原因大概是因为莫斯科大学的主楼也是属于这一类型吧。立面处理更多半是大同小异的“三段设计”，就是中间几层一样处理，最高一层或两层以及下面一层或两层则作不同处理，基本上无非是脱胎于意大利文艺复兴建筑的构图手法。不对称的方案，比较简洁新颖的体形处理，很少有人愿意或敢于尝试，因为用了往往又很难得到业主的同意，有些吃力不讨好，不如套用八股，来得比较省心省事。结果除了“大屋顶”已经销声匿迹之外，形式主义的作风却是依然如故，有时还变本加厉。所以今天在建筑界中，提倡“百家争鸣”是非常的必要，特别的必要。而另一方面，如何来扭转有些业主们或其他有关方面对于建筑设计的一些比较保守或陈旧的看法，也是当务之急，这里就需要进行宣传教育工作，而这份工作还应该由我们建筑师们自己来做。我建议建筑学会今后在这一方面应该与科普密切合作，当然，在具体任务中，尽可能地尊重业主的意见，服从他们的需要还是必要的，但是千依万顺，唯命是听也不见得完全对，至于动辄把“这是业主的意见”拿来做自己错误的设计的挡箭牌，那更不是一个人民建筑师的应有态度。

有人以为在建筑设计教学中提倡“百家争鸣”是可以的，因为教师们的讲课，学生们的做习题，无非都是纸上谈兵，因此“鸣”对了固然很好，“鸣”错了也不要紧。但是在设计院、设计公司等做实际工作的单位中提倡“百家争鸣”就不免风险太大了。因为这些单位里所做的每一个设计都是按图建造的，“鸣”错了，岂不是给国家造成损失吗？我不太同意这种看法。首先，以往根本没有所谓“百家争鸣”，而我们的许多建筑设计还不是也给国家造成了损失吗？其次，党与政府所指示我们的有关建筑的原则是明确的，就是“适用、经济，在可能条件下注意美观”，但是如何具体地去实现这个原则却并无明文规定，也不可能明文规定，因为这是我们建筑师本身的事情了。因此，我以为为了在实际工作中实现“百家争鸣”，每一个建筑师就应该积极地开动脑筋，各出心裁，来争取在具体设计中最好地贯彻党给我们的原则，互相比赛谁的设计最能符合党的原则。这样做法，对于设计质量在一般情况下，只会提高，不会降低的，而且对于目前“建筑八股化”的流行病，更是唯一的对症良药。因此，怕“百家争鸣”影响国家建设的顾虑是完全多余的。

同时，我以为“百家争鸣”在我们建筑设计这一行中，倒还是有些传统基础，这传统基础就是设计图案竞赛，而以往建筑师们就是在这种设计竞赛的形式下进行“百家争鸣”的。本来建筑设计这一门学术，就是着重实践的，理论性的争论当然还是必要，但是有时各谈各的一套，一时很难做出结论，所以对于解决当前实际问题就有些缓不济急。倒不如有一个统一的具体的设计任务，让建筑来各抒己见，各显身手，根据各人不同的想法、理论、口味、手法，来各做各的方案，然后把这些方案付诸评议，或者展开批评与自我批评，这就比一般的文字上或口头上的“争鸣”来得更切合实际，而容易做出结论，因为俗话说得好，“不怕不识货，就怕货比货”啊。

当然，过去有些设计竞赛也不免有这样的情况，就是中选录用的设计却并不是那次竞赛中最优秀的方案。例如，在前国际联盟大厦设计竞赛中的建筑师勒·考别西尔的方案，与美国芝加哥论坛报社大楼设计竞赛中的已故建筑师沙立能的方案，在当时都是很富于创造性的作品，然而由于评选人员偏于保守，缺乏眼力，所以都未能获得实现。不过这些作品在建筑界中却影响很大，至今还脍炙人口，而反顾那些已经建成实物的中选设计现在却早已湮没无闻，可见是非自有公论，同时也说明了设计竞赛的确起了“百家争鸣”的作用。

所以我以为在建筑界中，提倡“百家争鸣”，首先应该把我们设计竞赛的优秀传统发扬光大，在可能范围内，把国家建设中的一些最重要建筑设计任务（包括城市规划在内）采用竞赛（必要时，甚至于国际性的竞赛）的方式来征求方案，这样做不仅有可能可以选用最好的方案来保证某一具体任务的设计质量，同时对于普遍地提高现有设计水平以及发掘新的设计人才，都会起很大的作用。

让我建筑师们就开始“争鸣”吧！

（原载1956年第7期《建筑学报》）

新中国成立后在建筑设计中存在的几个问题

杨廷宝

新中国成立后短短7年期间，在我国的社会主义建设中建筑设计方面是有很大成就的。

在工业建筑设计方面，这个成就很突出。我们建设的钢铁基地、煤矿、油井、各种化工厂，建筑材料厂，机器厂，各种轻工业厂，在第一个五年计划中规定限额以上的工业建设项目，施工的就有694个；实际上，施工的项目将达到800个左右。虽然其中有许多建筑设计工作得到国外的帮助，但我们自己的设计力量所做的还是占了很大一部分。在城市规划方面，随着工业的发展奠基了许多新兴的工业城市并且计划改建许多重要的旧城市。有些新建的城市在辽远边区人烟稀少的地方设计建造起来了，像那些新兴的石油城、矿冶中心等。旧城市的改建，就北京说，使一个新中国成立前住过北京的人今天重新到了北京，由天安门经西长安街出复兴门绕百万庄再由西直门进城，他就会叹一口气说北京的确已经大大地改观了。就像哈尔滨、郑州、洛阳、武汉、重庆、成都、兰州各处也莫不呈现蓬蓬勃勃的新气象。在居住建筑设计方面，全国各地过去三年中修建的和今年计划修建的职工宿舍就达5 000多万平方米。单就北京一地说，过去几年中每年新造住宅约300万平方米。在公共建筑设计方面，随着新中国成立后文化教育事业的发展，全国各地修建了大批的学校、医院建筑。拿1949年同今年计划相比，高等学校的学生人数从11.6万人增加到38万人；中等学校的学生人数从126.8万人增加到586万人。医疗机构的床位数已经从解放初期的10.6万张增加到今年的33.9万张。从这些数字我们可以想象到新中国成立后必须相应地增建的学校建筑与医院建筑的规模了。公共建筑包括的很广：各种类型的行政办公房屋、大会堂、剧院、体育馆、纪念建筑物等等，这个总的数量亦是很大的。在建筑教育方面，进行了教学改革，院系调整，逐渐成立全国七个建筑学专业的系科；另外还有工业与民用建筑事业以及一些中等建筑工程学校等，大大地加强了对建筑人才的培养。自从教学改革之后，学习苏联，密切联系实际，增加生产实习及毕业设计，使建筑教学不仅在学生数量上日益增加，而且在政治与业务质量方面亦逐渐提高。在建筑设计工作中，中央提出了“适用、经济，在可能条件下注意美观”的原则，我认为这是完全符合于我国当前正在大力开展社会主义建设的需要的。我们在建筑设计方面取得的伟大成就是令人兴奋的。这都是由于党和政府的正确领导，建筑设计工作者的努力，与有关各方面的工作同志们的积极合作，共同为了国家社会主义建设而奋斗的结果。

但是无可讳言，在具体建筑设计工作中，由于一般对于建筑设计的原则不够明确、组织机构还不够协调完善，因而或多或少尚存在一些问题，迄今未得到很好的解决，使我们国家在建设当中受到一定的影响。这些问题究竟是什么呢？我认为是：

(1) 了解不够。有些同志对于建筑设计工作的复杂性认识不够，以为建筑设计不过是画几张图示意而已，没有什么难，主要还是材料计算同施工安排。因此就造成许多建设单位不造房子则已，若是要造房子，今天交来设计任务恨不得明天就要拿到图样。事实上建筑设计不是这么样简单容易。事先不作足够的准备，考虑不周，要求不明确，资料不齐全，就会使设计人无从动手。主意拿不定，在设计进行中要求过分重大的更改，就会造成翻工浪费。有些人对于设计工作的看法，像工厂出货机器生产一样，不分工程性质复杂程度，不给适当的时间来分析问题考虑方案，造成了许多设计院同志们的工作负担过重；往往拿平方米指数作考勤考绩的主要标准，造成忙乱、粗枝大叶和赶任务的现象。我们必须认识到，建筑设计不是一种单纯的体力劳动可以采用机械生产的流水作业法，所以有的设计机构这样试验的结果发现，建筑设计组工作完了交到结构组作计算，依次再交到设备组，这样的流水作业常常会流不下去，必须送转来翻工，造成倒流的现象。必须认识到建筑设计工作的高度综合性，要求运用广泛常识全面考虑问题，既要使用便利，又要结构用料施工都适当经济，同时还不能忘掉尽可能美观，自始至终都要随时联系到各方面的问题来考虑。所以工作的组织搭配，关系与这个工作的质量很大。在审批工作中，有些同志掌握预算指标过分机械，未能根据特殊情况适当照顾，影响工程质量完工日期；总的结果并不经济。在学习苏联方面，生搬硬套不结合自然条件与生活习惯的不同，造成建筑设计的脱离实际。有些工作同志听到别人强调某种主张，也就顺水推舟；明知这种主张不正确，也不坚持原则来说服他们，以致造成工程上的缺陷。我们设计工作者应进一步认识到我们对于国家建设、人民福利所应负的责任。

(2) 追求形式。解放初期各地建筑设计工作大体仍沿袭旧日做法，五花八门，各行其是。作法式样非常混乱，各国各时代的形式都有，向资本主义国家的杂志上抄来的也很盛行。这是我们还能记忆的。及至批判了世界主义、结构主义之后，在一种错误的理解民族形式下滋长了复古主义、形式主义。五脊六兽重檐斗拱的大屋顶风行全国；宫殿庙宇的清式做法几乎变成了建筑师的日用手册。斧刃砖琉璃瓦成为建筑师的理想材料。追求形式的结果，许多不必要对称的房屋勉强凑成对称。屋檐下挂上了斗拱，内部外部都贴上了不必要的装饰，华而不实，浪费了国家资财。周边式的街坊布置，在一般情况下，既不合乎用途又不宜于我国一般地区的自然条件。有些房屋因为东西晒，完工后群众不愿搬去住；有的因为总体布置未考虑到居民生活上各种服务条件的要求，如买菜问题、小孩上学问题等等得不到解决乃至搬进去了又搬出来；虽然群体布置很美观但是不合用。在城市规划方面，强调中轴线，忽视自然条件，千篇一律地运用放射与环行的交通网；不分平原山野自然条件的不同，主观脱离实际的规划造成实施的困难。批判了复古主义、形式主义之后，情况是好了一些；但是有些同志又以为民族形式不要了，中国建筑从此没用处了，可以不必再研究了。我觉得这也是不对的，仍然是一种形式主义的看法而不是实事求是的精神。像北京大学同南京大学在原有的建筑群里形成了大屋顶的风格，以南大的做法，在造价上所差甚微的情况下，中国大屋顶是可以考虑在南大继续采用的。今天若插进去一些迥然不同的处理方式使这些建筑群的整体性破坏了，就是在可能条件下不注意美观了。不但如此，某些重要的纪念性的建筑物若是条件符合，亦还是可以考虑采用大屋顶的。

(3) 片面观点。单纯的重视形式也就是片面观点的一个突出例子。这个情况在批判复古主义形式主义以前是很普遍、很严重的。因为忽视了实用要求，未考虑到材料结构施工各方面是否合乎经济原则，就给国家带来了很大的损失。批判了复古主义、形式主义，学习了反对浪费、厉行节约的号召后，在建筑设计中又出现了片面的纯经济观点。只顾当前一时的单价低廉而忽视了工程质量与长远打算，使有些房子尚未完成就出了问题，不能如期交工，影响使用。或是当年修好当年就漏，还得再花钱修理。有些设计把三层楼的承重砖墙做成25公分自上而下，这在地震区、盐碱区是很不相宜的。刻下一般红砖质量还不够标准，在盐碱地区接近地面部分很快就会发生粉化剥落。若是墙内还要走卧管的话，这个承重墙只剩了12公分左右岂不太危险了么？像我们学校去年造的五五楼窗子做得很大，有好几扇，但是中间梃子省去，又把窗扇料子做得那么细，而木料很差，已经有许多地方翘了、裂了。风钩又是那么细软，玻璃就容易破碎，屋面是用石棉瓦，很轻，屋架因而也做得很省，但是我怕这座房子的寿命就成了问题，维修也很麻烦。长远打算不见得是经济的。

(4) 乱扣帽子。我们批判了个人英雄主义、树立纪念碑的思想。在复古主义盛行时期，不问在实用经济各方面是否恰当，几乎除掉宫殿庙宇的大屋顶样式受到欢迎外，别种处理方法或建筑形式的运用都会被扣上一顶帽子。若是平屋顶简单一些的设计，就说是结构主义，或者干脆就称之为玻璃方盒子。使设计人感到只有抄袭搬用一些旧形式这一条路可以走，除此之外都行不通。除非模仿一些苏联建筑在学习苏联的口号掩护下尚可免于指责，致使一些新建筑不尽切合实际用途，并且限制了创造性。批判了复古主义、形式主义之后，民族形式的呼声不大听见了。但是今后的具体设计工作究竟应该怎么办？许多人在彼此相问。建筑界思想上存在一定程度的混乱。有些建筑设计工作者就执笔踌躇，莫知所从，怕扣帽子。这种消极情况若不迅速扫除，对于我们今后的建筑创作的发展是有很大阻碍的。

(5) 工作条件。另外一个问题是比较有经验的建筑师往往担负很多的行政事务，一天到晚开会，不能集中精神搞建筑设计。大家讨论的多，具体研究设计的时间少。或者机构经常改组，不能及时稳定下来。最近虽然是好了一些，但这种情形还是存在的。有的工作同志经常留在绘图房里，任务加的很重，没有机会到工地去了解情况，去多结合实际；没有足够的参考书和各项有关的资料；不能得到充分的时间详细研究思考。有的宜于教学或研究工作的同志做了行政干部，使他的业务逐渐荒废下去，造成精神上很重的负担。有的同志对民用建筑设计很有经验就应让他仍搞民用，发挥他的专长，不要让他轻易转业。一时派不到适当工作的人员，就该让他们去支援人手缺乏的机构，以免工作推动不起来。

(6) 集体创作。集体创作集思广益本来是一件好事情，但是运用不得当也可以产生流弊。建筑思想学习之后，乱扣帽子的结果，使有些设计人员精神颓废，不求有功，但求无过，乐得利用集体创作名义，任其你一言我一语，然后把大家主张尽量融合于一份设计图上。没有经过详细分析研究所提的意见是不可能都妥当的，这样无形之中就把设计的责任大家分担了。若是房子盖起来群众满意便罢，若是群众有意见，就很难找那一个人来担负这个责任。我认为集体创作必须要民主集中，主稿人要有职有权。听取大家意见是有用处的，是好的；但还必须经过主稿人的详细考虑，全权处理。当任务交下之前，必须慎重考虑某项工程的性质与设计人的条件、能力、资历是否恰当、胜任。经过慎重考虑选定之后，就该让他负责去做设计，而不要妄加干涉。庶几这座建筑物的设计才能做好。做得好可以授奖，做得不好亦应受到批评。这里我还有一个意见。一个建筑师做一个建筑物的设计，有些类似写一篇文章，著一本书。文章著作都可以署名的，为什么对于一个建筑物的设计者就讳言其名？相反，我觉得署名的作用不但能够发挥创作的积极性，而且可以增加设计者的责任感。

我认为上面所提到的这几个问题是值得详细研究的。为了使建筑设计更好地为社会主义建设服务，就应当把一切可能发动的积极因素都发动起来。当前建设任务繁重，人少事多，分配不均匀，工作不恰当，影响甚大。我们应该批判本位思想，照顾人力不足的机构；有步骤地适当地调整机构，调整人员，似有必要；进一步给予建筑设计工作者以相当的工作条件、工作环境与培养进修的机会。在建筑创作中应认真贯彻中央提出的“适用、经济，在可能条件下注意美观”的全面观点的原则。任何片面强调经济，忽视工程质量、适用、美观都是错误的。复古主义、形式主义、结构主义我们都已经批判了，今后的建筑设计具体工作究竟应该怎么办呢？我们的建筑设计既然是为社会主义建设服务，那么它的性质就应该是社会主义的，而且亦是应该符合现实要求的。只要我们不单纯追求形式，避免片面观点，老老实实地、实事求是地根据中央提出的设计原则去做，就会逐渐形成我们新中国的民族形式了。它应该是生气勃勃的、富有创造性的，并且是充分反映了我们的社会生活。但是这需要有一个过程，随着我们建筑师的业务水平的提高和新材料、新做法的发展而逐渐成熟。为了达到这个目的，除了继续认真学习苏联与各个兄弟国家的经验和成就，并吸取任何其他国家在建筑设计方面适合于我们用途的优点外，还必须结合我国实际情况，大力展开建筑设计方面的科学研究工作。必须研究利用某些种类的建筑标准化、材料工业化与施工机械化、装配式做法以及设计模数制、有关的工程结构、构造材料、各种设备等，庶几，在12年内才能赶上世界在建筑设计方面的先进水平。同时，不能忽视我国的具体情况，要尽量利用地方材料、做法，用大量劳动力的特殊条件，例如竹材、土墙等在适当情形下都应该充分利用的。党中央提出了“百花齐放，百家争鸣”的号召后，在各种科学技术、文学艺术方面都呈现一种蓬蓬勃勃的新气象，我们建筑设计方面亦不例外，不管是在业务方面或教学方面，都像得到了一种新的推动力量，使我们对于改进建筑设计工作中的一些问题增强了信心。我们应该同心协力，健全设计机构，提高创作水平，改进教学质量，使我们的建筑设计工作在国家的社会主义建设中发挥更大的作用。

（原载1956年第9期《建筑学报》）

建筑师还是描图机器?

陈占祥

建筑设计应当是创造性的脑力劳动，这是我们这一行的基本特征。不承认这一基本特征工作准出毛病。

这多少年来我们设计了多少万的建筑平方米。速度是超音速，按理说这么多的设计实践早应锻炼出不少大师来，旧社会里即使是成功的建筑师一生的业务很可能勉强地抵上我们院内一组一年的任务。瞧瞧我们的作品，屈指算算向科学的进军日益在缩短着期限，真是令人心寒。这些散布在美好大地上的官方建筑——这是上海某些同行送给我们的帽子，把我们设计的呆板无味、死气重重而言。看来这帽子很合适——群众看不上眼，亦用不惯，我们自己何尝满意。长此以往，尽管平方米数足够吓倒任何先进国家，离开国际水平依然甚远，至于几年赶上，我看休想!

这么大的功绩应当归功于巨大的组织工作：居然把建筑师变成了描图机器!

这座机器的零件有指标、规范、统一做法、统一大样，标准这个，标准那个，一切的一切，来节省脑力劳动，调整机器运转的有检查科、计算科、室主任、各种检查审查会等。管着机器的人亦不少，院长、局长，大些工程，官长更多。

不管比喻恰当与否，总之我们只好用两手忙于画图，开动脑筋这种事好像不习惯，怪不得领导常常会向我们大声疾呼开动脑筋。英国贝尔纳教授参观了我们工程后，指着脑袋提醒我们不要忘记使用在我们肩膀上的这件宝贝。既然我们有这颗脑袋，而且终是最听从使唤的，说实在的我们没有工夫去用它呀。再说用也没有多大意思，因为脑袋里常常溜出了杰作思想，何况年终评奖还不是任务完成如何、货币超额诸如此类的东西。其中情况何待我细说，大家心中有数。

有什么大惊小怪的必要！官方建筑是必然的产物。

毛病之所在，归根结底一句话，这一切都违反了我们这一行业的基本特征，领导上亦知道我们是脑力劳动，因为图毕竟要由人画的，不用大脑这条线会画到图纸外面去的！到今天止，我们的力量亦仅仅发挥到此为止。

我们有社会主义，有这么大的事业，又有百花齐放、百家争鸣，又有适用、经济，可能条件下的美观，应当说应有尽有，为什么脱不出官方建筑，赶不上旧水平呢？这一情况实在使人心寒。不从这堆描图机器里跳出来，我看算是完了。到底谁在阻碍我们发挥社会主义优越性呢？说技术人员责任感不高——这是老调了——这句话不能成立啦。你看我们不是常常超额完成任务吗？这不也正是领导上的要求吗？

当然，这一毛病领导上看出了，所以要求提高质量，这是正确的。在旧有这个框子下——指的是这一巨大的机器——加上更多这样那样措施，结果是使人透不过气来。效果呢？让我先占个卜，我说凶多吉少。

怎么办？让我们大家鸣吧。

我希望不要给我们什么工时指标，而是给我创造更好些的工作条件。问题很复杂，这里要牵涉到任务统一等等。

我希望院内管得少些，统得少些。这里有许多工作制度问题，我主张设计室和它的设计人员有更多的自决权。

我希望以政策作为创造的指导，让大家多修些人工纪念碑。让我们拿出全盘脑力来设计出适用、经济、可能条件下美观的建筑物贡献给人民。非但有纪念碑，而且有奖——我是比较庸俗，认为钱非谈不可，错了的话，检讨受处分都是心服口服。

我希望领导真正了解我们这项行业，看来这是被人误解的一个行业，否则我们怎么会变成描图机器呀！我们大家亦要多嚷嚷。

（原载1957年第9期《建筑学报》）

火烧技术设计上的浪费和保守

“设计一条线，落笔千万金”。这句话反映设计人员在我们国家建设事业中有着重要的影响。当国家投资计划和生产计划确定以后，不论工厂建设、民用建筑或者新产品试制和老产品改进，究竟是浪费还是节约，是先进还是保守，首要一关就决定于设计人员的设计了。先进的设计思想会加速建设事业的前进，而落后的设计思想就会造成严重的浪费。所以，反对设计中的浪费和保守，提高设计的质量和水平，是所有设计部门在整风中必须解决的一个关键问题，不解决这个问题，多、快、好、省的建设方针就得不到全面的贯彻。

现在，反浪费、反保守的火焰正烧向技术设计部门，凡是经过大鸣大放、大字报、大辩论的地方，已经开始出现大跃进的新气象。化工部在反浪费、反保守运动中，重新审查和修改了厂房设计，一个年产八万吨接触法硫酸厂，根据原来的设计，需要投资八百二十万元，现在只需五百万元就够了。这一设计的修改，原来准备兴建三十个厂的投资，现在可以兴建五十个厂，硫酸产量由原来的二百四十万吨增加到四百万吨，这是工厂设计大跃进的事例之一。北京市规划局设计院，从反对设计浪费和保守以来，检查了一百三十项设计，修改了五百五十张图纸，为国家节省资金九百多万元，这是民用建筑设计大跃进的事例之一。石家庄动力机械厂生产的锅驼机，每马力九十公斤，跟最先进的煤气机比起来重量要大七十公斤，经过设计人员的研究，准备降到二十三公斤，这是机械产品设计中大跃进的事例之一。这些事实，反映设计中的浪费是最大的浪费，设计中的节约也就是最大的节约。如果设计工作中隐藏着浪费不扫除，即便施工部门、生产部门尽了最大的力量，也难弥补设计上所造成的损失。所谓“差之毫厘、谬以千里”，对设计人员来说，是最好不过的警语。

为了贯彻多快好省的方针，扫除设计中的各种浪费现象，必须坚决地同各种落后思想作斗争。长期以来，设计工作中强调保险系数和墨守成规的思想是十分严重的。他们为了处处保险，就采用各种办法加大保险系数，层层设防，纵深配备。凡是可大可小的东西，总是大一点好；可有可无的东西，总是有比没有好；可厚可薄的东西，总是厚一点好。他们只看到，有了保险系数在工作上才有保证，而没有了解过大的保险系数实际上就是浪费和保守的反映。

当然，孤立地从保险系数和保证条件来看，作为一个技术设计人员他们是有良心的，不过，他们的良心是“技术良心”，是对个人技术名誉负责的良心，不是对国家资财负责的良心。正因为这样，他们在技术设计的时候，考虑个人技术责任多，而考虑国家经济能力和水平却很少。他们设计出来的东西，属于实样测绘、墨守成规的多，属于大胆创造、大胆革新的少。他们唯恐将来发生什么事故，追查责任，宁愿加大保险系数，不愿减少保险系数；有的人甚至连几百年以后的情况也列入保险项目。这就浪费了国家资财，妨碍了专业的发展。

设计工作中另一种落后思想是个人“杰作”思想。这种思想在建筑设计部门最为突出，有些建筑设计人员为了追求个人杰作，树立个人纪念碑，个人欲望压倒一切，把国家建设方针置诸脑后。我们国家对建筑的原则是：适用、经济，并在可能条件下注意美观。所谓适用，就是要适合于生产和工作的需要；所谓经济，就是要适应当前国家人力财力和人民生活的水平；所谓美观，是要在服从适用、经济的原则下尽可能达到美观的要求（至于某些需要满足艺术要求的特殊建筑当然例外）。美观而不适用又不经济，就是为了次要的利益而牺牲了主要的利益。可是，有些设计人员到现在为止，对于国家的建筑原则，在思想上还有很大的抵触。他们认为要建筑就得要美观，要美观就得要花钱。他们认为好的建筑只有两个标准：一个是标准高，一个是面积大。他们把设计中的浪费现象统统用“手法问题”、“风格问题”掩盖起来。然而就其实质来说，这些正是资产阶级个人主义浪费国家资财的借口。我们不能容许这样无心肝地浪费人民血汗的罪恶行为。在资本主义社会里，资产阶级所欣赏的就是比豪华、比阔气、比风格、比个人技术良心、比名誉地位。在社会主义社会里则是另一个标准，这就是要比多快好省，比经济适用。因此，反浪费、反保守的斗争，在设计部门中，不能不是一场无产阶级设计思想和资产阶级设计思想的尖锐斗争。回避这种思想斗争，就不能从根本上解决问题。

这些年来，特别是1953年着重反对建筑中的浪费以后，设计人员中的两种思想斗争一直在进行着。然而，回避思想斗争的现象却仍然存在。他们认为技术问题是科学问题，有它的特殊性，不是一般的群众路线所解决得了的。因此，他们对于在技术问题上要不要民主表示怀疑。在这次整风中，广大群众揭发大批不合理的现象，突破了技术神秘的防线。经验证明：技术设计上能否走群众路线，是技术设计思想前进或倒退的关键。技术设计上独树一帜、唯我独尊的时代已经过去了。现在的时代是人民群众要求多快好省地建设社会主义的时代。为了做到又多又快又好又省，必须把技术上的先进性同经济上的合理性结合起来。这一点，对设计工作来说，不是更简单，而是更复杂、更艰巨了。这就需要运用集体力量和集体智慧，认真地总结过去的工作经验，善于从我国具体情况出发，检查和研究基本建设的技术经济政策以及各种标准规范和定额，从各种工程设计中贯彻执行勤俭建国、多快好省的方针。在反浪费、反保守运动中，许多设计部门所以能够取得经济上和政治上的丰收，就是放手发扬民主、贯彻群众路线的结果。离开了群众路线，要想在思想上、工作上有这样大的跃进，是不可想象的。

今年，全国各个战线上的人们正在以雷霆万钧之势奔腾前进，各方面对设计工作的要求很高，因而设计工作任务也显得特别繁重。原有的设计图纸，需要重新修改和绘制，新的设计任务也需要加紧完成。在这种情况下，要使设计工作赶上大跃进的形势，必须把反浪费、反保守和改造思想、改进技术有机地衔接起来，从经济上算细账、从技术上反保守，达到提高质量、改进工作的目的。

从经济上算账，并不是一件小事，而是关系到政策思想的大事。因为要算经济账，势必要算到勤俭建国、多快好省的账，也就是政策方针的账，是政治的账和思想的账。离开实际经济问题来算思想账，必然空虚浮浅，无所依据。离开了政策方针和政治思想来算经济账，这笔账也难算清算好。为了算好这笔账，不妨召集多方面的人参加讨论，以便从各个角度、各个方面充分揭露矛盾，大胆肯定先进的东西、排斥落后的东西。这样，原来从经济领域里提出来的问题，就会进一步深入到政治领域和技术领域去，就会在政治上、技术上有所提高。

在技术设计部门开展反浪费、反保守运动，是技术人员在技术思想上一次深刻的革命。我们希望一切愿意进步的设计人员勇敢地投入到火热的革命斗争中去，锻炼自己、提高自己，为生产大跃进、文化大跃进作出应有的努力。

（原载1958年3月29日《人民日报》）

正确的设计从实践中来

本报配合设计部门群众性的设计革命运动，开展“用革命精神改进设计工作”的讨论，引起了普遍重视和广泛的兴趣。四个多月来，这个讨论围绕着“正确的设计从哪里来”这个问题深入展开讨论，仅仅本报收到的读者来信来稿就将近两千件。许多同志用批评和自我批评的精神，检查了工作中的错误和教训，介绍了许多成功的经验和切身的体会。从这些讨论中可以看出，“正确的设计从哪里来”这个问题，是设计革命中的一个极为重要的问题。

什么叫做正确的设计呢?

我们的社会主义建设，是有计划的。设计工作是经济建设计划的具体化。因此，设计的内容和进度都必须符合国民经济计划的要求，必须从中国的具体情况出发。党的社会主义建设总路线，给我国的国民经济建设指明了道路。我们设计工作者的任务就是要坚决贯彻执行总路线、多快好省地进行国民经济各个部门的基本建设，早日完成我国独立的、比较完整的工业体系和国民经济体系，早日实现国防、工业、农业和科学技术的现代化。我们不但要总结自己的经验，吸收外国的经验，并且要着眼于赶上和超过世界先进水平，不断有所创造，有所前进。我们做出的设计，合乎这些要求，就是正确的；违反这些要求，就是错误的。换句话说，正确的设计必须符合党的方针政策，切合客观实际，技术上先进，经济上合理。

十五年来，我国的设计工作成绩是很大的。设计队伍有了很大的发展，设计水平有了显著提高，保证了国家大规模基本建设的需要，而且做出了不少质量较好的设计。广大的设计人员工作是努力的。但是，由于我们的设计工作很年轻，旧中国根本没有大规模工业设计的经验，因此，在起初一个时期，我们曾经不得不主要依靠学习外国的经验，这在当时是完全必要的。但是，在学习过程中，很多设计单位没有注意结合中国的具体情况，又没有在实践过程中注意总结自己的经验。同时，绝大多数的设计工作者又是直接从学校进入设计院的，缺乏生产知识。许多设计人员还存在着资产阶级个人主义的思想和形而上学的思想方法。凡此种种历史的、主观的和客观的原因，造成了设计工作中比较普遍地存在一种脱离政治、脱离实际、脱离群众、轻视实践的倾向。它的表现形式是：本本主义、公式主义和主观主义的“想当然”，再加上设计方法上的烦琐哲学、设计工作中贪大求全、片面追求建筑的高标准、因循保守、效率低等缺点，都是这些错误的设计思想造成的。

针对目前设计工作的实际状况，开展一次群众性的设计革命运动，是十分必要的。在这次设计革命运动中，除了解决设计工作为谁服务这个根本性的问题以外，就是要解决正确设计从哪里来的问题。这是思想方法问题，也是工作作风问题，总的说来，是设计人员的思想革命化问题。我们必须以毛泽东同志的思想为指针，用唯物主义克服唯心主义，用辩证法克服形而上学，用无产阶级的世界观和方法论克服资产阶级的世界观和方法论。这个群众性的设计革命运动是一个伟大的思想革命运动。

毛泽东同志在《人的正确思想是从哪里来的？》文章中说："人的正确思想，只能从社会实践中来，只能从社会的生产斗争、阶级斗争和科学实验这三项实践中来。"设计，是人在一定的政治思想指导下改造自然、改造社会的计划、方案和办法，因此，正确的设计也只能从社会实践中来。

有些设计人员认为，正确的设计不是从实践中来的，而是从本本上来的。他们不亲自去调查或者不认真调查建设地点的自然情况、社会情况和各种条件，而是坐在设计大楼里，仅仅依靠地质勘察部门和建设单位提供的书面资料，千篇一律地拿本本上的规范、公式去硬套。他们也不重视和不调查现有同类厂矿的生产建设经验，不重视过去设计工作中的经验教训，不了解国内外科学技术的新成就，不关心和不参加科学实验，只是按照一成不变的死的书本做设计。这些同志不懂得，书面资料和直接调查是两回事。设计者不可能样样事情亲自去做，书面资料是不可少的。但是，任何第二手的资料，再好再详细，也不可能代替第一手资料。这些同志不懂得，书本知识固然重要，不论过去、现在和将来，都必须认真读书，努力学习有关的基础理论，通晓专业知识。现在我们读书不是多了，而是少了。但是，本本总是中外古人今人根据当时当地的实践经验总结出来的，或者是就一般情况一般条件而言的。应用本本上的理论、规范、公式，必须从此时此地的具体情况、具体条件出发，否则，正确的理论也会产生错误的设计。何况，客观事物是不断向前发展的，书本知识必须不断在实践中来充实它。如果把书本知识当作僵死不变的东西，那么，据以做出的设计，只能是落后的，不能促进生产多快好省地发展。

有些设计人员认为，正确的设计不是从群众中来的，而只能由少数有专业知识的设计人员去做。他们认为，群众是设计工作的外行，只能按照设计去施工、生产，对设计本身却没有发言权。这些同志在设计工作中不认真征求和听取施工单位、生产单位的意见；特别是不重视征求直接参加生产的、施工的、勘察的、使用的工人、农民和有关人员的意见，不调查群众的经验。这些同志不懂得，一切知识都来源于实践。天天在实践着的工农群众，有丰富的生产建设经验，对设计工作有很大的发言权。设计工作就是要把建设者和生产者向自然作斗争的实践经验集中起来，用科学实验的成果加以补充提高，然后再返回去指导新的实践。一个正确的、先进的设计，是劳动者和专业设计人员、科学研究人员的集体创作，决不是少数设计人员闭门造车能够做得好的。没有专业的设计人员固然难于做出正确设计；但是，要做出正确的设计，也离不开群众。设计工作者脱离了群众，也就脱离了实际。

毛主席说："一个正确的认识，往往需要经过由物质到精神，由精神到物质，即由实践到认识，由认识到实践这样多次的反复，才能够完成。"（《人的正确思想是从哪里来的？》）

一个正确的设计，当然也必须经历这样一个物质到精神，精神到物质，实践到认识，认识到实践多次反复，才能够完成。从设计工作来看，这个反复过程，大而言之，从接受建设项目的任务到完成书面设计文件，是从实践到认识的第一个飞跃；从书面设计文件，经过施工到正式投入生产，实现了设计任务，是从认识到实践的第二个飞跃。而每一个飞跃，又在它各自的发展过程中包含了许多大大小小的反复过程。

在实现第一个飞跃，即由接受任务到完成设计文件的过程中，首先要向大自然、向社会进行广泛的调查研究，搜集有关的材料。从调查研究中，了解国民经济在这方面的需要，了解矿产资源的埋藏量和品位，了解工程建设地点的地质、地形、水文、气象等自然情况和社会情况，了解工程的施工条件和原材料供应、劳动力来源、生产工艺、交通运输、设备制造、动力来源、辅助设施等各种协作条件，了解同类厂矿工程的生产建设经验，了解有关科学试验的新成果，等等。然后结合基础理论和各个专业的数据、常用公式、技术规范，从实际中得来的大量材料中引出正确的思想和方案，进行各种比较，最后做出比较正确的设计。

设计文件完成了，还只是完成了整个设计过程的一半。设计文件是否正确，还要拿到实践中去考验。正像毛主席在《人的正确思想是从哪里来的？》文章中所指出的："这时候的精神、思想（包括理论、政策、计划、办法）是否正确地反映了客观外界的规律，还是没有证明的，还不能确定是否正确，然后又有认识过程的第二个阶段，即由精神到物质的阶段，由思想到存在的阶段，这就是把第一个阶段得到的认识放到社会实践中去，看这些理论、政策、计划、办法等等是否能得到预期的成功。"因之，设计单位对每一个设计的项目要负责到底，必须在施工过程中检验自己的设计，不断进行修改和补充，同施工单位通力合作，保证顺利完成施工任务。

工程竣工了，设计工作者的任务还没有结束。设计单位还必须参加试运转，参加生产劳动，在生产中检验设计的技术经济效果。只有在工厂、矿山、电站全部投入正常生产，或者铁路开始正常运行，并且达到了设计预期的要求，这个设计才完成了第二次飞跃。正如毛主席所说："这次飞跃，比起前一次飞跃来，意义更加伟大。因为只有这一次飞跃，才能证明认识的第一次飞跃，即从客观外界的反映过程中得到的思想、理论、政策、计划、办法等等，究竟是正确的还是错误的，此外再无别的检验真理的办法。"

做一段工作，要总结一段工作的经验。一次设计任务完成后，认真总结经验，并且继续注意吸收生产过程中的经验教训，那么，在下次进行设计的时候，就能进一步加以提高。

上述情况说明，整个设计过程中，一步也

离不开实践。为此，设计人员就必须到实践中去，到群众中去，到生产建设现场去，去调查研究，了解自然经济条件的实际、科学研究的实际、设备制造的实际、施工的实际和生产的实际。这就要求设计单位积极主动同勘察、施工、生产、科学研究、设备制造等各有关单位密切结合。这就要求设计人员下现场，要深入基层，深入班组，参加体力劳动，向工人学习施工和生产技术。

我们的设计人员，应该是既有书本知识，又有生产和施工经验的能文能武的技术干部。要从根本上解决这个问题，需要推广石油工业部那样的做法，凡是从学校毕业分配到设计院的学生，都要先当两年工人，然后再到设计院担负设计工作；在工作当中，又坚持经常参加劳动的制度；或者采取交流干部的办法，同生产、施工、科学研究单位交流技术干部。这样培养出来的设计人员，既懂理论，又懂实际，并且经过生产劳动锻炼，同工人有共同的语言和感情，有联系实际联系群众的作风。但是，从全国情况来看，由于大多数设计单位过去没有这样做，因之，针对目前我国大量设计工作者普遍缺乏实际生产知识，脱离群众，脱离实际，对党的方针政策限于抽象的了解，辩证法很少、形而上学很多的情况，比较切实有效的克服办法，是强调设计人员下楼出院，深入现场。凡是有条件进行现场设计的，应尽可能在现场做设计。这是革命性的措施，应该大力提倡。

辩证唯物主义的认识论，是革命的认识论。没有树立起无产阶级世界观是不可能掌握辩证唯物主义的认识论的。在设计革命运动中，许多设计工作者检查了自己的资产阶级个人主义思想。例如，怕艰苦，不肯深入现场，不肯千方百计地去搜集第一手资料；个人得失的念头比较重，只求“合法”，不求合理；迎合迁就，不敢坚持真理；墨守成规，不从实际出发，不敢创新；自以为是，放不下知识分子的架子，不虚心向群众学习；追求名利，想通过设计来为个人树立“纪念碑”，根本不顾党的方针政策，等等。要改造这些思想，必须到实际中去，和工农群众相结合，参加体力劳动。因此，强调下楼出院，参加三大革命运动的实践，又是设计工作者克服资产阶级个人主义思想、改造自己世界观的正确道路。

下楼出院，是设计工作者的大革命，既是工作方法、工作作风的大革命，又是生活习惯、生活作风的大改变。既然是革命，就不能没有困难、没有矛盾和斗争。问题在于用什么态度来对待它。是用排除万难的革命精神，勇敢迎接困难，一个个地解决实际生活中提出的问题呢？还是逃避困难畏缩不前呢？一个决心革命的人，应该采取前一种态度。设计人员思想革命化，首先就要表现在思想方法、工作方法、工作作风的革命上面。我们设计单位的领导，对于设计人员的革命行动，应该给予热情的支持，勉励设计人员以到实际中去、到群众中去为荣，牢固地树立起正确的设计只能从实践中来的这个唯物论的观点。深入实际、深入群众，范围很广阔，方法也很多。工厂农村、科学实验场所，都是现场；与工农群众同吃、同住、同劳动，同工人农民交朋友，有事同他们商量，拜工人农民为师，这都是联系群众的好方法。但对设计工作者来说，更重要的是到施工现场、同类生产厂、设备制造厂、科学实验场所去进行深入的调查研究、跟班劳动，搜集第一手资料。有些设计就可以在这些现场进行。比如工艺设计，就应该到许多同类的生产厂去，总结工人的革新创造经验，进行分析对比，吸取其中最先进的技术，用到自己的设计中来。这样设计出来的工艺，才能一个比一个先进，一个比一个合理。也可以到设备制造厂去，同生产工人以及产品设计人员一同研究，怎样使工艺设计更加合理先进。再如总图、土建等的设计，就应该在施工现场做。现场设计的好处是，能够密切结合实际情况，因地制宜，随时随地听取施工和生产工人的意见，把设计修改得更加合理。这样，对于提高设计质量，减少返工，加快设计进度都有很大方便，应该大力提倡。当然，也不能把现场设计绝对化，不问条件，一切项目都拿到现场去做设计。

现场设计是个新事物，我们的经验还不够。为此，应该加强对这方面工作的领导，要做细致的组织工作。首先是加强思想政治工作，充分调动设计人员的积极性和主动性；其次是加强政策领导和技术指导，因为现场工作组是远离设计院的独立作战单位，所以应该培养和提高他们的独立作战能力，在专业工种配备不全的情况下，一方面应该培养他们一专多能，以便全面地出色地完成任务，另一方面也应该加强设计院对现场工作组的领导。就是说，既要充分发挥连队的独立作战能力，又要加强司令部的领导，这就要求设计院的领导加速革命化，改进领导方法、领导作风，以适应新形势的要求。此外，做好资料供应；及时解决现场提出的各种问题；做好后勤工作，免除外出人员后顾之忧，这也是很重要的。所有这一切，都需要在实践中不断总结经验，以便不断改进工作。

一个群众性的设计革命运动，正在蓬蓬勃勃地展开，设计工作已经开始出现了新面貌。通过正确设计从哪里来的讨论，我们进一步懂得了大学毛泽东同志著作的重大意义。《实践论》、《矛盾论》、《关于正确处理人民内部矛盾的问题》、《人的正确思想是从哪里来的？》、《反对本本主义》这五本书，是一切设计工作人员必须熟读精读的书。我们要用毛泽东思想武装自己的头脑，作为设计工作的指针。我们要记住毛泽东同志的话：“世界上只有唯心论和形而上学最省力，因为它可以由人们瞎说一气，不要根据客观实际，也不受客观实际检查的。唯物论和辩证法则要用气力，它要根据客观实际，并受客观实际检查，不用气力就会滑到唯心论和形而上学方面去。”一切有志气的设计工作者们，拿出气力来，到实际中去，到群众中去，到生产建设现场去！在实践中活学活用毛泽东思想。我们要树立起无产阶级的世界观，全心全意为人民服务，为社会主义建设服务。我们要努力学习辩证唯物主义的认识论和方法论，克服各种唯心主义、形而上学和烦琐哲学。我们相信，在毛泽东思想的光辉照耀下，我国的设计工作一定能够出现一个伟大的飞跃。

（原载1965年4月22日《人民日报》）

车站与火炬——漫谈建筑艺术的思想性

胡敦常

建筑学报1978年第一期发表了《长沙铁路客站设计》一文,介绍了长沙火车新站的设计。文中谈到立面的钟塔火炬设计时说“……综合了一个严谨对称的具有传统建筑风格的带有钟楼火炬的立面，包含着‘星星之火，可以燎原’这一光辉的主题。”今年某地在讨论铁路客站设计方案时，又提出要求设计体现什么“革命摇篮”的主题思想，这些提法却反映了当前建筑设计中一个值得商榷的问题——什么是建筑艺术的思想性。

长沙火车新站经过一年多的使用，一般反映较好，从平面布局、建筑装修到立面造型，获得了广大旅客和人民群众的赞许，本文不拟对车站本身进行评议，只想就车站与火炬的关系谈一点看法。

“星星之火，可以燎原”是怎样的政治主题呢?

1927年大革命失败后，革命力量大为削弱，只剩下一点小小的力量，然而却是到处布满了干柴，很快就可以燃成革命烈火。伟大领袖毛主席借用了中国一句老话“星星之火，可以燎原”，对当前中国革命的形势和时局的发展作了最确切的比喻。

这是一个具有伟大意义的政治主题。在建筑物的钟楼上放置火炬这样单一的、静止的政治标志，要求它寓意这一政治主题，岂不是对建筑艺术的苛求!

人们在长期的斗争生活中，对于火炬、红旗、灯塔……一类政治标志，已经形成了一种感觉经验：它是革命的象征。因此在一般艺术创作中，运用自己的表现手段，如通过塑造典型人物、铺设典型情节、渲染典型环境，并借助这类政治标志来表达和强化某一主题思想，这是常有的，以至在一些具有纪念意义的特殊建筑中，也采用这类政治标志来纪念某一革命史迹或英雄人物。由于纪念对象本身已作了这种政治标志的“导言”，尽管没有其他艺术中那样的典型塑造，观众也能在建筑艺术和纪念对象之间建立浑然一体的联想，以达到其表现目的。但这毕竟是建筑艺术的特殊部分，在一般有着巨大实用意义的建筑上设置火炬，怎样能使人们感到一定是“星火燎原”的寓意呢? 无怪乎一些初见“火炬”的人不识其为火炬，把它误认为蜡烛、红辣椒之类。精心构思一种“寓意”而不被人理解，不引人发生联想，不能激发人的政治感染，这在动机和效果的一致性上是很值得推敲的。

有这样一种现象：不讲究功能，只要一贴

上政治标签，便誉为思想性强，或政治与技术相结合而倍加赞赏，这是建筑艺术上的形而上学。

什么是建筑？什么是建筑艺术的思想性？如果给建筑下定义：它是住人的，是人们从事生产、生活活动的场所。这个定义是由它的社会职能——在物质方面的功能以及它在人们生活中的地位、作用、关系所决定。如同茶杯，你可以用它的材料、造型、色彩、花饰来说明它，但它是喝水用的，这才是作为茶杯而存在的最本质的定义。讨论建筑艺术，研究它的思想性，也必须从建筑是人们从事生产和生活活动的场所这一最本质内容出发，即从它的实用功能出发，并以此为依据。否则是舍本求末的。

建筑艺术的出现如同其他艺术一样，都始源于人们生活的功利要求。在人类的起源阶段，美和善是朦胧混同的概念，凡是生活功利发生直接关联的便是善美的。例如太阳，自古就是被歌颂的对象，就因为它是一切生活的源泉，是人类生命的保障；像土地庄稼很早就得到人们的关注和喜爱，也是因为它和人们生活息息相关的缘故。当时人们除了纯功利要求外，很少顾及美，更没有艺术。到后来出现了一些雏形的艺术，如狩猎民族的动物画、农耕民族的植物画，都是与生活功利直接关联的东西。自从出现了阶级，脑力劳动与体力劳动分了家，社会物质渐渐丰富起来，精神上的需求才愈见明显和强烈。像“明月松间照，清泉石上流”这样的美是很晚才进入美的领域。在建筑中，从原始的巢居和穴居发展到今天的高楼大厦，同样是由纯物质功利而到精神需求（即美观）的。而且在发展进程中，建筑形式（包括建筑部件的形式）无一不同人们的物质功利有着直接关联。例如中国古典建筑中具有特色的斗拱，也是因为防风避雨的需求，要求出檐深远，其结果产生重叠的木“翘”和左右岔出的横“拱”，这前后的木翘和左右的横拱而形成了斗拱。与其他艺术的不同点正是建筑艺术是紧紧伴随并依据人们生活的物质要求而发展和形成的（反映宗教、政治要求的某些形式例外）。它们是“源”和“流”，“主”和“从”的关系。党所制定的“适用、经济、在可能条件下注意美观”的方针，全面地、辩证地说明了这种关系，是我们从事建筑设计的指导方针。脱离建筑的功能要求，另立主题，是违反这个方针的。

火车客站是旅客集散的场所，是有着巨大的实用和经济意义的公共建筑，它的功能是解决运输问题，为客运和货运提供方便和舒适的条件。在这个前提下，以最经济的手段，组织工艺流程、布局平面、规划空间；同时作反映使用特点符合美学法则的立体造型和建筑装饰，这就是车站设计的基本原则，也可称为“主题”。所谓建筑艺术的思想性正是上述原则的完美体现。所以说，火车站设计的这个主题与“星火燎原”的主题并不直接关联。

文章中提到：“作为毛主席家乡湖南省的

门户——长沙车站……经过反复研究，觉得长沙客站在建筑手段所能表达的范围内表现一定的政治寓意是必要的。”

诚然，在毛主席家乡建设车站，希望赋予具有革命意义的装点，这是一种良好的政治愿望。然而建筑手段终究是用以建造房屋的手段，要凭借这种手段创造静物形象来寓意某一政治主题，那是违背建筑艺术特征的。

强调建筑艺术的特征，并不否定它的思想性。

建筑是一种社会的物质生产，是客观世界的有机组成部分，一经建起来就几十年、上百年地存在下去，无疑对客观世界有着巨大的影响。特别是公共建筑，千人用、万人看，成为与人们生活息息相关的社会存在，自然不应低估它的影响，所以我们不仅要求建筑能适用、经济，在可能条件下，还要求美观。建筑师应该运用自己的技巧和艺术素养，创造出满足功能要求和反映时代精神、社会特点、先进技术水平、民族习俗的建筑风格，为美化社会、美化生活作出贡献。因此重视建筑形象的创造是完全应该的。设计者不仅要依据车站其使用要求进行有机的组合，还应该在整体尺度上、虚实对比上、主次均衡上进行加工润色，并调动建筑艺术所特有的表达手段，遵循建筑营造的特点，创造与使用要求相吻合、与社会生活相关联的意境，以强化建筑的个性，激发人们的美感，使建筑物在使用上的方便感、舒适感与观赏上的美感，水乳交融，相互滋补。这种意境不是虚无缥缈的幻境，而是我们从建筑形象中所能清晰地感觉到的。诸如：或庄重或明朗，或雄伟或轻快，或富丽或简洁，或挺拔或粗犷……然而由于建筑受着物质手段的制约，我们却不能从建筑形象中获得革命的或反动的，进步的或保守的，“左”的或“右”的这样明显的政治概念，也不能获得爱憎、喜怒、激昂那样鲜明强烈的情绪感染。这就是建筑艺术表达手段上的局限性。研究建筑艺术的思想性，离开这一特点，强求它表达力所不及的政治主题，即使是火炬漫天、红旗似海，也难以获得预期的效果，倒不如干干脆脆贴上一条政治标语显得明确肯定！

如上所述，建筑艺术的思想性是渗透在它的使用功能中，并从属于使用功能的。它不像文学戏剧艺术是“教育人民，团结人民，打击敌人，消灭敌人”的工具。建筑的美感同建筑的适用有着密切的关联，人们往往从舒适感、方便感中获得美感的享受。在一个光线充足、空气流畅、工作休息都很顺便的建筑里，很自然就给人们带来精神上的愉快、生理上的舒适。这种愉快和舒适与建筑形体的美感是相互渗透、相互滋补的。如长沙车站的顺畅的交通线路，宽敞舒适的休息大厅与丰富精美的建筑小品，美丽宜人的庭院以及明朗大方尺度均衡的立门面造型，这一切交织在一起，倾注在旅客身上，使他们感到方便、快慰的同时，又对建筑形体上产生美感，进而感到党和国家对人民群众的关怀，感觉到社会主义欣欣向荣的景象，增强了向四个现代化进军的胜利信心。可以设想，如果在一个交通迂回、光线阴暗、空气污浊的车站里，即使装潢华丽、诸景尽致、甚至有寓意深远的政治标志，恐怕也是很难激发人们美感而收到预期效果的。

这也是建筑艺术的美感区别于其他艺术之处。在文学、戏剧艺术中，快感不一定激发美感，甚至完全是两回事，一个扣人心弦的情节，有时可以使人们神经活动紧张，心情沉重，还可能淌下眼泪来，这种情绪显然不是快感，但艺术的饶趣隽味之处正在其中。

强调适用在建筑中的重要位置，强调建筑艺术与功能的密切关系，区别建筑艺术与其他艺术在表达手段与美感上的差异，旨在说明建筑艺术的思想性是不可以随意拔高的，主题是不可以脱离建筑功能而主观臆造的。我们既要重视建筑艺术对客观世界的巨大的影响，又不可强求它承担力所不及的宣传任务。

（原载1958年3月29日《人民日报》）

欲放未放，欲鸣不鸣
——从对前三门建筑的评论谈起

沉　石

在首都心脏十里长街——前三门大街南侧兴建的近四十万平方米的高层住宅，是国家为改善首都人民的居住条件、改变城市面貌而做出的巨大努力。但是，由于“四人帮”的干扰和破坏，前三门建筑在规划、设计上存在的问题很多。

1978年10月20日，邓小平同志视察了前三门建筑，提出“要请一些会挑毛病的人来提提意见，研究一下怎样把住宅楼修建得更好些”。时间已经过去半年了，建筑界却一片寂静，我们的报刊，除《北京科技报》发表了一篇关于噪声问题的批评文章外，几乎鸦雀无声。是前三门建筑没有什么缺点可提吗？完全不是。广大设计人员对前三门建筑在规划、设计上存在的问题早就有意见了。一提起前三门，总是议论纷纷。特别是邓小平同志视察前三门的消息发表后（10月21日），设计院立即贴出了《我们怎么办？》的大字报，有的同志还连夜赶写了文章，希望通过对前三门建筑的评论，将今后首都的城市建设、住宅建设搞得更好些。然而，设计人员的这些积极性却遭到了冷遇，没过几天，气氛就冷了下来。有的还窃窃私语：前三门建筑不能批评，莫非涉及某些领导？我们的建筑界，长期以来有这样一种风气：某一处规划，某一栋建筑，凡有政治用途的，或者方案是某首长亲自拍板的，不管缺点有多少，问题有多大，不能说个“不”字。如果提了意见，似乎会否定建设成就，甚至会被认为在反对领导。粉碎“四人帮”已经两年半了，建筑界的这种情况改变不够快。全国科学大会以后，整个科技界迎来了“百花齐放，百家争鸣”的春天。作为科技界的一个重要组成部分的建筑界却处在欲放未放、欲鸣不鸣的阶段，这是值得深思的。

在邓小平同志主持中央工作期间，国务院发出文件指出：北京是我国的首都，一定要建设好，应该结合我国在本世纪内发展国民经济两步设想的宏伟目标，把北京逐步建设成一个新型的现代化的社会主义城市。执行统一的城市建设规划。

我国要在本世纪内实现四个现代化，行行业业离不开建筑，所以，必然要求建筑现代化。但目前建筑界这种有话不大敢说，有建议不大敢提，有问题不大敢摆的情况，怎么能适应四个现代化的要求呢？

我觉得扭转建筑界欲放未放、欲鸣不鸣的局面，首先应搞清并解决以下问题。

一、要解放建筑界的思想

四害横行时，建筑界的干部、设计人员跟全国广大知识分子一样，被当作“臭老九”，长期受到“全面专政”。规划局被撤销，设计院被诬蔑为“白色染缸”，一大批一大批的技术人员被赶到工地，企图永远抛弃他们。但作为一个首都，还是要盖房子，还是要人设计、画图，所以又不得不将其叫回。回来以后仍然是“臭”的。有的设计院提出了“工人是设计院的主人”的口号，进而又提出“工人是设计的主人”，并采取了相应的组织措施。“四人帮”的“全面专政论”压得知识分子透不过气来，无论是群众还是党员，无论是一般干部还是党委书记，都要承认自己是“资产阶级”，“世界观基本上是资产阶级的”。前三门现场三结合小组就是在这一历史背景下提出了“以工人为主体”的口号。

前三门大街，是一条东接京通公路、西连京周公路、横贯北京市中心的主要交通干线，车流量大，废气和噪声污染严重。这样的街道，贴边布置高密度高层住宅行不行？

前三门大街，既衔接北京火车站，又毗连崇文门花市、前门大栅栏、宣武门菜市口三大商业中心，过境和外来人口多，不布置市级商店、酒店、饭馆、旅馆等公共建筑行不行？

前三门大街有崇文门、前门、和平门、宣武门四个交叉口，都是北京主要纵向交通要道，不留今后兴建立交桥（因地下设施已满，只能架空）的余地行不行？

前三门作为一条十里长街，用地进深只有17~37米，作为一个小区对待，能不能做到住宅成组成团，服务设施布点均匀，车行人行分开等一系列居住小区的基本要求？

这一连串规划设计的原则问题并不是容易解决的。但由于在实际工作中形而上学满天飞，采取“三听三不听”原则：当知识分子与工人的意见不同时，听工人的；当设计院与建筑公司的意见不同时，听建筑公司的；当富有城市建设领导经验的老干部与工人出身的干部意见不同时，听工人出身干部的，因而不可避免地铸成前三门工程一系列本来可以避免的缺点。还有这样的怪事，同样一个方案，当知识分子汇报时被否定了，换个工人汇报又肯定了。如果工人同意知识分子的意见，马上就会被指责为“屁股坐歪了”。事实上“以工人为主体”只是一个幌子，是为“长官意志”服务的。

“四人帮”被粉碎以后，曾经是一个禁区的“全面专政论”也被批判了，这使建筑界广大知识分子从政治上、组织上、理论上获得了解放；但思想上还顾虑重重，对前三门工程存在的问题要不要评论，还要看一看风向，特别是那个“以工人为主体”的口号，怕有什么来头，弄不好要扣帽子，打棍子，穿小鞋。那个口号，确也不是前三门工程的发明创造，由来已久，只是因为行不通，多年被束之高阁，到了所谓“反击右倾翻案风”的高潮中，气候适宜，在前三门工程中得到了全面的贯彻。至于它的来头，那是次要的，实践是检查真理的唯一标准，实践证明那个口号行不通，对首都的建设事业造成了损失，那就不是真理，可以推倒。

前三门工程的兴建，一方面国家为了改善首都人民的居住条件，改变首都面貌，花费了大量的投资，有关部门都做出了巨大的努力，特别是摸索了一整套兴建高层住宅的经验和可以住进三千多户居民方案，成绩当然是很大的；另一方面，在政治上、思想上受到“四人帮”的破坏干扰，在规划设计上存在一些明显的缺点，这是不奇怪的。问题是，我们应该总结经验教训，肃清“四人帮”的流毒，以便解放建筑界的思想，使今后首都的建设乃至全国的建设搞得更好些。如果捂盖子，压制批评，追究不同意见，其结果，建筑现代化搞不上去，就要拖四个现代化的后腿。

二、要让广大设计人员当规划设计的主人

城市建设的总体规划、街区规划、建筑设计是一门综合性很强的科学，来不得半点主观随意性。一个能独立工作的规划设计人员，需要经过十几年的培养和十年以上的实际锻炼，在要求知识的广度和深度上都无止境。因而，规划设计工作并不是随便什么人可以代替的。

“三结合”设计，只是广大设计人员深入实际、深入群众的一种形式，目的无非是使其设计更符合群众的需要，更方便施工。有实际施工经验的工人，经过一定时间的学习，吸收到设计队伍中来，可以把实际施工经验传授给设计人员，这本身是搞好城市建设工作的一个措施。但像前三门工程那样，硬要提出“以工人为主体”，那是没有道理的。

前几年有这样一种坏作风：不说实话。在“三结合”设计中，明明是设计人员做的事，却非要签上工人的名；有的人把自己描写得越无能越光荣，以此来迎合“以工人为主体”的口号。那完全是弄虚作假，既欺骗了别人，也欺骗了自己。

用“长官意志”能够代替规划设计工作的科学性吗？通过前三门工程的实践，可以说明这个问题。

前三门大街是作为一个居住小区来设计的。拿用地来说，在22.5公顷土地上能布置多少住宅，要根据公共建筑、绿地、道路的比例，住宅的层数和标准等许多因素来确定。有的领导同志说：“给我放下40万平方米。”规划上当然可以按40万平方米设计，但住宅层数要增加。有的领导同志又说：“层数不能太高，总高度不能超过45米。”那就只好加大密度，一栋房挨着另一栋房，造成了建筑群十分拥挤。有人说“前三门拆了旧城墙，形成了新壁垒”，这是有道理的。绿地平均每人只有0.2平方米多一点，十里长街无一个儿童游戏场，还说这是70年代的水平，其实连50年代的水平都还不如。

前三门大街是仅次于长安街的主要街道，总得讲究点街景。在规划上为了打破单调感，参差布置了些塔式住宅。但塔楼不高，因为高度不能超过45米；板楼不矮，因为必须放下40万平方米。唐山地震以后，塔要砍去两层。后来又说，房子可以再高一点，有些塔楼已建成，只好加到板楼上。搞得一条街几乎一刀齐，根本没有什么节奏、韵律、空间的变化，这都是"长官意志"造成的。建筑的色彩是领导同志一栋一栋定的，但最后的效果很单调，明的不明，暗的不暗，各段很花，全街银灰。据说每栋还要贴琉璃，以示"民族形式"，那就不免有点瞎指挥了。

城市建设要有党的领导，这是没有疑问的。但党的领导，主要是政治上、组织上的领导，贯彻党的建筑方针，以多快好省地搞好城市建设。至于业务上的问题、学术问题，应该放手让广大设计人员去做。但是，前三门工程用"长官意志"决定一切，还以此和党的领导混为一谈，结果，党的建筑方针没有贯彻执行好，反而使一条街的建设造成很多难以弥补的损失。

前三门工程的实践证明，无论是工人还是领导干部，是不能取代广大设计人员的，规划设计的主人还是应该由广大设计人员来担当。

三、要摆正规划、设计、施工的先后关系

前三门工程是施工决定设计，设计决定规划，这是造成这条街建成后不够适用、不够经济、不够美观的又一重要原因。

一个城市，总得有一个总体规划。新中国成立以后，北京的城市建设有条不紊，城市面貌日新月异，这是因为有一个完整的、详细的总体规划。但这十几年来，原来的总体规划被破坏了，新的规划又无人过问，城市建设出现了许多混乱现象。特别是旧城墙拆除后，如何兴建北京城，是值得商榷的。修建环城地下铁道有利于备战，有利于改善北京市内交通，是一项造福于子孙后代的伟大工程，这是必须肯定的。但是，将护城河打入地下是没有道理的。北京是一个内陆城市，绿地和水面并不大。新中国成立以后经过十几年的努力，全市每人平均绿地只有3.9平方米，包括水面也只有5平方米。与发达国家的首都（除东京外）相比，差距很大。如果保留护城河，并结合京密引水工程加以疏通、扩大、整修，两岸配置绿带，无论对美化城市和改善城内小气候，还是为居民提供休憩娱乐场所，都会起巨大的作用。今天的前三门大街与高层住宅之间隔着一条护城河，那该多美呀！这种本来可以实现的事情，现在也只是一种幻想了。可以说，前三门工程的主要缺点是由于城市总体规划没有考虑好，或者根本没有考虑造成的。对于用地进深一般只有20米左右的十里长街，是很难做出一个好设计来的。今后的首都城市建设，如果仍然以局部支配全局，必然越搞越乱，应引起各级领导的高度重视。

一条街、一个区的设计也必须先有长远规划。前三门第一期工程（现在高层住宅南面一

排多层住宅）兴建时，没有考虑第二期工程。当时的多层住宅是作为沿街建筑设计的，建成后实在太难看，才不得不将红线北移30米，再次兴建现在的前三门建筑。这个例子说明我们的城市规划工作仿佛农民在宅前宅后建房，采取了一个个补补丁的办法。这怎么能设计出现代化的街道呢？

今年有许多小区规划，几乎每块用地都碰上了很难处理的“钉子”，甚至现在还在钉钉子。看来这样下去，不仅现在拿不出一个像样的小区来，而且今后也难以设计出一个像样的小区。

我们的规划工作，养成了一种习惯：谁的官大听谁的，所以只卡小单位，不卡大单位。而大单位往往都是大建筑，来头大，要哪一块地就给哪一块地，爱盖什么样，就盖什么样，在全市范围内到处钉上钉子。最突出的是“三海”（北海、中海、南海）附近，都是大单位，来头也特别大，把“三海”这个首都心脏的风景区搞得有些乱了。

城市建设如果没有总体规划，或者有了总体规划大家不遵守，将后患无穷！

目前的另一个倾向是施工决定设计。如前三门工程中的高层住宅，如果采用框架结构，或至少有半数采用框架结构，本来是可以布置成一条很漂亮的商业街的。就是采用大模板结构形式，如果开间大一点，情况也会好些。但由于施工要求采用小开间大模板的结构形式，最大的房间只有15平方米，将十里长街的底层堵得死死的。结构方案的确定，从来是根据建筑设计的需要，即“适用”第一提出来的。唯有前三门工程提出了一个“设计要为施工服务”的口号，这完全是本末倒置。试问，施工又为谁服务呢？当然，我们不是主张设计脱离施工的可能性和经济性。一个好的设计，必须方便施工，这是不能否定的。但决不能让设计为施工服务，那不就违反了建房的基本目的了吗？例如高层住宅，不仅要为今天的居民服务，而且要为几十年以后甚至百余年以后的居民服务。像前三门这些百年大计的住宅，用小开间大模板能不能适应将来的需要？肯定是不能适应的。因为它的房间实在太小了，将来一点改动的余地都没有。

施工决定设计，设计决定规划，是当前首都城市建设的主要倾向。这个倾向也反映到教育领域。大学的建筑系取消了，改成了“土木建筑系”或“建工系”，这两字之多和一字之差是有激烈争论的。学建筑专业的不去研究平面和空间的组织，却一年到头在工地上乱转，教城市规划的改行去教给排水。出来的学生，一听“比例”、“均衡”、“韵律”等等名词，一概斥之为“资产阶级的一套”。这已经关系到我国究竟还要不要培养建筑师的问题，我国的城市建设要不要建筑艺术的问题。

国外有“结构主义”，我们现在许多建筑连“结构主义”都不如。因为结构设计也是由施工决定的，那就只能是“施工主义”了，还谈得上创造什么新风格?

不把规划、设计、施工的关系摆正,城市建设必然混乱,建筑艺术必然衰败。这跟四个现代化,跟人民日益提高的物质和文化生活是不相容的。

四、要提倡和培植各种不同的建筑流派

建筑多风格提倡多年,但就是出不来。且看前三门高层建筑是多风格吗? 安定门、劲松小区以及北京的其他高层住宅,跟前三门建筑有区别吗? 上海的漕溪北路高层住宅与北京的高层住宅相比,差别不能说没有,但能说是不同风格吗? 再看北京二十余年来的标准住宅,图纸年年改,但风格未变,都是红墙白眉;中小学、托幼建筑应该是很活泼的,但它们既像住宅又像办公楼。原因何在? 我认为主要在于不允许有各种不同的建筑流派,或者说不提倡各种不同的建筑流派。

建筑无派,是漫长的、关闭的、皇帝决定一切的封建社会造成的。中国古建筑在同一个朝代。同一个历史时期基本上是一个模样,这是因为建筑师并没有多少创作的自由;民居的形式多一些,大概是因为乡间泥瓦匠们的创作自由多一些。

社会发展到资本主义,产生了各种不同的建筑流派,创造了各式各样的建筑风格。但由于利润决定一切,有些建筑流派走上了脱离人民、牺牲功能、不顾经济的形式主义邪路。不过,有许多还是值得我们借鉴的。

社会主义社会比资本主义社会更进步,人民包括建筑师有了真正的自由,应该产生更多的为人民所喜爱的建筑风格。但要产生多种建筑风格,我认为必须允许有多种建筑流派。风格与流派的关系,实际上就是“花”和“家”的关系。毛泽东同志一贯主张“百花齐放,百家争鸣”,那个“家”字可不可以理解为“派”字? 也就是说,在建筑界可不可以有各种流派? 如果只有一派,就谈不上“百家争鸣”,当然也就只有一花独放了。

新中国成立初期,由于我们的建筑设计队伍非常弱小,多数建筑师的思想处于转变阶段,建筑形式往往一面倒,忽而复古主义,忽而俄式“洛可可”,忽而兼而有之。直到1959,党自己培养的建筑设计队伍扩大了,建筑经验丰富了,“拐棍”甩掉了,建筑创作出现了新气象,产生了各种建筑流派的苗头。十大工程及当时的许多建筑就是一个证明。但好景不长,林彪、“四人帮”整得知识分子连哼都不敢哼一声,哪里谈得上提倡建筑流派。

粉碎“四人帮”以后,建筑界又解放了,从现在起应该可以提倡和培植各种不同的建筑流派了。

去年的南宁会议,是我国老一辈的建筑师在粉碎“四人帮”以后的第一次盛会,会上几乎异口同声地呼吁建筑创作要多风格,但都没有谈流派问题,这是很遗憾的,美中不足。原因大

概是心有余悸吧！老一辈建筑师多半被“四人帮”诬蔑“反动技术权威”，吃的苦头多一点，因而胆子小一点，这是可以理解的。中年一代吃的苦头少一点，因而胆子大一点，对建筑流派问题跃跃欲试，但还拿不准，现处在议论阶段。

提倡不同的建筑流派好办，有“百家争鸣”为依据，难在培植。我们过去的“工程解剖”把人整怕了。大凡出了个与众不同的建筑，就要解剖，将学术问题与政治问题混为一谈，乱扣帽子、乱打棍子，弄得设计人好几年抬不起头来。复古主义盛行时，杨廷宝教授设计了一栋和平宾馆，与众不同，什么“方盒子”呀，“洋怪飞”呀，帽子、棍子满天飞。但今天看来，比贴了玻璃的北京饭店还美些，经济些，实用些。如果当初培植这种“方盒子”，让它发展、提高，在骂声中改进，恐怕今天就多一个流派了。南宁会议上提出了一种对“传统建筑”“要求其味，而不仿其形”的观点，虽然没有找来一个令人信服的例子（文中提到人民大会堂和毛主席纪念堂两例还不足以说服人），应在实践中摸索，让其自成一派。只要建筑界的思想解放了，又能保证不扣帽子，不打棍子，各种不同的建筑流派是可以产生和发展的。那时，不同的街，不同的区，由不同的建筑流派承包设计任务，城市面貌总要比到处都是前三门美些。

我们现在的学术刊物太少了，二三十万建筑工作者只有一本《建筑学报》，两月一期，十万字，这怎么能开展“百家争鸣”呢？我们这样大的国家，至少应该多办几个刊物，才能活跃学术空气，否则大家各据一方，孤陋寡闻，是出不了流派的。

前三门建筑是特定历史条件下的产物，通过对它的评价，帮助我们认识到建筑界存在的许多亟待解决的问题，这是难能可贵的。《建筑师》的创刊，标志着建筑界欲放未放，欲鸣不鸣的局面开始扭转了。让我们行动起来，迎接建筑现代化的春天吧！

（原载1979年第1期《建筑师》）

北京香山饭店建筑设计座谈会

最近竣工的北京香山饭店，开始设计以来，一直受到建筑界的关注。中国建筑学会《建筑学报》编辑部为及时总结经验，推动建筑评论工作，开创建筑创作的新局面，于新年前夕，即1982年12月29日，召开了香山饭店设计座谈会。邀请了建筑设计、科研、旅游、管理、园林、大专院校及《世界建筑》、《建筑师》等有关单位的领导、专家等30余位同志参加。编辑部负责人张祖刚同志主持了会议。会上，北京市第一服务局副局长刘际堂同志和饭店经理郭英同志首先发言，介绍了饭店筹建过程及投入使用后国内外有关人士的评价和反映。随后与会同志本着总结经验，结合实际探讨建筑理论及建筑创作问题的精神，敞开思想、畅所欲言，先后就建筑的选址、总体布局、经济效益、室内设计、庭院绿化、继承传统、建筑形式等多方面发表了许多宝贵意见。现按发言顺序摘要发表如下。

刘开济（北京市建筑设计院副总建筑师）：

想从两方面谈谈自己对香山饭店的看法。

（一）香山饭店设计总的说来不失为一个很好的建筑作品。主要体现在以下几点。

（1）手法简洁，整体效果好，给人总印象是简洁、朴实、统一，但又有变化，不单调。建筑没有繁多的装饰，以一个基本图形（方形）在各个部分重复运用，达到母题重复，加强了人对建筑的感受，取得了和谐统一的效果。

（2）建筑与环境结合得很好，利用了地势，房屋与庭院相互衬托，随地形而变化，步移景异，从室内外各个角度看都形成具有特色的观赏效果。以上这些优点，值得我们学习、借鉴。

贝先生在探索现代建筑与民族传统的结合上的努力是应该肯定的。虽然我对贝先生在民族形式上的体现有不同的看法，但是我认为，在探索民族形式的创作中应允许百花齐放。这里所有提出的问题，正是有待我们客观地、辩证地进行研究的课题之一。

（二）香山饭店作为中国现阶段建造的一个旅游饭店，我认为有不当之处。

（1）建造时间不合适——我国现阶段发展旅游业主要目的是为四化积累外汇，首先要有良好的经济效益。因此建造这样一座造价相当可观的饭店是不合国情，不合时宜的。

（2）选址不妥——对香山饭店占用古园暂且不谈。由于饭店远离市区，交通不便，店内供旅客使用的文体设施不全，难以招徕国外旅游者。

(3) 不适当的人选——贝先生在美国建筑师中被誉为“超级明星”（Superstar），近年来的设计都是“高级”特殊建筑，聘请他设计一座以投资少、收益快为主要目标的旅游饭店，从他来说可能还是“牛刀小试”，但我们看来，贝先生“游刃”过程中有些地方未免大手大脚。我认为“割鸡”的当初，没有必要聘用这把“牛刀”。

沈继仁（北京市建筑设计院建筑师）：

谈三点看法。

（一）与环境的关系——我认为风景区应不应该盖旅游饭店要区别对待。香山距北京近，旅客从城里一天可以往返；这个小小的风景区在北京特别可贵，到香山主要是让人看自然风景。像香山饭店这样的大建筑盖在这里不合适，不能给风景增色，反而有损于风景。而且，为这个饭店，从八里庄拉高压供电线路，从颐和园引下水道，从中关村接电话线，很费钱，是不经济的。这么大的饭店，住满了五百客人，加上五百工作人员，供应、排污对公园有污染。

（二）探索现代中国建筑道路问题——这个作品我们能接受，但是称“现代中国建筑之路”值得商榷。应允许学民间的、纯洋的、古式的等各种建筑并存，要百花齐放。可以说它是成功的作品，但不要把它看成方向。香山饭店花那么多钱，不合国情，成功了也没有普遍意义。

（三）香山饭店有它独特的风格，我很喜欢这座建筑。这个风格从哪儿来的？

(1) 建筑群里贯穿了园林。一进门就有园林味。十几个庭院在平面上虽不一定沟通，但实际感觉上是连通的。感到室内外联系在一起了。

(2) 重复利用几何图形。圆和方的多次重复，圆中有方，方中有圆，连马路灯具、楼梯栏杆、桌椅陈设都有这种重复，客人不管走到哪儿，都感到自己在香山饭店。

(3) 色彩的高度统一。室外是白、灰、花岗石本色；室内是白、灰和木材本色。这三个因素综合在一起形成它的风格。国内缺乏像香山饭店这样高雅的建筑。贝先生提出一座城市、一个区、一条街应当有统一的东西，而我们的城市小区、街道、建筑群，到处是五花八门。香山饭店的设计手法我们可以参考。

吴观张（北京市建筑设计院院长、建筑师）：

《建筑学报》开这个座谈会很有意义，可以活跃建筑创作的学术空气。对香山饭店我有些零碎想法，不敢说全面评价。也借此机会谈一点对建筑创作问题的看法。

（一）对这个建筑要一分为二。香山饭店给我的印象是：

(1) 环境优美，立面造型别致新颖；

(2) 色彩装饰素静、淡雅、颜色很少，基本上是灰、白、栗色；

(3) 设备先进、齐全、使用舒适；

(4) 空间基本上是适度的。当然，也有一些问题，有些材料选用、色彩处理和某些厅室空间的处理不大适合我国的国情，不大适合北京的自然条件。

香山饭店的建成对北京建筑创作是一个冲击，我很欣赏建国饭店，它对北京也是一个冲击，要有一些外国建筑师来搞点设计，这对我们是个促进。北京的建筑创作框框很多，形式呆板，时代气息不足，需要冲击，也缺少冲击。

(二) 香山饭店的创作中体现出贝先生坚持不懈的追求。他控制得非常严，基本上实现了他的意图，这个建筑有其突出特点，典雅、高贵、与众不同，我不喜欢广州东方宾馆的改造，泄气、商业气太浓，使人头昏脑涨，不得安宁。建筑师要有所追求，这种品格很可贵。当然，贝先生在香山饭店的创作中受到了很大的尊重，天时、地利、人和他都得到了，希望我们中国建筑师在建筑创作中也能受到一定的尊重，让他们能有权去有所追求，不要管得太多太死。

(三) 作为旅游饭店，功能使用是首要问题。形式美感也很重要，但那是第二性的。游客到北京来是看长城、十三陵、故宫，一天玩下来，会饥肠辘辘、筋疲力尽，到了饭店，就想吃顿好饭，洗个热水澡，睡个好觉，这是旅游饭店创作的指导思想。现在有一个倾向，总想把饭店建在景区边上，甚至景区里面，又要在饭店里造很多景，过分地进行装饰。吸引游客主要靠风景名胜和古迹，不是为了看“莫高窟”，人们就不会去敦煌。

(四) 对香山饭店的创作还有几点提出来商榷：

(1) 贝先生把建筑与庭园结合作为探索中国现代建筑之路的主导思想。这是有条件的，如果在新侨饭店原址建高层就结合不成。

(2) 我国近三十年建筑实践中，曾经犯过复古主义的错误，以后又走向折中主义的道路，到处采用玻璃檐，贴玻璃标签，构造复杂而不安全。香山饭店用青砖，只有专门烧制，又要求手工磨砖对缝。虽系中国古老材料和工艺，但绝非现代材料，费工费料，价钱惊人。以此作为中国现代建筑之路也是不可取的。

(3) 香山饭店的设备先进、齐全、使用舒适，是好的，但是细致处由于追求“民族化”而失去了根本，追求形式牺牲功能使用也是不可取的。如餐厅的仿古硬靠椅，坐上去硌背，很不舒服；饭店的平面布局由于院落多而路线长，最远的客房到服务台将近200米，对游客来说实在是苦差事；四季厅很有点中国南方院子内搭的喜庆大棚的味道，但有些大而无当，感觉过分冷清。

朱自煊（清华大学建筑系教授）：

香山饭店放到公园不合适，占那么大地方

群众不能进来；离城远、交通不便、建筑投资也大；香山不高，建筑体量较大，尺度上不合适。设计有完整的构思与统一性值得学习。但将苏州手法放到香山格格不入，有点勉强，包括磨砖对缝，磨得光光的没有细部，有点像抗震加固。室内设计很好，探讨民族风格，还有点地方特色。

朱畅中（清华大学建筑系教授）：

选址完全错误，学报应指出，当前许多单位想占风景区，是不对的。人民公园划个禁区，大家游览的地方群众不能进去，这不是个方向。占这么大地方，砍这么多树不合适。体量上它不是个成功的例子，但色调统一，母题运用等较好。

李道增、关肇邺（清华大学建筑系副教授）书面发言：

（一）关于选址，我们认为基本上是错误的，可以从两方面来看：

(1) 利用率和经济效益。由于距城区较远，近年内可能不会全年住满500个床位，这种情况或可随着西北郊风景区的扩大和修整逐渐有所改变。从长远看，旅游季节，将会有较好的经济效益。该址适用于举行某些国际和国内会议，但由于没有相应的设施，会议难以在此召开。

(2) 侵占公共园林对环境有一定程度破坏。主要表现在破坏景观（特别是从山上下望），厨房、锅炉房造成空气的污染，饭店成为普通游人的禁区等几方面。而且由于香山静宜园是在清代皇家离宫旧址的基础上演变而来的名胜风景区，就更加可惜。正确的选择是，应将旅馆建在静宜园院墙之外某个地点。当然，若从旅客的角度看，现址是可取的。

（二）关于个体设计，我们认为，使用及管理效率上，固然有其不足之处，但作为建筑作品，从建筑艺术的角度看，还是较为成功的，有不少方面值得我们借鉴。

(1) 现代建筑与中国民族传统的结合。设计者在这方面做了有益的探索和努力，在建筑室内外空间的穿插组合、建筑与园林中水池树林的结合、四季厅的布以及许多装饰母题的使用上都有明显的表现。在贝氏许多的设计之中，香山饭店将以它的富有中国建筑及园林特色而独树一帜，成为他的重要作品之一。它虽然不能被认为是代表中国现代建筑创作的唯一的途径，艺术上也不能算是完全成功，但不失为一项富有开创精神的新探索。

(2) 不拘泥于传统的或固定的格式，有所创新、有所突破。这是建筑设计富于活力的必要条件。这点在香山饭店中，从大的布局到小的装饰，均有所表现。例如：简单的立方体的四季厅，一反现在国外时髦的波特曼式的多层大厅格局，是服从于整个建筑的艺术气氛的。空间的处理和装饰构件的应用，初看上去或有生硬不成熟之感，但它们带来了一股清新鲜明的气氛，这些也可能是创造新事物所不可免的必然吧。

(3) 香山饭店整个建筑从室内外空间构图、园林绿化、材料、色彩及装饰构件直至家具陈设铺挂的设计，均统一在一个共同的艺术构思之中，包含高洁淡雅、宁静朴素的气氛。绝无喧嚣粗俗、华贵奢侈之感，使人觉得很舒适。分析起来，大体是用了简朴的空间、亲人的尺度、素淡的色彩以及一些简单装饰母题如正方、斜方基本形的重复运用，有强烈的艺术感染力。在使用中国传统建筑形象时，也主要选用古代的（唐）和民间的、南方的手法，以更好地为基本构思服务。我们认为这是香山饭店设计的主要成功之点。为了做到这一点，以下两个条件是必不可少的。一是建筑师不仅要有高水平的建筑修养，对于其他有关的领域，如结构、设备、园林设计、工艺美术等方面也有一定的了解和水平。在构思之初就为这些方面的设计留下恰当的余地，使各专业的设计组织在一个统一的构思之中。二是在这个设计的集体中，主要建筑师必须具有决定一切的权威。使用单位、施工单位、有关的领导机构等，在设计方面均能尊重建筑师的创作，不加干扰。建筑师在听取了各方面的意见建议后，能虚心权衡取舍，但最后仍能把握住基本构思，不致乱了章法。这是建筑设计能够达到统一和谐的主要条件，也是目前我国建筑设计所最感缺乏的。如何在实践中逐渐过渡到具备这种条件，可能是香山饭店设计所给予我们最重要的启发吧。

朱恒清（北京建工学院建筑系建筑师）：

（一）香山饭店的设计前期工作，特别是可行性研究没有做好。如饭店的规模（床位数）、等级，水、电、暖等公用设施的供应，道路和停车场的安排以及与香山风景区的关系等，现在看来确实有些问题。而这些问题只要在设计前认真做好可行性研究，是可以解决的，也能使设计更经济合理。

（二）香山饭店不愧是大师的作品，如果有可能（主要指的是经济上负担得起），我还希望再请几位国际上有名的建筑师来在北京设计几幢建筑物。好处是能让大多数的国内建筑师和学建筑的学生能亲眼看到当今世界上著名大师的作品，他们可以亲身感受、比较、借鉴，这对迅速提高我们的建筑设计水平将大有帮助。

（三）香山饭店的设计，从平面布置到空间处理、内庭外院的流通，从用料到包料，从建筑小品到装修细部以至家具陈设，看得出都是经过建筑师仔细推敲过的。总的感觉是像一首平淡、朴实、自然的散文诗，表现出建筑师的文化素质和艺术趣味。

（四）没有偏爱就没有艺术。我喜欢香山饭店。它当然是一幢“洋”房，但它也像中国建筑。这可能就是我们有些同志所说的“神似”。对于中国古典建筑，他没有去师法刻板的宫廷“官式”建筑，而更多地借鉴比较自由的私家园林。从大门外给我的第一印象，就使我想起曹雪芹笔下的大观园：“那门栏窗槅，俱是细雕时新花样，并无朱粉涂饰……左右一望，雪白粉墙，下面虎皮石，砌成纹理，不落富丽俗套。”确在似与不似之间。

但我却不喜欢它那过多的景窗。文章贵在适可而止，这里却没完没了。身在香山大自然的环抱中，本可心旷神怡，却偏要去经营那些豆腐干大的院子，甚至还要造出庭院的“八景”（要和香山争高下？）。这不是“小中见大”，倒成了“大中见小”。

(五)香山饭店确实称得上是建筑艺术百花园里开放的一枝新花。它是好是坏可以评论。但我有两点希望：一是要把它当作艺术品来管理和爱护；不要轻易改动。我们由于胡乱改动而破坏古建筑艺术品的蠢事已经做了不少。这次花了那么多钱买来一幢香山饭店，总该多加爱护吧。我指的是包括建筑色彩、装修、家具、陈设等要保持原设计的面貌，尽量不要去破坏它的统一构思。二是希望能研究一下切实可行的开放参观办法，让人民群众能欣赏建筑艺术作品，对普及和提高群众的文化艺术水平，对建设精神文明也是有好处的。

常大伟（中央工艺美术学院讲师）：

香山饭店的设计做到室内设计局部处理服从建筑整体，突出的一点是局部推敲细致而不做作。室内设计和建筑做的是一篇文章。具体讲可用四个字概括，即“合、借、透、境”（详另文）。关于赵无极先生那两幅画，前几天碰到我院袁运甫，他讲起贝先生曾说过，中国人取得的世界声誉在国外并不多，为什么十亿人口的国家容不下这样两张画。说这话时贝先生很激动。这两张画的黑白灰色调处理得很雅致，在香山这样的环境，画点什么也画不过外面的自然风景，这样一种形式应当允许存在。要鼓励更多的海外画家、建筑师为祖国出力，不要挫伤人家的积极性。赵先生这两幅画与建筑配合很好，自己不很突出，签名很小，是画家谦虚的表示，这种作风值得学习。北京有些壁画总处理不好，成了补壁，没有成为建筑的有机组成部分。

许屺生（国家旅游局总建筑师）：

听了同志们的发言受到很大启发。现在谈谈个人一些不成熟的看法。

首先，对贝聿铭先生，作为美籍华裔建筑师对祖国乡土怀有亲切的感情，愿为祖国建设事业作贡献，我们表示欢迎。贝先生设计构思比较周到。注意与公园的空间环境协调，采用低层，尽可能保留珍贵的古树，以灵活多变的中国园林式布局，形成大小不一的11个庭院空间。在探索运用中国传统建筑形式与现代化旅馆相结合方面，做了不少工作。我认为香山饭店的建筑设计和庭院布置是好的。建筑格调高雅一致，手法简洁朴素，色调柔和宁静，形成它的独特风格。

其次，整个设计中，从园林布局到建筑造型，从室内到室外，从材质质感到色彩图案，甚至细小部分如茶杯、烟碟，直到卫生间的毛巾等，无不经过仔细推敲。贝先生严谨认真、一丝不苟的工作作风值得我们学习。

第三，引进了一些新的技术，如四季庭院的大玻璃屋顶以及各种现代化设备系统，对促进我国旅游建设带来的发展是有益的。

第四，设计中的不足之处是：①位置距离市区较远。一般游客白天游览，晚上到市区参加各项活动和买东西不方便。位置在公园内建筑物体量较大，在一定程度上有喧宾夺主之感。②标准高、造价高，房租也高。每间客房平均建筑面积达112平方米，一块砌好的磨砖就要合9元人民币。地处山区，施工运输以及市政工程等费用都比较高。每间客房工程造价（未包括市政工程）即约合14万元人民币。房租平均每间每天110元左右。三是某些具体问题还可以进一步商榷。如客房布局分散，距服务台太远；围墙大门的形式；大面积白墙等。又如作装饰的窗上小方格和竹帘有些烦琐，不易清洗。自云南石林运来山石也不妥当。

刘少宗（北京市园林局设计室主任、工程师）：

从香山饭店开始设计时就有所接触。完工后感到这个建筑很有特色，独具风格。设计者有很高的创作热情，把很多想法比较完整地凝结在一起。从香山公园总体上看体量大了一些，颜色稍许白了一点。从建筑本身说室内比室外好，两侧比中间好，南侧比北侧好。在利用地形上（东西高差十米多）如果能运用中国处理不同高度建筑相接的传统手法和形式（爬廊、叠落廊等）就更好了。贝先生在设计建筑时对园林是有所考虑的，他为园林创造了很好的空间，在主庭园中搞一个大水池也是他的大胆设想。在建筑和园林上他追求的格调是比较高的。这些都为我们搞这个饭店的园林设计创造了条件。他的创造热情、进取精神是值得学习的。

檀馨（北京市园林局设计室工程师）：

作完香山饭店园林设计后，与贝先生接触过三次。在谈到香山饭店建筑设计时他说，中国建筑有两条根：一条是皇家建筑，大屋顶、玻璃瓦、雕梁画栋，是宫殿式的。另一条是民居院落，它朴素、简易、雅致。在后一条上进行革新和发展是容易走通，取得成就的。另外，贝先生的老家在苏州，他对苏州园林有特殊感情，香山饭店的建筑设计就是从中国民居及传统的园林建筑中得到的启发。就建筑本身来说，有独到之处，很多地方值得学习。我很尊重他，他有很高的见解，许多建筑师与他是不好相比的。他旅居国外四十多年，是世界著名的建筑师。他在中国不是搞他擅长的现代西方高层建筑，而是搞一个具有中国建筑特点的园林饭店。圣诞节前夕，贝夫人让我为香山饭店的落成写几句话，也就是对饭店建筑的评价。我们赠了这样两句话——“青山玉寓乡情意，绿水碧潭赤子心。”这就是我对他的印象。

傅熹年（中国建筑科学研究院情报所历史室建筑师）：

第一，非常同意前面几位同志的意见，是在不合适的地点建了一座很好的建筑。所谓不合适不仅是交通不便，更主要是它破坏了香山这处古迹的原有气氛。香山自金代以来就是重要名胜古迹，乾隆时建有二十八景，是“三山”中以山林为主的名园。1860年毁于英法联军后，只有几处劫余建筑，但原址尚可考，档案馆有原状图，近代所建低标准建筑很易清除，修复条件比圆明园为优，所费也少得多，如能逐步重建，可为首都恢复一所重要的历史名园。建了香山饭店这样一个风格色调极不同的建筑，既损害了原有中国画式的山林风貌，也使古迹的气氛大受影响，给重建香山带来极大困难。从山岭俯视，巨大的白色建筑使山谷的尺度相对来说感觉变小了。建旅游建筑而不幸起了损害旅游资源的作用，不能不认为是件憾事。

第二，饭店设计本身确有令人耳目一新之感。设计者选择了一些他认为具有中国特色的题材、手法和材料，加以改造，巧妙而适当地反复使用，在新奇中不失和谐、统一、含蓄，既给外国人以中国风格的观感，也使中国人觉得有新意，这是值得学习的。在对待传统上，设计者所追求的是“师其大意”，使之又像又不像，给人以联想的余地。当然，所选是否典型，改造是否不失其意，还与对传统建筑的理解深度和建筑修养有关，但这做法是颇值得重视的。一座建筑，对其反映传统风格的要求也视其所在环境而异。我认为香山饭店如置于其他现代建筑群中，哪怕是就在山口外侧为山上俯视所不及之处，无疑应认为是反映了一定程度的传统风格而有新意的，但置身于香山这样一个典型的中国山水画式的风景区和古迹荟萃之地，对这方面却不能不有更高的要求。

第三，园林水平较高，五区庭院叠石显得石从土中生出，建筑一角又压在石上，虽在封闭庭院中，却暗示出处于山上，效果很好。可惜主庭院微嫌与墙外山景脱节，如适当简化，造成截取山坡一角的效果，似可事半功倍。

石学海（中国建筑科学研究院设计所室主任、高级建筑师）：

会开得很及时，旅游旅馆应当有中国特点，不要全部照搬外国的，层数也不一定是越高越好。总的看这个设计做到了两个结合、一个统一：建筑和园林结合；群体和周围环境结合；设计手法简洁统一。格调高雅，和商业气氛十足的旅游大不一样。在香山公园这个特定条件下，还是得体的。白色房子我觉得可以，我国南方民居用得很普遍，特别因为是低层的，比树矮得多，隐在树下，有田园风味。另外补充两点看法：

(一)不反对在风景区修建新建筑，但主张慎重。把规模如此庞大的香山饭店放在香山公园里面，从山上俯视下去，显得体量过大。如果维持原定的300床规模，效果可能要好得多。再则，饭店距离市区太远，往来很不方便。

(二)香山饭店是贝聿铭建筑师运用现代建筑设计手法，结合我国江南民居特点进行的创作，并以其简洁、高雅的格调得到好评，有很多地方值得我们借鉴。但这毕竟是在香山公园这个特定条件下的作品，不应成为一种模式到处搬用。

王天锡（中国建筑科学研究院设计所建筑师）：

补充一点：从香山饭店设计我们究竟可以吸取些什么？我以为最主要的还是在建筑形式方面。香山饭店设计确实想借鉴中国的建筑传统，所以它的总体布局像一个古典园林，立面划分具有唐宋之风。但与此同时，由于使用要求和材料技术的改变，它没有必要也不可能一成不变地沿袭传统形式，而是有意识地加入一些新的手法。比如：影壁和水池都是我国传统建筑的构成部分。但在香山饭店中，主要入口处影壁上开圆形洞是传统影壁所没有的；大厅中有流水漫出的水池倒是当代西方建筑中不难见到的。这些手法使香山饭店在传统的基调上是具有新意，同时也是传统的和现代的因素之间的过渡。采光顶棚是颇为行时的处理手法，但它的出现并不令人产生生硬的感觉。可以与之相比较的例子是在纽约大都会博物馆中再现的明轩，材料的选用和施工的质量无可挑剔，设计的高超和意境的美妙人人称赞。但参观时经常会同时看到作为围护结构的采光顶棚及其投射在白粉墙上的影子，它们和这组传统的中国建筑总有些格格不入。原因就是明轩百分之百地依样重建，和采光顶棚之间没有丝毫共同语言。当然，明轩是博物馆内的一个展品，采光顶棚不是其组成部分，但给我们有益的启示。而香山饭店则成功地解决了这类问题。

以传统的手法运用传统的形式，得出的必将是一个地地道道的传统建筑，这并不是我们今天的目的。我们应该认真分析一下香山饭店的设计：为什么入口大门是一个两度空间的表现？为什么主要入口部分的立面有其明显的轴线，但左右两侧并非绝对对称？为什么中餐厅内部采用转角墙的处理方式而不突出表现柱子？……我们也应该同样认真地对待我们自己的设计。这样做有助于更好地做到古为今用、洋为中用。

窦以德（城乡建设环境保护部设计局建筑师）：

通过香山饭店的建筑创作，来探索一条现

代中国建筑民族化的道路，这是设计人的中心意愿。应该说“民族化”问题在我国建筑界尚属正在探讨的重大课题，或者说还是个一下子扯不清的难题。贝先生能有如此立意并执著去追求，对此我表示赞赏。

从环境设计来看，中国园林建筑设计讲求“得景”、“点景”，二者缺一不可，而香山饭店则更多的是“得景”，谈不到什么“点景”，甚至杀了风景，这方面我同意一些规划专家的看法。

建筑本身除了采用多重院落空间处理外，看来主要是利用了一些“零件”来“引喻”传神。这种手法在我们的建筑创作中也曾采用、尝试过。从香山饭店的效果看，有得有失。总的印象是室内好于室外。例如客房室内设施虽然都是现代化的，但总的效果很有中国味，窗子成了一个景框将室外景色引入室内。我也很欣赏一些走廊尽头的采光天井处理，它与结构、功能结合很好，在空间上创造出一种“虚”的效果，沟通内外又有所对景，使人联想到传统民居的天井处理。这些包括四季厅里开有圆洞的“影壁”等，我觉得用得都不错，正可谓在于似与不似之间，使你感到还是中国的。而室外（主要是立面）的处理，诸如入口前的牌楼，硬贴的磨砖对缝的客房墙面划分以及菱形“母题”等等，看去使人感到不舒服。作为中国传统建筑语言的运用，使人感到生涩、勉强，很有些生吞活剥的味道。当然类似情况室内处理也有，中餐厅据说是要仿宋式，为了表现木构架花了这么大气力，看去则有硬凑、拥塞的感觉。

马明益（北京市建筑设计院结构工程师）：

我们在文学艺术方面提倡百花齐放艺术民生，我想在建筑界也是适用的。我们应当鼓励有独创性的建筑创作、建筑设计才能兴旺繁荣起来。现在我们的建筑师正在努力开创新路。贝聿铭先生设计的香山饭店也是开拓新路的一个探索，在结合我国历史、文化、结合现代技术方面，力图推陈出新，有所作为。我想这种精神是值得赞赏的。

香山饭店的外观造型、平面处理以及功能需要等，都立足于简洁自然、严格统一，没有任何矫揉造作。建筑设计力求创造一个舒适的空间，创造一个使建筑、庭院和外部的自然景色互相融合互相渗透的空间。四季庭园、建筑平面所围成的大小院落，晨雾晚霞，大自然的万千变幻尽收眼底，起到建筑与环境结合相得益彰的效果。外立面的粉墙青砖，材料朴素，色调纯洁，没有额外的装饰与周围的风景争美。此外，粉墙青砖也是着意要吸取那些与现代生活有关的我国乡土风情，使人们感到建筑创作的根有着长久的历史背景。

内部装修和色彩也是简单朴素、雅致深涵的。它与建筑整体形成高度的统一，起到了烘托和强化建筑主题的作用。整个建筑是一个统一的艺术品，好像一首主题鲜明、由各种乐器在统一指挥下演奏出来的音乐，给人深刻而强烈的印象。我想在这方面应该说是成功的。

二号桥主要入口处的门头，与原有虎皮石围墙相连，体量较大，很高，但失之单薄，从整体规划来看，不够协调，与建筑群的呼应脱节。门头北面又紧接着电话局的入口，这么一个大尺度的门头，前面没有一个开阔的环境，使人感觉欠缺。

主庭园当中的流水音，尺度也较大，又似是用直线尺、三角板推出来的。与四周的湖面、叠石、树木花卉未能和谐统一。还有桥的结构偏低，从北岸南视，未能形成扁桥临水，通透舒展的气氛，桥梁几乎要把湖水分隔开来了，这是美中不足的憾事。

香山饭店位于香山公园内，场地内有一些古老、名贵、姿态优美的大树。西山的植被是北京城景优美的背景，修建香山饭店应为原有的风景增辉。凡指定要保护的古树，一棵不能伐。因此，建筑平面、结构基础、施工开挖等都费了心机，千方百计保护古树。现在工程已经完工，应保留的古树都保留了。这种精心设计、精心施工的精神是值得提倡的。

香山饭店位于山前斜坡地带，地质条件复杂。建筑场地原为静宜及慈幼院等，经历多次人工整平改造，因此地质岩性变化较大，土质不均。基础设于风化岩层、老土层、填土层的情形均有。尤其东北翼和东南翼因新填土层很深，不得不增加一、二层的地下室。地下室的面积5 121平方米也一并算在总建筑面积内，因此每间客房所占的平方米指标是偏高的。这里，处理地基的因素是其一。此外，风景区建筑体量不能大，只宜建低层，客房采用单面走廊，分散的院落必须加连廊等，都是与平方米指标矛盾的。我想这个问题不宜绝对化，要容许某些特殊的单体建筑有其特殊性。

（原载1983年第3期《建筑学报》）

香山饭店设计的得失

荒　漠

深秋的北京，天气格外晴朗，温暖的阳光照得香山的枫叶像火一样红。

香山饭店工程落成了。参观的人群熙熙攘攘，议论纷纷，褒贬皆有。建筑总是给人以第一眼印象招致人们最真率的评论。作为一个建筑设计工作者，对一座建筑的评论，我觉得不应仅仅依据第一眼印象，而应由表及里、由浅入深、由此及彼，根据建筑的社会效果，从中找出得失。

无补于香山，有损于香山

北京虽多山，但没有大片森林。香山是北京西山的极小的一部分，山势奇，树林密，清泉多，是一座历史悠久的森林型风景区，对北京来说，显得特别宝贵。

人们到香山去，总是欣赏那青松翠柏、红枫黄栌、淙淙流泉、西山云雾等自然景色，而不大可能被亭台楼阁所吸引。在香山游览，以"幽"处为最佳。从这个意义上讲，在香山景区范围内的一切建筑都是多余的。但为了满足游客在游览过程中生活上的需要，香山还是建了不少小型的、对风景妨碍不大的服务建筑，这是必要的。但这些建筑并不是为了给香山添景和补景，因为香山无须用建筑来添景和补景。

香山饭店作为面积达3.6万平方米的庞然大物，卧在山腰上，与香山的秀丽环境很不协调，它好像是一座与香山毫无关系的"飞来峰"！

建筑与环境的关系，是建筑师从事规划设计的首要问题，衡量建筑设计的得失和优劣，首先要看建筑与环境的关系解决得如何。建筑总是要吃掉绿地的，但香山饭店吃掉的不是一般的绿地，而是一块北京最宝贵的、在风景区心脏的、长了二百多棵百年古木的绿地。在这种地方兴建大型建筑，是规划上的严重失策。

香山是供人民群众游览的风景区。在景区里面除了风景维护人员以外，不应住人。因为住人就要盖房子，吃掉绿地；住的人多了，非游览区就扩大了，游览区就缩小了，接待游客的容量就小了；住了人就要有供应和排泄，就会产生污染。香山饭店占地45亩，500个床位，是一片不小的禁区，对香山造成的污染也是不小的。

香山饭店设计为了探索"现代中国建筑之路"而选择了香山这个小小的自然风景区，目的无非是为了使建筑物收到更大的成效和获得广泛的反响。我认为这种"桃花源"式的试验是不足取的。这种试验即使成功了，也不可能推广，因为我国没有那么多北京香山这样的自然环境来衬托一栋栋“现代中国建筑”。建筑需要寻找环境，需要去协调环境，也需要有环境的配合。但建筑在绝大多数情况下是成群出现的。建筑与环境的关系，主要表现为建筑与建筑、建筑与街道、建筑与街区、建筑与城市的关系。建筑师要探索“现代中国建筑之路”，主要应该到高楼大厦的窄缝里去、到嘈杂的闹市区去、到拥挤的居民院去“拨开杂草，看出路径”，一旦有所成效，才有价值，才具有普遍性。

只是一种方法，不是一个方向

在香山饭店建成以前，报刊发表了不少介绍和评论文章，对香山饭店进行了很高的评价。概括起来，主要有两点：一是认为香山饭店设计不仅继承和发展了中国传统建筑，而且“结合了现代科技和传统文化中的长处”，开创了“新中国人民的建筑”风格；二是认为香山饭店设计是“中国建筑创作民族化”的方向。香山饭店这座建筑确实从中国一些传统的园林建筑和民居中采集了许多部件和建筑处理手法，如空窗、漏窗、花窗、月洞门、墙面分格、地面处理，等等，而且收到了一定成效。但这是建筑创作的一种方法。一般说，建筑师进行建筑创作时，总是要从过去的、古代的、外国的、他人设计的建筑上采集一些部件和建筑处理手法，或直接用在自己设计的建筑上，或加以融合消化，间接用在自己设计的建筑上。这是一种常用的建筑创作方法。我国各地有许多建筑，如桂林的风景游览建筑、广州的旅馆建筑、北京的外事建筑，在设计时都从中国一些传统的园林建筑和民居中采集了一些部件和建筑处理手法，但并不应因此而认为这样的建筑就继承和发展了中国传统建筑，这样的建筑创作方法就“民族化”了。

院落本身并不一定具有民族性。中国传统建筑中的院落之所以具有民族风格，一是因为“以木构架结构为主的中国建筑体系，在平面布局方面有一种简明的组织规律。就是以‘间’为单位构成单座建筑，再以单座建筑组成庭院，进而以庭院为单元，组成各种形式的组群”（引自《中国古代建筑史》第8页，中国建筑工业出版社，1980年10月第一版）；二是因为围成院落的建筑是具有中国民族风格的建筑。用这两个条件衡量香山饭店的平面布局和建筑，虽然也产生了大小13个院落，但并没有“具有中国传统建筑艺术的基本特征”。

香山饭店的外部装饰，虽然采用了中国传统园林建筑和民居中能够见到的空窗、漏窗、花窗，用青砖分割白色墙面想模仿我国唐代木构架建筑，在顶层客房上做了硬山墙坡屋面，但是，得到的效果仍然是国际式的。还谈不上“继承和发展了传统遗产”。其原因，不是因为设计香山饭店的建筑师没有把握住中国传统的主要特征，而是因为建造建筑的物质条件（建筑材料和建筑技术）和精神条件（社会性质和人们的思想）变了。

当今社会的生产力已经发展到可以兴建几百米高的摩天大楼和几百米跨度的室内田径场时，建筑的民族形式或民族风格再要维持下去，不是绝对办不到，但已经非常困难了。这在香山饭店设计中，也可以找到一些根据。例如，大中型旅游饭店为了节省用地、能源和交通面积，提高经营管理的效率，建筑的布局无论在水平方向上还是垂直方向上都是高度集中的。香山饭店设计为了避免建筑物在香山这一特定环境中成为高楼大厦，尽量压低建筑物的高度和分散建筑物的体积，采用向水平方向延伸的院落式总体布局，但36 000平方米的建筑面积并没有变，约14万立方米的体积没有变。压低高度，必然增加建筑的长度和宽度，扩大了建筑占地面积，增加了屋顶面积，产生了许多由于山地高差造成的建筑无用空间；分散体积，必然拉长了走道，增多了外墙面积，多耗了能源，降低了经营管理效率。香山饭店平均每间客房需建筑面积112平方米，平均每间客房居住面积20.8平方米，利用系数为19%，低得惊人。总造价还无精确数，据有关方面估计，是高得惊人的。

造成香山饭店建筑总价高得惊人的原因很多，但其中有很多与追求所谓“民族化”有关。例如为了表达香山饭店建筑“源于唐宋风格和江南民居”，在白墙上镶嵌了青砖线条，在门窗洞口上装了青砖窗套，在坡屋面上铺了青砖面层，这青灰色的砖固然来自民间，又为了不失“传统”，一律磨砖对缝，一块砖价值10元，按面积计算比民居用的青砖单价高出17倍，但青砖不磨又显得粗糙，影响香山饭店的格调，既然如此，已经不是所谓“采用抹灰墙面、砖头，这是任何普通房子都在用的、朴素的大众化的材料”（引自《建筑学报》1980年第4期《贝聿铭谈建筑创作侧记》），一把仿明硬椅一千余元，一个景泰蓝台灯五百余元，在混凝土楼梯上包木材，这些都是为了“民族化”，都是需要大量花钱的。北京有的是石头，但为了达到某种效果，舍近求远，到云南石林去采山石，到山东、东北去挑卵石，运费倍增，这样花钱值得吗？

现代中国之现状，需要艰苦奋斗，勤俭建国，主要不是要求锦上添花，主要还是要求雪中送炭。如果将香山饭店这样的建筑作为“现代中国建筑之路”的话，是与国情不符，为国力所不能的。

现代中国建筑之现状，主要不是国际化搞过了头，缺乏民族化，主要还是缺乏多样化和现代化。将一种建筑创作方法指导成一个创作方向，我们曾经有过教训。现在要将香山饭店设计的方法夸大成“中国建筑创作民族化”的方向，只会束缚建筑创作，导致在新形势下的一花独放。

现代中国建筑师之现状，思想刚刚开始解放，进行建筑创作的条件也刚刚开始具备，正是处在进行各种创作尝试、百花待放的时期。只要符合“适用、经济，在可能条件下注意美观”的建筑方针，应该允许各种形式，各种风格、各种流派的建筑产生。当然也应该欢迎像香山饭店这样的建筑产生。

重复产生统一，统一形成风格

一座建筑选址失误了，又不能成为设计其他建筑的方向，并不等于这座建筑的设计没有可取之处。

现代旅游饭店，多以奇异、华丽、热闹去吸引顾客。我国近年一些旅游饭店设计，在一定程度上也有这种倾向。香山饭店设计与众不同，追求平淡、素雅和安静。从总的气氛上讲，与其说香山饭店是一座旅游饭店，还不如说是一座疗养院，这正是它的“雅”处。

香山饭店给人总的印象是完整、统一，是别具一格的。分析其原因，是在设计手法上采用了连续的景观、重复的图形和的统一的色彩。

连续的景观包括建筑的一致性和绿化庭院的连贯性两方面。建筑的一致性主要是靠重复的建筑图形和统一的建筑色彩达到的。这里先分析绿化庭院的连贯性。

可以看出，香山饭店的13个院落是没有连贯性的。这在平面上或在三度空间上来考察确是这样。但在人的活动过程中来考察，情况就不一样了。我到了香山饭店，首先感到一点淡淡的园林气氛，为满足停车的功能需要，它的前庭只有一个圆形花坛和几棵松树，但视线所及还有近山的浓荫密林和远山的轻淡轮廓。穿过转门来到前厅时，还没有闻到酒香，见到珠宝，听见乐声，迎面出现了一个月洞，半露半掩的几块山石，几株青竹把我引进了“四季庭院”。所谓“四季庭院”，并没有多少绿化，因为它在功能上是一个交谊性的正厅，绿化仅仅起点缀和引导作用。与众不同的是，作为正厅“四季庭院”的中轴线上不立雕像、不挂字画、不设橱窗，只有一片宽敞的落地玻璃大门，在那上面是一幅真山真水的画面。这时才引起我的兴趣，想走出去看看，但大门又不开（不开比开更好），只得绕商店经玻璃廊才能去后花园，透过在商店的梅花窗就能见到小院落和玻璃廊。玻璃廊在视觉上将小院落与后花园联系起来，在玻璃廊中可以直接去后花园，也可以去四、五区之间的小院落，还可以继续前进，进入五区的单面走廊，左面又出现一些小院落，右面仍是后花园，这样就给人以香山上和三度空间上并不连贯的院落，在人的活动过程中，即在空间的第四度——时间上有了连贯性。

香山饭店能给人留下深刻印象的另一个原因是建筑图形的重复出现。设计上用了两种最简单的几何图形——正方形和圆来处理整栋建筑及其环境的装饰和陈设，包括墙面、门窗、地面、顶棚、屋盖、牌坊、影壁、灯具、家具、陈设、道路和建筑小品。两种图形以正方形为主，圆形为辅。给人强烈印象的是建筑的外立面和“四季庭院”的四壁，设计上用了几种大小不等的正方形进行排列组合，构成了连贯的非常统一的图案。例如外墙面上正方形的窗和窗间墙，一虚一实相间排列，虚与实之间又插进了由正方形细木花格交织成的花窗，作为两者的过渡，又有一个小的正方形点缀一块窗间墙，并菱状放置，与细木花格相呼应，在这种构图形式的统一下，根据建筑立面部位的不同，或改变局部的图形组合，或配以圆形构成的梅花窗，使人感到重复而不单调，统一中有变化。

在中国的京戏中，一个主角的出场，总是先有一帮“龙套”在摇旗呐喊。香山饭店的主体建筑在亮相以前，也不断给来人以信息。在通往香山饭店的道路两旁，坐着一个个由花岗石正方体构成的灯具，在正方体的四个侧面，各挖了一个圆。继续前进到达引桥时，牌坊是由三种正方形组成的。进入前庭广场，正中是一个圆形停车池，池底正方形分块，每块正方形上排列着许多圆形鹅卵石。回车道的两边，竖立着两盏由正方形组织成的宫灯和圆形灯座。

进入香山饭店内部，处处都是正方形和圆，圆和正方形，正方形里有圆，圆里有正方形，这里就不一一赘述了。总之，人们所到之处，都能看到正方形和圆，建筑图形的重复出现是香山饭店设计的长处。

香山饭店设计的另一长处是整栋建筑内外只用了三种颜色。室外以白色为主，灰色为辅，赭色点缀。大厅的墙面是白色；门窗套及其联系的线条，屋面、压低等等面积较小而勾画建筑轮廓的用灰色（砖）；勒脚、装饰性的铺地用赭色（花岗石、鹅卵石）。室内也是这三种颜色，总的来说仍以白色（墙面和顶棚）为主；灰色的比重加大了，地毯和主要家具如床、沙发等都用灰色，以获得室内柔和感；赭色分两类，一类色调偏黄，用于硬木装修，另一类偏熟褐，用于中餐厅的硬木装修和仿明家具。室内室外，三种颜色，使建筑内外非常统一和谐。

这座高标准的旅游饭店，只用三种颜色处理室内室外在同类建筑中是罕见的、不容易的。颜色用多了就很难使建筑物达到统一。但用少了又往往给人以单调感。这就要在色彩组合的变化上下工夫。在香山饭店里同样用了三种颜色的三个餐厅，给人的感受却很不同。西餐厅三片隔墙上满包灰色吸音麻布，这种大块的、干脆利落的处理使西餐厅富有现代气息，即所谓“洋味”。在中餐厅内，正方形平面的主厅上覆盖着一座熟褐色的、做工精巧的、仿古木结构的屋顶，层高低低的，配上宫灯、硬椅，挂上国画、对联，确有一番乡土气息，即所谓“家乡味”。在宴会厅中，空间高大，装修用大尺度，非常气派，而不追求亲切感。

有人觉得香山饭店色彩太素，有点冷冰冰，我觉得只有素，才可能产生“雅”，有了雅也就有了美。

重复产生统一，统一形成风格。这是香山饭店设计成功的一面，是值得学习的。

（原载1983年第4期《建筑学报》）

设计是工程建设的灵魂

设计是工程建设的灵魂。基本建设项目能否节约投资，缩短工期，采用先进技术，设计起着关键性的作用。设计在建设中的重要作用，概括起来说，就是没有现代化的设计，就没有现代化的建设。

目前，我国各部门和各地区拥有设计队伍三十六万人，门类基本齐全。这支队伍为社会主义建设做出了重大的贡献。但是，我们对设计工作没有给予应有的重视，在体制和管理工作中也存在着一些弊端，这支技术力量的潜力没有充分地发挥出来，以致目前的设计水平还比较低，设计周期比较长。在当前的经济改革中，抓好设计改革是一个至关重要的问题。

首先要树立明确的指导思想。同其他行业一样，设计工作过去受“左”的影响比较大，诸如“以阶级斗争为纲”，把知识分子看成异己力量；轻设计，重施工；轻智力，重体力，等等。这就要求我们认真重视科学技术，重视智力劳动和智力开发，解决好科学技术，包括设计技术的责任制和管理问题。还要培养一支有创新精神的技术队伍，重视技术更新等。只有把设计人员的积极性调动起来，发挥先进技术的作用，才有可能把科技成果变成现实的生产力，才有可能挖掘出巨大的潜力，产生好的经济效益。

其次，要走企业化、社会化的道路。长时间以来，我国的设计单位都是事业单位，设计任务由上级下达，设计单位靠吃国家按人头拨给的事业费过日子，干活越多，开支越大，经费也就越紧张。在单位内部，又是实行平均主义的分配制度，干多干少、干好干坏一个样，优秀先进的设计得不到奖励，低劣落后的设计也不受惩罚。这已经成为推动技术进步和调动设计单位积极性的严重障碍。实行企业化、社会化，就是要改变原来按人头拨事业费的办法，使设计单位成为国家计划指导下的独立经营单位，做到自负盈亏，责权利统一，扩大自主权。要实行招标、投标制，彼此之间开展平等的竞争，打破部门和地区界限，面向整个社会。内部实行项目责任制，对工作中做出创造性贡献具有重大经济效益的给予奖励。这样，可以使设计单位外有压力，内有活力。

第三，设计管理体制的改革不能搞“一刀切”，也不可能毕其功于一役。要有专门的机构来管这件事，要积极地、有步骤地进行改革。可以根据各个部门、地区的不同情况有先有后。现在，有的部门的设计改革已经迈出了可喜的步伐，其他部门的设计改革也应当积极进行试点，逐步地跟上来。各个部门的设计单位同本部门的其他各项工作是紧密联系的，设计改革必须同各个部门的整个改革结合起来搞，力求各有关方面的改革能同步配套。在设计改革中，要积极采用先进的科技成果，大胆进行创新，正确处理多样化和标准化的关系，努力做到经济效益、社会效益和环境效益的统一。

（原载1984年9月21日《人民日报》）

不容忽视的五个“星座”

刘心武

近十年来，我们的文化领域内堪称煌煌巨制的作品是什么？我以为是出现在若干城市里的建筑艺术精品。海内外一些专门研究建筑艺术的学者认为，近十年来中国内地的建筑艺术有五个熠熠生辉的星座，它们之中四个在北京，一个在上海。北京的四个是：1982年建成的北京香山饭店，由美国华裔建筑师贝聿铭设计；20世纪80年代中期建成的中国国际展览中心，由柴斐义设计；1990年建成的中日青年交流中心，由中国李宗泽和日本黑川纪章共同设计；也是1990年建成并在“亚运会”中得到充分利用的国家奥林匹克体育中心，由马国馨设计。上海近十年来拔地而起的新建筑也很多，但被指认为“五大星座”之一的却是由美国建筑师波特曼设计的上海商城。当然这“五个星座”的说法也一定会有人提出异议，实际上随着近十年中国社会生活的巨大变化，建筑作为一种艺术创作以及建筑作品直接参与社会新的文化架构的组建，所开放出的花朵、铺展出的碧草，那数量和范围都是相当繁多与宽广的，可惜我们的美学家们和艺术评论园地，对这方面已经赫然在目的成果，还缺乏足够的注意，甚少评析与探讨。

在文学艺术的各种门类之中，建筑艺术在面对民族文化传统与现代化的人类文化通则时，更有一种短兵相接而又时不待人的困惑感与紧迫感。上述的五个“星座”都是直接承担对外开放的社会功能的，因而绝不能只照传统旧方“炮制”，也不能回避现代化即必须是最新式的这一前提，这实际上也是今后无数作为艺术品的新建筑所面临的局面，同时，即使是一栋比较小型的建筑，从设计、施工到完成，它绝不单纯是一种艺术创造，而首先是一种经济活动，它严格地受到投资、功能要求、工期、材料、工艺、预期效益种种因素的控制，而且一旦出现在大地和天际，即使从美学意义上我们判定它彻底失败，它也要长时间“丑陋”地存在下去，绝不是如我们对付文学艺术中别的门类的“毒草”或“莠草”那样可以便当地加以禁绝或芟除的。然而在近十年来华夏大地上雨后春笋般滋生出的建筑艺术作品领域中徜徉，我们的欣喜之情便不禁油然而生：有众多的作品在处理民族文化传统与现代化的人类文化通则这一相当艰难的和谐化之努力中，取得了明显的成果。上面提到的五个星座，便是其中的佼佼者。

北京无疑是最足以展现中华建筑艺术民族传统的城市，尤其是历经五百余年沧桑而仍基本保存完好的紫禁城建筑群，外在的形态、色调以及工艺之精美、配置之巧妙，已足令人惊叹不已，而通过一组组建筑语言所传达出的中华文化的深邃内涵，如天人合一、中庸之道、伦常有序、阴阳互补、五行生克……更使人回味无穷。然而紫禁城建筑群也最尖锐地暴露出它那与现代化格格不入的特征——它处处为万人之尊的帝王及其极少数“主子”着想，而几乎全然不设置“公众活动空间”（或称“共享空间”），我们在现今称为“故宫博物院”的紫禁城中参观时可以发现，权倾一时的晚清“军机处”的办公室，竟是养心门外一溜矮小窄隘的房屋，纵然在举行大典时，太和殿前面的广场可以供臣子们跪伏，但他们进退时所暂憩的两厢朝房，也相当窄小；而所谓现代化的前提之一，便是封建专制的结束与民众参与的必然，故而体现在建筑艺术的革新上，最鲜明的特征便是对公众活动空间的重视与精心配置，当然，那种为帝王的威严而使用的令人感到被威慑被压抑的建筑语言，也便改变为使民众从个体感受上生出解放、舒展、欢愉种种情绪的新的建筑语言。但西方资本主义的建筑艺术，又一度走向排山倒海的物质感压倒个体自我存在意识的“语体”之中，最突出的例子便是美国纽约曼哈顿的高层建筑群，其中似乎又以日本建筑师山崎实设计的世界贸易中心的那对一百一十层的高达四百一十一米的方形双塔摩天楼体现得最为充分，笔者作为一个心灵中毕竟充弥着中华文化积淀的个体，几年前在走进那建筑物中参观时，确实有一种被西方“物质文明”压抑得透不过气来的感觉，而一位陪同我前往的美国文化人亦称他同样有种“失却自我”的不快；这说明对于现代化，我们不应盲目地向西方的文明产物认同，我们应吸取的是那些已成为当今人类共识的文化通则，如对封建专制、殖民主义、种族歧视、性别歧视、强权主义、恐怖主义、无知愚昧、蔑视文化、闭关自守、拒绝沟通、环境污染、生态破坏……的断然摒除以及对科学技术、人的创造才能、人在法律许可范围内的自由行为、人与人之间和人与大自然之间的和谐意愿与努力、人的心灵的净化与提升等等方面的充分尊重与孜孜不倦的追求。把握住了这一点，再充分地从我们民族文化中弃糟粕吮精华，则必然有成功的建筑艺术精品产生。

贝聿铭所设计的香山饭店，一般观者不难从其外表上看出，那构思灵感显然一部分源于中国西藏的佛寺建筑，营造出一种东方式的庄重与宁静的氛围，但其最成功的部分，还是内部大堂空间配置的匠心，既有东方文化的均衡和谐意蕴，又有相当前锋的现代化风格与气派。柴斐义设计的中国国际展览中心，首先以简洁的线条和明快的结构，充分展示出新型建筑材料所体现出的现代高科技感，从而为首先目睹它的北京市民带来了一种进入崭新视觉感受的快意，而它那内部可以随机调整的展览空间，又使参观者对当今的中国必须以开放的姿态融入世界大家庭这一点获得了一种无声然而强烈的启示。中日双方设计师通力合作的中日青年交流中心，乍见颇感怪异的建筑语言并不给人一种“洋”的感受，而体现出东方玄学的神秘与深奥，但其后现代主义（Post modernism）的前锋色彩，相信在西方建筑艺术界眼中，也是相当浓酽的。中日青年交流中心的建筑语言也许令现今许多中国人接受起来（指审美接受，其功能接受——启用即几乎不成问题）还有诸多心理障碍，那么，几乎全中国民众都已从有关“亚运会”的电视报道中看到的亚运村国家奥林匹克体育中心，相信已令大多数人产生出哪怕是不自觉的审美认同，特别是那斜拉悬挂屋盖结构所形成的双帆形剪影，望去令人欢愉而振奋，堪称是一个既体现出民族昂扬精神和对传统建筑语言中的对称趣味厚重情调的充分承袭，而又充分地现代化——蕴涵着革新、开放、个人与群体的和谐、人造景物与自然环境的和谐、竞争精神、对高科技的尊重、对力量与聪明才智的赞颂种种因素——的建筑“句子”。

十年没有去上海了，所以不能一睹上海商城的芳容，但从所见到的图片上获得的感受，可以意识到那并不是西方任何同类建筑的一个赝品，而很见设计者的创新激情；波特曼在西方建筑界是素以擅长处理“共享空间”，并在这方面有理论建树的大家，可以想见，上海商城内部的“共享空间”的配置处理，一定极富特色。

笔者对建筑艺术只是个有浓厚兴趣的外行，写此文的目的无非是痛感社会上尚未形成将作为艺术重要门类的建筑加以审美关注的风气，一般报纸副刊的美学评论似乎至多只及于所谓城市雕塑及其他建筑艺术中的环境配置构件，而绝少论及建筑物及建筑群本身，面对着实际上远不止前面所提及的五个星座的大量新的建筑艺术成品，我们实在应该使建筑艺术的评论活跃起来，并大大提升包括我们自己在内的广大民众的建筑艺术审美意识！

（原载《我眼中的建筑与环境》）

社会主义中国应该建山水城市

钱学森

社会主义中国的城市建设应该在马克思列宁主义毛泽东思想的指引下，科学地总结过去的经验，特别是中国人创造的灿烂文化，有目的、有计划地去实施。我们在过去，要办的事很多、很急，要解决人民的基本生活需要，在城市建设上，来不及认真思考，科学规划，合理布局，办了一些傻事，如把首都钢铁公司、北京石化公司的工厂建在北京上风位地区；有些建筑又影响甚至破坏了城市风貌，今后要有所改善。

城市的总体设计

过去我们一讲城市建设，好像就是道路交通建设、通信建设、居民居住的房屋建设、工厂建设、学校建设、机关建设、商业区建设等等，一下子就投入到具体工作中去了。而没有注意一个首要的问题：建设中的城市，其功能是什么？这个城市是国都？是大港口？是商埠？是省城？是文化城？是旅游城？是工业城？还是其他？

有了一个城市建设的目的，明确了其功能，下面的问题就是对这个城市已有的建筑要明确哪些是文物，必须保护，并加以科学的维修（而不是粉饰一新）。北京的城墙、城门楼拆得太干净了！当然，故宫总算保护下来了，天安门广场建设得很壮观！

这两个问题明确以后，下一步才是城市的总体规划。总体规划要有长远眼光，要大胆设想，逐步实施。在建国初年，梁思成先生对北京就提出过一个惊人的设想：以现在的丰台路五棵松为南北轴线，北端定于颐和园，轴线以东为旧北京，以西为建新北京。此议未被采纳，但这种宏图思路是值得倡导的。我们要面向世界、面向未来啊！

这个观点我在1985年就提出了，我认为它是比具体搞细节的所谓城市规划更高一个层次的学问：城市学。这是用系统工程整个观点研究城市问题的学问，不知近几年有无进展。

城市园林、城市森林和山水城市

然而，我所看到的不是什么城市学研究进展，而是一些背离中国这个文明古国的怪现象，如：在城市中心区搞什么假造的“古建筑”，在城市弄什么趣味低下的“电子化游乐宫”等等。这些丑化城市的活动决不能再任其泛滥了。现在还兴起了一股筑什么“花园村”之风，也很值得研究，切莫急功近利，遗患后世。至于到处竖起的方盒子式的高楼，使城市成了灰黄色的世界，更是普遍了。

这些现象的出现，说明社会主义中国的城市该怎么规划设计，仍是个需要回答的问题。

我想既然是社会主义中国的城市，就应该：第一，有中国的文化风格；第二，美；第三，科学地组织市民生活工作、学习和娱乐。所谓中国的文化风格就是吸取传统中的优秀建筑经验，例如吴良镛教授主持的北京菊儿胡同危旧房改建，就吸取旧“四合院”的合理部分，又结合楼房建筑，成为“楼式四合院”。我们可以想象，“楼式四合院”再布上些“老北京”的花卉盆、荷花缸、养鱼缸等等，那该是多么美的庭院啊！

如果说现代高度集中的工作和生活要求高楼大厦，那就只有“方盒子”一条出路吗？为什么不能把中国古代园林建筑的手法借鉴过来，让高楼也有台阶，中间布置些高层露天树木花卉？不要让高楼中人，向外一望，只见一片灰黄。楼群也应参差有致，其中有楼上绿地园林，这样一个小区就可以是城市的一级组成，生活在小区，工作在小区，有学校，有商场，有饮食店，有娱乐场所。日常生活工作都可以步行来往，又有绿地园林可以休息。这是把古代帝王所享受的建筑、园林，让现代中国的居民百姓也享受到了。这也是苏扬一家一户园林构筑的扩大，是皇家园林的提高，中国唐代李思训的金碧山水就要实现了！这样的山水城市将在社会主义中国建起来！

以上讲的还是一个城市小区，在小区与小区之间呢？城市的规划设计者可以布置大片森林，让小区的居民可以去散步、游息。如果每个居民平均有70多平方米的林地，那就可以与今天乌克兰的基辅、波兰的华沙、奥地利的维也纳和澳大利亚的堪培拉相比了，称得上是森林城市了。

所以，山水城市的设想是中外文化有机结合，是城市园林与城市森林的结合。山水城市不该是21世纪的社会主义中国城市构筑的模型吗？我提请我国的城市科学家们和我国的建筑师们考虑。

（原载1993年第6期《建筑学报》）

建筑呼唤评论——建筑评论研讨会综述

杨永生

1995年10月6日至8日，《建筑师》杂志在深圳召开了一次建筑评论研讨会。由于会前大家都做了充分的准备，会上采取了发言限时，给予充分的提问、解答和讨论的时间，所以会议时间虽短，但提出了许多值得重视的观点，而且对一些“热点”问题进行了深入的讨论和学者式的交锋。

这里，首先应该强调的是，这次研讨会得到香港建筑师学会前会长、全国政协委员潘祖尧先生的支持和赞助，参加研讨会的有来自北京、天津、上海、广州、深圳以及香港的建筑界专家、教授和评论家。他们是：潘祖尧、孟建民、蔡德道、邢同和、许安之、曾昭奋、左肖思、王天锡、邹德侬、孙继先、蔡汉茂、刘力、张孚佩、陈世民、姚汉贤、于志公、杨永生等。

一、为什么要召开建筑评论研讨会

众所周知，改革开放以来，我国基建规模虽经调整，但规模仍不可谓不宏大。由于建筑师的人数与建筑规模不相适应，建筑师的工作一直是满负荷的，有的甚至在“超负荷运转”。许多发达国家的建筑师对此羡慕不已。然而，由于历史的和现实的种种原因，总体上看，建筑设计的水平同世界先进水平相比，还有相当大的差距。虽然，也出现了一些相当优秀的作品，但，从数量上看平平的乃至相当差的建筑还屡见不鲜。因此，为了进一步提高建筑设计水平，着力开展建筑评论，就显得十分重要了。

通过这次讨论，大家认为，建筑评论对分析建筑作品，研究建筑创作理论与思想，总结建筑设计经验，从而推动建筑创作水平的提高，具有重要的意义。同时，它对提高业主和群众的建筑意识，提高他们的建筑鉴赏能力，也具有同样重要的意义。勿庸置疑，发现有才华的建筑师，也是建筑评论的任务之一。

建筑评论，说到底，无非是通过全面而不是片面的、实事求是而不是形而上学的、入情入理的而不是强词夺理的分析和评价，让人民群众辨别优劣，优在何处，劣之所在，从而杜绝低劣建筑的蔓延。

在发达国家，建筑评论在一般报刊中大都占有相当的篇幅，建筑评论与繁荣建筑创作形成了密不可分的关系。知识渊博的总建筑师蔡德道说：“美国《时代》周刊每期都有“设计”专栏，《纽约时报》星期日版辟有建筑评论专栏，都是以非建筑专业人士的广大公众为主要对象，帮助公众树立正确的建筑观，向建筑师传达社会要求和公众愿望。”相比之下，我们对建筑评论与繁荣创作的关系，还有待于从认识上提高。张孚佩指出：“建筑评论与建筑创作是中国社会主义建筑文化的两翼，二者相辅相成，互相促进，是对立的统一。”

二、建筑评论之现状

我国建筑评论的现状是，在专业刊物上散见一些评论文章，而以广大公众为对象的报刊虽不时也有一些涉及建筑的言论，但从未（50年代初期批大屋顶除外）形成社会关注的问题，从未形成热点。正如陈世民大师所说：“现状总的来说是寥若晨星”。而且，从形式上分析的较多，从形式到功能到环境到技术，全面分析评论的文章并不多见。特别是对那些具有重大社会意义的建筑，几乎是千篇一律的颂扬，很少见到评论的文章，比较多见的是导游式的或注释性的介绍。

诚然，建筑评论有它的特点和难点，正如蔡德道所说：“建筑评论与文艺评论有相同和不同之处。建筑评论的对象是实物，有多方面的复杂背景。按理，评论者应该对评论的对象有深入的了解，全面掌握图纸资料，并身临其境进行考察。但限于条件，往往难于做到这些，由于种种难以克服的原因（如差旅费开支，看图纸、取资料、入内参观等），评论者难以做到全面深入的了解，与作者也不易沟通接触。”况且，越是引起社会注视的重大建筑（往往由于它们有重要意义，能够起到导向的作用），越是难于公开地予以实事求是的评论，欲加品评的专家也顾虑重重。特别是那种具有什么意义的重大建筑刚刚落成（甚至落成之前），新闻媒介就“炒”得满热闹，再加上权威人士（大都是非专业的）倍加赞赏，那么，专家们往往就不便说什么，有谁愿意去惹事生非呢！

不可忽视，我们还没有形成一支评论队伍。专业人士中虽也有些人写评论文章，往往是写写停停，停停写写，且人数甚少，散步游勇。至于非专业的建筑评论队伍（如由新闻界、文化界人士组成的），我们姑且称之为社会评论队伍，那就人数更少了。专业评论固属重要，社会评论更加重要。甚至有人说过：“建筑本来是应该由建筑家以外的人来加以批评的。”

三、如何开展建筑评论

才华横溢的高级建筑师王天锡在发言中强调，要真正地把建筑评论健康地开展起来，就要一边大力开发这块处女地，一边解决这么五个问题：

(1) 摆正建筑活动与经济效益之间的关系，克服为了追逐利润而不择手段，以致造成标准失当、方案平庸、质量低劣的倾向；

(2) 克服强加于人的长官意志，树立尊重科学和建筑师劳动的社会风气；

(3) 提高全民族的文化水平、审美修养；

(4) 培养比现在多得多的建筑专业人员，量中求质，造就权威性的建筑评论家；

（5）建筑评论家不仅要提高自己的专业素养和文化素养，更主要的是要有尊重他人、尊重自我的高品位人格修养。

诚然，这五个问题不无道理，但要具备这些条件并非一日之功，要有一个很长的过程。等待吗？不行！当前该怎么办呢？

与会者一致呼吁，除专业报刊开辟建筑评论专栏外，重要的是以社会公众为对象的报刊也应拿出相当的版面刊登建筑评论文章，开辟评论专栏或定期出建筑文化专版，加强正确的舆论引导，避免误导。为此，急需组织和培养一支建筑评论队伍。

蔡德道先生说："建筑的社会性导致公众的关注，由于公众缺乏必要的建筑学知识（这是难以避免的）及个人感情与愿望等等的局限，就需要舆论引导，而建筑师也十分需要舆论的支持。"他还在会上强调："建筑要为公众理解和接受，但不应以'喜闻乐见'为唯一的标准，因为它往往会受到记忆、潮流和舆论的影响"。例如，巴黎埃菲尔铁塔曾被300余名文艺界知名人士（包括莫伯桑、小仲马在内）联名指责，上书政府，要求尽快拆除。经过历史的考验，现在的埃菲尔铁塔不仅是喜闻乐见的，而且成了巴黎的标志性建筑。

开展建筑评论除了动员传播媒介之外，政府部门和学术团体的支持是必不可少的。建设部副部长、中国建筑学会理事长叶如棠在近几年的多次讲话中都十分强调开展建筑评论的重要性，这给了与会专家以有力的鼓舞，并得到广大建筑师的热烈拥护。

对评论文章，也不必一律要求系统、全面，大家都赞同出手不凡的著名高级建筑师刘力所说，不妨从一事一议、一题一论入手，逐步开展起来。所谓一事一议，即是文章要"短、平、快"，就事论事，论题不是停留在口号上，也不求在方针问题上求是非，而是在具体实际上去做分析。比如，北京新建的西客站；位于北京城东南角的比例合谐、精美的东便门西北角新建成的两座大屋顶酒店；北京中轴路上正阳门边的供电局办公楼；长安街上的交通部、全国妇联办公楼；占了东单绿地（长安街上仅有的两块绿地之一）的某仿古建筑等等，都是最好的评论对象，从城市规划、城市设计、个体设计、创作手法、创作思想……等等方面，总结哪些是成功的，哪些是教训，是十分有益的。

四、热点问题

会上，除了对上述问题展开了热烈的讨论外，大家还就当前建筑界以及社会公众所关注的建筑热点问题，进行了学术性的研讨。

（一）要从大屋顶的束缚中解放出来

50年代初期，在建筑界乃至社会上开展了一次从上而下的批判大屋顶的运动，主要是从反浪费的角度批判的。那时许多人是在忠诚地贯彻执行"社会主义内容、民族形式"的口号，尽管在当时的条件下也只能提出大屋顶这种显而易见的民族形式的表征，但在运动中又诚惶诚恐地做了自我批评。可是，谁也未料到，国庆10周年的工程又有些是大屋顶，却又倍受赞扬。更没有人想到，到80年代末和90年代初，北京的大屋顶建筑又一次空前地繁荣起来，从城里到城外还有一大批各式各样的亭子爬上了高层建筑。

著名建筑评论家曾昭奋先生说："为什么要批评大屋顶和复古主义？至少有两点：第一，就创作来说，从形式到思想，它是束缚人的；第二，造价高，太浪费。而主张搞大屋顶的人，往往拉起传统文化、民族特色、夺回首都风貌这些大旗和虎皮，在他们背后还有强大的权力和财力的支持，于是愈演愈烈，以这些来强求今天的建筑无疑是建筑创作指导思想的严重后退。因为，建筑师的创意，任何形式的探求，任何繁荣创作的努力，在大屋顶的重压之下，全都会溃败。"

大家知道，北京新火车站是一项耗资巨大的跨世纪的国家级重点工程，为世人所瞩目。人们期望它在功能上、技术上、艺术形式上等方面都有所创新、有所进步。曾昭奋就此事说道："建筑师和工程师们在新车站的总图规划、建筑布局、交通组织、旅客流线、结构体系、施工技术、分期建设、节约投资等方面，用尽了心血。然而，就在主体建筑的造型构思方面，却似乎无所作为，匆忙中扣上了一个传统的皇家顶子——重檐攒尖顶，了事。"

与会者还提到，高层建筑上乱戴帽子的问题，值得深入讨论。北京、深圳等地高层建筑的帽子形式颇多，不仅有大屋顶式、亭子式、金字塔式，还有四棱锥式、碉堡式以及随意构成式，不一而足。而上海的高层建筑却有不少是没有帽子的，也并不丑陋，也没给人以方盒子之感。可见帽子并不是唯一的出路。当然，也并不是泛泛地斥责高层帽子，而是希望不要乱戴，尤其是不要扣一些粗制滥造的怪里怪气的帽子。

（二）"以形式为本位的创新"和"易操作行为"应该受到批评

"国外以'创新'为号召的先锋理论，使它的建筑步入'形式主义'的陷阱，甚至导致了建筑创作的退步。"研究近现代建筑的邹德侬教授在会上提出的这个观点值得深思。他在分析了我国近现代以形式为本位的倾向后又说："在我们的创作背景中，确实有个虽然没有公开号召但是一直在起引导作用的'以形式为本位'的观念。这种隐性观念的无形导向，再加上对西方现代建筑的似通非通，对先锋建筑缺乏深解，形成了80年代以来建筑手法标新的独特背景，是这些建筑具有新颖性、易操作性和忽视建筑其他基本要素的直接根源。"

邹德依在研讨会上提出的"易操作行为"这个概念引起大家的重视。什么是"易操作行为"？他解释说："这是专指目前建筑设计市场上把建筑当拼贴，把落后当先进，把建筑当作任人打扮的什么东西等滥用建筑手法的行为，使得相当一批建筑浪费资财，品位日下。”他在发言中对这种行为做了分析和列举。

（三）评所谓“20年后不落后的跨世纪建筑”

近年来，业主要求做“20年后不落后的建筑设计”的呼声不绝于耳，弄得建筑师“陷于迷茫和费解的怪圈”。特别是那些有钱有势的业主去海外转了个弯子回来，感到处处不如人，要“急起直追”，于是就提高标准，扩大规模，提出要用玻璃幕墙、铝合金墙板、抛光金属板、贴镜子、搞大天窗、观光梯、高大中庭等等，不一而足。

正如蔡德道先生所说：“建筑标准是当前社会经济发展的反映，不可强求，超前消费只能使经济落后。有人强调建筑标准要与国际接轨，却未计算代价，更少人关注与国内接轨，需知我们还要抗御自然灾害，还要花大力气搞‘希望工程’和‘安居工程’。建筑理应脚踏实地，符合当前国情民意。”

与会专家认为，20年后人们对建筑的要求如何，确是一个值得研究的课题，蔡德道认为，“大体上说，无非是空间尺度、环境条件、设备装修标准以及扩建的可能性等等。”但是，无论如何，不能脱离国情，不能口袋里有几个钱，就忘乎所以，头脑发热，急功近利。几十年来，我们吃头脑发热的亏不算少，也不算小，应该汲取那些惨痛的教训。

（四）关于建筑的商品性

经过十多年的改革开放，我们已经逐步认识到绝大多数建筑物已经成为社会主义市场上的商品。陈世民大师说：“就建筑的‘商品性’和‘艺术性’而言，我认为，目前绝大多数建筑物首先是‘商品’，其次才是‘艺术品’，只有相当少的特殊建筑才是‘艺术第一’。‘建筑首先是商品’这一提法更符合现实，更有利于建筑师从封闭的象牙塔中走出来面对激烈的市场竞争，也会使大大小小的设计单位更具有生存发展的活力，亦可在一定程度上避免因单纯将建筑视为艺术品而导致建筑成为一些人手中的拼贴画、街头放大的雕塑或四面插上构成符号的水泥盒子。”他在会上还强调说：“不能过分夸大其商业特性，不然又会迷失在‘商品至上’的丛林里。因此，必须合乎尺度地均衡侧重点，而这一点就有赖于恰当地遵循建筑评论与设计的一些基本标准。”

陈世民大师的这个重要观点在会上引起了热烈的讨论。大家认为，对建筑师来说，转变观念，重新认识自己的社会定位，如何适应商品经济条件下建筑师的运作，也是当前需要认识加以讨论的问题。

（五）建筑传统与现代化

关于这个问题，过去讨论的文章不少。看来，尽管不是一个永恒的主题，今后也还要继续讨论下去。尤其是我们这样具有古老文化的国家，更需要进行不断地深入探讨。张孚佩说道：“过去的传统发展到现代的传统是一个不断变革，不断变化，不断积累，不断代谢的过程。这个过程一直要发展到未来，所以无法甩掉传统。从历史发展的观点来看，某些传统经过岁月锤炼，粗劣的废弃了，精妙的保留了。随着时代不同，又会有些传统不能与现代生活相适应，虽为昔日‘精华’，实已转化为今日之‘糟粕’。有的传统文化只能作为历史陈迹供人凭吊和欣赏，在传统建筑中这类现象很多。‘精华’和‘糟粕’之间会在一定条件下转化，这个条件经常是突破传统局限，并与现代科技和时代精神有机地结合起来，在构思上、造型上、艺术上进行突破，反映出现代中国人的思想感情、使用要求和审美意识。我们最需要的是那种突破性的转化力和创造力，这是艺术的真谛，对探索出一条中国特色的建筑现代化道路是十分有益的。”张孚佩先生近年来在深圳设计了许多优秀建筑，平时少言寡语，但在会上就建筑的多元问题、传统与现代问题以及如何开展讨论问题，作了精彩的发言，引起了与会者的兴趣。

（六）创作与抄袭

改革开放以来，我国建筑界取得了丰硕的成果，建筑设计水平也有了空前的提高，这是有目共睹的。来自上海的后起之秀邢同和先生说：“上海外滩上的历史建筑、浦江风景带和浦东460米高的‘东方明珠’、88层的‘金茂大厦’等组成的新外滩，将以昨天、今天和明天的明显的跨世纪标志而矗立在绿野蓝天之间。这也是人文背景建筑文化与现代科技综合创造的结晶，也是东西方文化交融、今日科技引进、消化、再创造的开花结果。”

在深圳工作多年的著名建筑师左肖思兴奋地告诉大家：“深圳市的建筑成就是伟大的。15年间建设4000万平方米房屋，建成18层以上的高层楼宇达300多栋，在建的高层亦达300栋。昔日荒僻边陲崛起一座现代化新城。”

为了进一步提高设计水平，大家也谈到了一些负面问题，应当引起重视。我国首批建筑学博士孟建民先生在会上一口气罗列出如下一些现象：盲目追随国外建筑思潮，赶时髦，随波逐流；“快速设计”又在抬头，在业主提出脱离实际的设计周期逼迫下，造就了一批“设计快手”，这无疑会影响设计质量；在创作中东抄西抄，明抄暗抄，大抄特抄之风十分普遍，而且有些抄得笨拙，好的没抄到，生搬硬套，不伦不类。当然，“抄”是一个过程，“超”才是建筑师的真正目的；“快餐式建筑”越来越多，只要业主“点菜”，建筑师就“料理”。业主说方即方，说圆即圆，无所谓建筑师自己的个性和主见，只求业主满意。如此这般，当然难于出现精品建筑，也难于在实践中提高自己，整体建筑设计水平也就难以提高了。在会上邹德侬先生放了一批他拍摄的拙劣建筑的幻灯片，令人瞠目，啼笑皆非。

左肖思先生还提出了要尽快把城市设计抓紧抓好的问题。他强调说，我们应该使发展商在既定的功能、内容和限定的规模和层数范围内去实现其选定的项目，其商业行为不应超过规划，更不应在左右城市设计。

会议期间，与会者还探讨了有关建筑创作、国内与国外建筑设计水平比较、差距以及如何赶上等问题。

会议开始时，香港建筑师潘祖尧先生说："我们中国是礼仪之邦，中国人不太喜欢对他人作出批评，尤其是对同行或前辈。外国有专业建筑评论家，而且多不是建筑师，但他们的评论是受多数建筑师尊敬的。因为他们的专业知识深厚，而且是局外人，可以提出中肯的意见。我的这个看法，不是因为崇洋而是以事论事。在这方面，外国的例子是值得我们学习的。"

此外，大家知道，建筑师如同作家、美术家、雕塑家也是搞创作的，有人称之为创作人。历来，创作人都有一种通病，总认为自己的作品是好的，不大愿意听取不同意见。这种心理障碍也不利于开展讨论，衷心地希望建筑师努力培养虚怀若谷的情怀。

这次研讨会，应该说是高层次的，内容是丰富的。但这篇综述可能挂一漏万。还是奉劝读者再看看本书编入的各位专家的发言吧！

“夺”式建筑可以休矣

周庆琳

前几年在北京“夺回古都风貌”的口号叫得很响，经过几年的你争我夺，产生了一大批“夺”式建筑，它的出现在建筑界甚至在一般老百姓当中议论纷纷，褒贬不一，说明大家对此问题十分关切。北京只有一个，把她设计好是建筑工作者不可推卸的责任，特别是在制定其建设方针时绝不能有半点偏差。这些建筑大多数是在“夺回古都风貌”的口号提出后出现的，对这样一个提法是否恰当是一个很值得研究的问题。我曾在1995年初在北京开办的首都1994年建设成就展览会的总结大会上作过一次简短的即兴发言，阐述了我对此问题的观点。发言后有好几位同志都表示同意和支持我的观点，但在当时由于众所周知的原因，意见是不会被采纳的，现在借此机会再谈一谈这些看法，供大家讨论。

一、“夺回古都风貌”的提法概念含糊不清

怎么去夺，向谁夺，领导向建筑师夺，建筑师向业主夺，建筑师自己夺自己，怎样才算夺回来了，目标是什么，标准是什么，对建筑师创作来说都不清楚。我从小在北京长大，老北京的风貌记忆犹新，一条大中轴线贯穿了自正阳门、千步廊、天安门、故宫、景山、钟鼓楼直至德胜门，左右对称的三座门，东单西单、东四西四牌楼以及城墙内星罗棋布的四合院，搞成了古老北京的独一无二的风貌。但是这些风貌恐怕再怎么夺也夺不回来了。如果对这一问题进行反思的话，要从解放初时对老北京如何进行建设和改造的问题上谈起了。当时如按梁思成先生的意见，保留老北京，在北京西部建设新北京的办法办的话，问题要简单多了，但当时采取了改造老北京方针，并且已经改造成现在这样，面对这一现实，我认为，现在不应该提出什么夺回古都风貌，而是应该认真地研究在目前的情况下北京到底应该具有什么样的风格，否则夺来夺去就落实到不分场合，不分建筑的性质，只要加上一顶帽子就算是夺了回来的这种十分可悲的局面。

二、“夺”所带来的后果是违反事物发展规律的

物质环境和技术条件是建筑事业发展的基础和前提，它给建筑师创作提供了舞台，科学技术越发展，这个舞台就越大，给建筑师提供的活动空间就越宽广，建筑形式也应随之产生一些有别于过去的带有根本性的变化，这是

事物发展的趋势和规律。欧洲建筑从公元前几百年直到19世纪产业革命以前，建筑材料没有发生重大质的变化，它一直延续的是石筑建筑的体系，从公元前4世纪的雅典卫城到文艺复兴的意大利建筑，到18、19世纪的英国及俄罗斯建筑虽说有一定的发展，但基本上是在古典柱式的格调上变化，始终没有脱离开柱式这一体系，这些建筑可以说取得了十分辉煌的成就而载入人类文明的史册。中国建筑则走的是一条木结构的体系，从秦汉至明清，同样也是在材料和技术没有本质上的改变情况下，建筑风格也基本上没有多大变化。经过上千年的实践，多少代人的努力，也使得这种风格建筑在艺术上达到了无与伦比和登峰造极的境界。故宫的每一幢建筑要想改变它几乎是不可能的，因为它沉淀了几千年来中国劳动人民的智慧和结晶，但是我们也应该记住这些璀璨文化的产生是当时物质基础的产物。自从19世纪产业革命以后，科学技术有了突飞猛进的发展，钢筋混凝土的发明、高强金属的采用，大大扩展了建筑师创作的舞台。西方建筑风格也随之发生了本质的变化，人的审美观也随着这一变化而变化，现代建筑的出现直到现在还主宰着世界建筑的潮流，建筑师们也正在为创造出如何符合现在物质条件的完美建筑而努力奋斗着。在中国，随着封建社会的结束和新的科学技术的引进，同样给中国建筑师提供了宽广的舞台。在这样一个广阔的天地里我们用现代的科学技术原封不动地去照搬在过去如此狭小的舞台上创造出来的成果，这本身就是一种违反科学的举动。再说，一种风格的产生应该是自然的，不是谁想去创造就创造一种什么风格，中国的大屋顶就是由于既要做到木结构，又要做到一定的跨度和良好的排水，而采取“举”的办法，“举”出个大屋顶，而我们现在可以运用现代的技术做出上百米的跨度和良好的防水措施，又何必去搬大屋顶呢！再说，就是把一个完美无缺的大屋顶原封不动地搬到一个几十米高的建筑上去，无论如何也不会是一个比例协调的建筑。

每当我看到北京这几年出现如此众多的“夺”式建筑，我总想到如何向我们的后代讲清这个问题。

三、坚持“地方特色，民族传统，时代精神”的创作口号

这种提法是比较全面的，也给建筑师在创作上指明了方向，但对这三句话的理解和执行上还需有三个问题要注意。第一，不能把地方特色、民族传统、时代精神三句话割裂开来，应该是一个事物三个方面。我记得在一个劳动展览会上，在这三句话的每句下面都有一幅建筑照片，以表达这句话的意义，这样的理解恐怕又走到歧途上去了。第二，体现这三句话也不应平均对待，应根据不同性质的建筑，来决定哪一个方面应该突出和削弱，大屋顶并非不能用，只要你用的得当。第三，体现传统的东西一定要注意去创造而不是照搬，还是那句话，过去的东西再好，也是在那个时代、那个物质环境的产物，现在条件变了，应该用现在拥有的条件去创作，新风格的产生让它自然一些。

（原载1996年2期《建筑学报》）

试将巴黎比北京

张开济

北京，作为一个城市，具有双重的身份，它既是中华人民共和国的首都，同时又是世界上数一数二的历史文化名城。国家首都在全世界共一百八十多个，而全世界可以与北京相提并论的历史文化名城却只有屈指可数的几个，其中能与北京分庭抗礼的城市可能要首推巴黎了。要是在全世界范围内选举两个最有代表性的历史文化名城，一个代表东方，另一个代表西方，我想当选的一个必然是北京，另一个必然是巴黎。事实上，北京和巴黎也的确有许多共同之处。第一，这两个城市都有很悠久的历史；第二，它们都是按照非常宏伟完美的城市总体规划而建成的；第三，它们都拥有大量的、非常丰富多彩的文物古迹。具体来说，北京有紫禁城，巴黎则有罗浮宫；北京有颐和园，巴黎则有凡尔赛宫；北京有天安门广场，巴黎则有协和广场；北京有长安街，巴黎则有香榭丽舍大街，等等。真可以说门当户对，十分般配！

“他山之石，可以为磋。”巴黎对于北京来说，应该是一个比较合适的“磋”。我们不是需要维护古都风貌吗？那么我们不妨了解一下巴黎又是如何保护它的风貌的。首先，巴黎对它所有的古建筑包括它们周围的环境都保护得非常的好，这是全世界的旅游者都公认的。北京在古建筑的保护和利用方面近十几年也取得了很大的进展，这也是有目共睹的。总之，在这方面，对北京和巴黎的认识基本上是一致的。所不同者是对待新建筑的态度方面。巴黎在这方面的态度是既控制，又不控制。它控制的是新建筑的高度。早先巴黎的蒙巴拿萨地区曾经建立过一座美国式的摩天大厦，可是建成之后，巴黎的舆论为之哗然。结果，当时的市长，也就是现任的总统希拉克就吸取这楼的经验教训，从此禁止在市区再建高层建筑。可是在对待新建筑的形式方面却比较宽容，巴黎市区内虽然到处都是古建筑，可是主管当局并不要求新建筑也采用仿古的形式，而是允许创新，鼓励创新。例如，最早建成的埃菲尔铁塔，后来建造的蓬皮杜文化中心以及近年内才完成的罗浮宫院内的玻璃金字塔，这些建筑的形式在当时都是惊世骇俗、前所未见的。因此，理所当然地受到一些保守势力的反对，可是它们却受到了政府当局的大力支持。如蓬皮杜文化中心的设计就受到了已过世蓬皮杜总统的亲自关怀，而在罗浮宫扩建工程中不久前才去世的密特朗总统更力排众议，坚持采用金字塔的方案。现在这些工程都已按照原来的方案实现了，并且都取得了极大的成功，不仅为巴黎增添了光彩，而且都成了世界建筑史上的里程碑。例如，埃菲尔铁塔已经成了整个巴黎市的标志了，蓬皮杜文化中心也成了巴黎的一个热门景点。1982年我曾代表中国建筑学会在巴黎蓬皮杜中心举办了一个“中国生活、建筑、环境”展览会。这个展览曾在巴黎轰动一时，从而大大增加了西方人士对我国古代文化和现代化建设的了解，进一步提高了我国在国外的声望。这座世界闻名的现代派建筑竟有缘为中国效劳，这可是它们的建筑师所没有想到的。而我自己以一个建筑师的身份，能为祖国的对外宣传也做出一些贡献，更感到非常的荣幸。而那罗浮宫院内的金字塔的意义就更大了。因为它就是出于华裔建筑大师贝聿铭的手笔，巴黎是西方世界的文化中心，罗浮宫又是巴黎的文化中心，而一个中国建筑师竟敢在西方文化中心大胆创新，真可谓是“敢在太岁头上动土了”！这件事是贝大师的光荣，也是我们全体中国人的光荣。对国内的建筑师来说，更是一种激励和促进。让我们和全市人民一起，解放思想，群策群力，为了更好和更有效地维护北京——这个世界上数一数二的历史文化名城的风貌和地位而共同努力吧！

（原载1996年4月6日《北京晚报》）

城市现代化≠建筑高层化+玻璃幕墙
——物质文明+精神文明建设

张开济

改革开放以来，我国的经济建设飞速发展，建筑事业空前发达，全国各地都在大兴土木。建筑设计工作者成了争取的对象，建筑系成了报考大学的热门。作为一个已从业60余年的建筑师，回忆昨日，对比今朝，衷心喜悦，自不待言。可是在城市建设中有一个趋向，却引起我的疑虑和不安。那就是长期以来，全国许多城市，包括中小城市都在大建高层建筑，而且越建越多，越建越高。

杭州是全国闻名的风景城市。为了与它的湖光山色相协调，本应该严格控制建筑高度，可是却在市区中心地带建造了一座高达100多米的大量采用玻璃幕墙的塔式高楼。它的外形更是十分新奇，结果广大杭州市民用了下面四句话来形容他们的市政府大楼，“削尖脑袋，挖空心思，两面三刀，邪门歪道”。

最近，我又在报上看到一条消息，说福州将要建造一座88层的高楼。建成之后，它将是福建省第一座全国第三座超高型的“摩天大楼”。工程总投资为20多亿元人民币，总面积为39万平方米，主楼高306米，由金银两色玻璃幕墙组合而成……这个工程规模由此可见一斑。由于我没有看到它的设计图纸，我对此不敢妄加评论。不过从那篇消息的标题来看，这个工程的目的倒是十分明确，那就是它将是该城市的一座“跨世纪的标志性建筑”。对此我不禁要问：这项规模如此浩大，耗资如此巨大的工程，其实际用途是什么？它的经济效益又是如何？它的可行性分析是否经过充分论证？

若干年前我曾去过云南丽江，当地的湖光山色和极富有民族特色的建筑风貌给我留下了深刻的印象。前几年得知丽江古城已被联合国教科文组织列为“世界文化遗产”。1996年又得悉丽江地区遭受严重地震。我为之一则以喜，一则以忧。最近在电视上报道江泽民同志视察丽江地区的新闻中，看到了江主席访问当地农家，和他们全家老小亲切交谈的情景，又看到丽江震后重建家园的工作做得非常到位，依旧青瓦白墙，小巷流水，完全恢复了原来的古城风貌，更加感到十分亲切和欣慰。出乎意外的是，在这一组如画的镜头中间竟出现了一张新建的白色高层塔式建筑的照片，估计应是当地政府的办公楼，因为楼前有许多干部在那里合影留念。我虽然知道近十年中，大建高层建筑之风已吹遍全国各地，可是风势如此强劲，居然吹到了远在边疆的少数民族地区，并且深入到风景如画的“世界文化遗产”的古城，这使我触目惊心。我不知道联合国教科文组织看了这张照片有何反应？我也不知道这股歪风还将吹多久？我担心的是即使有朝一日“风平浪静”，全国许多城市却已经面目全非了，我们又将如何向我们的子孙后代交代？

建筑设计本应考虑三个效益。那就是经济效益、环境效益和社会效益。高层建筑由于造价昂贵，经济效益当然是个问题。环境效益更成问题：因为它往往破坏了一个城市，尤其中小城市的原有的建筑尺度和城市风貌。它的社会效益也待考证。数月前，我还在报上看了一条消息，说国内某城市的领导拟在该市的中心地点建造一座高楼，可是由于广大群众的反对，大楼拖了两年之久也未能正式动工，结果徒然在市区内留下一个由于开掘地基而形成的大坑。从报上所附照片来看，该坑已经成为一个超大型的污水池了。它的社会效益也就可想而知了。19世纪末出现的高层建筑本是城市建设用地日益紧张和现代工程技术高度发达所促成的产品。它虽然有利于节约用地，同时也有不少缺点，首先是大大增加了建筑造价，这包括结构、设备的造价，经常维护费用和能源消耗等等。此外还带来了消防方面的困难和城市交通的拥挤。

我以为现在国内许多城市大建高楼并不都是为了节约建设用地，而是由于有些领导人错误地认为高层建筑是城市现代化的一个标志，因此总想在自己的任期内建成一些高楼来显示自己的“政绩”。其实高层建筑在西方早已成了一个失败的教训。有个法国建筑师就曾劝告我们：“殷切期望北京市在城市建设规划中要避免巴黎在建设中的过失。”我体会这位法国同行所说的过失就是指20世纪70年代巴黎市内蒙巴那斯地区建造了一幢美国式的摩天大楼，结果巴黎市民认为这幢楼破坏了巴黎原来的风貌，纷纷加以指责。结果当时的巴黎市长，也就是后来的总统希拉克从善如流，就从此禁止在巴黎市区建造高楼了。另一位曾在我国长期工作过的英国记者则说：“在实现现代化的进程中，中国主张向外学习。但是遗憾的是，中国并没有汲取西方高层建筑的痛苦教训，却是在重蹈其覆辙，中国与其说非常需要高层建筑，不如说愿意使之成为地位的象征。恰恰相反，她把西方最坏的东西搬来加以模仿。”这位记者的话说得比较尖锐，不过可能倒是“逆耳的忠言”。

实际上绝大多数世界名城也并不是我们有些人想象的那样高楼林立。例如北欧各国是世界上最富裕、国民福利待遇最高的国家。我曾访问过瑞典，除了在首都斯德哥尔摩看到一组早年建造的板式高楼外，在其他城市看不到什么高楼。我的儿子最近两次去丹麦的首都哥本哈根。他回来说在那里看不到什么高楼。最高的一座楼也仅12层高！现在世界上许多城市都在严格控制高层建筑，前两年连越南的首都河内也明令宣布要把市内建筑高度限制在12层以内。此外大面积的玻璃幕墙由于会产生光污染，现在国外已很少有人用了，可是福州却正在把“摩天大楼+玻璃幕墙”的建筑形式作为它的“跨世纪的标志性建筑”，其结果是超前时代还是落后于时代？值得研究。

福州的“摩天大楼”在全国的高楼中的确是一个比较突出的例子，要不然也当不上全国第三。不过它却并不是一个孤立的例子。现在看来，我国各城市之间的“高楼竞赛”正在愈演愈烈，方兴未艾。我真担心，长此以往，不仅将浪费数量惊人的财力和物力，而且还会严重损坏国内各城市原有的尺度、风貌和特色，从而影响到整个国家对外的形象。其后果不仅贻笑外人，而且将来也愧对子孙。思念及此，不禁忧心如焚。

我国拥有非常悠久的历史和文化，今天的经济建设突飞猛进，国际地位蒸蒸日上。城市建设理应同步前进，因此 必须坚持勤俭建国，反对铺张浪费，坚持因地因时制宜，反对一味贪大求洋，此外更应尽量保持各个城市的风貌特色，避免“千城一面”，从而把我国的城市都建设得更加美好，更具现代化，更能反映我国丰富多彩的文化传统。

大家可能要问，既然高层建筑并不是城市现代化的标志，那么什么才是呢？或者换句话说，现代化的城市又必须具备哪些条件呢？城市现代化不应该只是一个空洞的口号，应该有具体的内容。根据我所收集到的资料，一个现代化城市的条件包括下列的五个“高”：

(1) 高效能的城市基础设施。即由高质量的道路桥梁、上下水道、电力电信、煤气热力和园林绿化等构成的高效能的城市基础设施体系。

(2) 高质量的生态环境。即由良好的大气水体环境、绿化环境、卫生环境、居住生活环境、工作环境、景观环境等统一构成的高质量的城市生态环境。

(3) 高水平的城市管理。即由完善的规划管理、建设管理、道路交通管理、环境卫生管理、市场管理、居住区物业管理、环境综合治理等多渠道管理统一构成的高效率、高水平的城市综合管理体系。

(4) 高度社会化的分工协作。即在社会生产力不断发展基础上形成的相互关联、互补的高度专业化的社会分工协作体系。

(5) 高度的精神文明。包括高水平的文化体系和教育体系、良好的道德风尚和社会风气、较高的文化素质等。

上述五个“高”有些可能出乎人们的意料。人们所想到的一些内容并没有被包含，而有些没有想的却包括在内。前者比如高层建筑，后者比如高度的精神文明。这是因为我们长期以来，习惯于把城市现代化建设完全看做是物质文明建设，忽视了精神文明在城市现代化建设中的地位。而实际上，缺乏高度的精神文明，一个城市的物质建设再现代化，也不能算是一座真正的现代化城市，更谈不上是一座历史文化名城了。所以一个城市的现代化建设归根到底还是落实在它的市民身上。《北京日报》上登载过一篇德国柏林市长的文章，其中有这样一段话：“一个城市的兴盛和风格很少取决于她的外貌，而是取决于市民的克制、团结和忍让宽容。一个城市的性格就是所有市民的性格。”此话出于另一个世界知名历史文化名城的市长之口，想必是他的亲身体验，值得重视。所以，我们在建设高度的物质文明的同时，绝对不能忽视精神文明建设，不能忽视市民文化素质的提高。

（摘自1999年6月22日《建筑报·新闻周刊》）

点评北京站与北京西客站

王国梁

20世纪50年代末建造的北京站和20世纪90年代中期落成的北京西客站，是20世纪我国兴建的两项国家级重点工程。无论就其规模还是就其影响而言，于彼时、于此时均属全国交通建筑之最，即我国交通建筑史和铁路建设史上投资最多、规模最大、技术先进、功能齐全、流程复杂的特大型客运站，具有一定的典型意义。两座客站均饰有当时国家最高领导人题写的站名，落成时均享有新闻媒体头版头条报道，地位显赫。然而，在这殊荣的背后，设计者付出了人们始料未及的艰辛努力，承受着本不该承受的巨大压力。

撇开历史表象，对这两座特大型铁路旅客站做一番冷静的梳理和客观的点评，显得十分必要，其意义不仅仅囿于铁路旅客站和交通建筑。点评不可避免地兼及其他客站，为的是便于比较与鉴别。点评旨在发掘其有意义的部分，批评不足之处，限于水平，难免挂一漏万，失之偏颇。好在一家之言，文责自负，抛砖引玉，望同人斧正。

为节省笔墨起见，在梳理和点评前，不妨将两座客站的“基本参数”列表做一比较（资料参阅《北京新建车站大楼的建筑设计》，建筑工程部北京工业建筑设计院、南京工学院车站大楼设计组撰写，《建筑学报》1959年9/10合刊；《北京西客站的规划设计》，朱嘉禄撰写，《建筑师》1996年8月总第71期）。

一

1959年，在举国欢庆建国十周年之际，北京十大建筑之一——北京站建成通车。建于建国门内大街南侧的北京站，是那时我国第一座规模最大、设备较为完善的铁路旅客站。按当时旅客站房建筑规模分级标准，北京站属于特大型站（旅客最高聚集人数在14 000人以上）。主站房综合实施方案以戴念慈的平面和钟训正的立面为基础，1959年1月经周恩来总理审定，设计负责人为杨廷宝和陈登鳌。1958年11月开始设计，1959年9月建成，仅仅用了10个多月时间，“在设计与施工的速度上都是空前的”，创造了交通建筑史上的奇迹。然而，用历史眼光去审视，不难发现这奇迹本身，同时也种下隐患。“高速度”、“边设计边施工”、“人海战术”等，均是那个年代的时尚。北京站正是1958年大跃进的产物。阳光灿烂、红旗招展，“人定胜天”的口号响彻云霄，领导人频频视察北京站施工现场。人们所不愿看到的事情，紧接着发生了。十年大庆刚过，国民经济困难，建设跌落低谷。因此，在充分肯定建设成就的同时，需要指出的是包括北京站在内的首都十大建筑的兴建，引发了全国性的大兴土木。“献礼工程”自此首创起，经“文革”发展至顶峰，浮夸风到处蔓延，其影响一直延续到现今世纪末的不少后果。

北京站主站房体量上的偏于高大和对贵宾室的周到安排，对于当时的首都北京也许是

	北京站	北京西客站
竣工年月	1959年9月	1996年12月
设计单位	原建工部北京工业建筑设计院 南京工学院	北京市建筑设计研究院
最高聚集人数	14 000人	600 000人
主站房建筑面积	46 700 m^2	430 000 m^2（综合楼）
总建筑面积	87 800 m^2	720 000 m^2（不含南、北广场站前街开发面积）
北广场面积	4 hm^2	长740 m×宽180~220 m
候车方式	线侧候车+高架厅	高架候车、地下候车
流线组织	平面和剖面上错开方式	空间立体方式
纪念和庆祝意义	首都的大门，国庆十周年	北京的大门、中国的大门，京九线的龙头，建都800余年、建城3 040年（1995年）

工程。

北京站主站房中轴上设有高34 m的广厅，顶部结构为双曲扁壳。弧面下原设计的吸声材料因工期不及而未做，仅用石膏拉毛粉刷做处理，致使广厅混响时间过长，并产生回音聚焦，且声波聚焦点恰好处在人的高度，严重影响了使用。在后来补做前的很长时间内，不得不在广厅的地面中心位置上摆花设坛，让进站人流避开聚焦点绕行。仅此一例就足以佐证赶工期的“献礼工程”不按照科学规律办事所导致的合宜的。由于北京站的“明星效应”而“包打天下”，后来全国不少城市兴建的客站东施效颦，不顾当地具体条件和环境，盲目照搬北京站的做法，造成了浪费，脱离了群众。其中的兰州站的设计方案，称得上盲目套用的典型实例，连立面造型也照抄北京站。许多客站，终因财力、物力不足，而未能上马或中途被迫停建。及至1974年建成的广州站，仍可见到北京站的影子，其平面与北京站基本雷同。为了增大站房体量，广州站将3~4层的办公用房依附在主立面

上，贵宾室更是有过之而无不及地达1 470 m^2，招来了建筑界的批评。

北京站综合运用了平面和剖面上错开的方式来组织各种流线，避免了流线的交叉。这是一次成功的尝试。除第一站台上车旅客外，大部分进站旅客均经2楼高架厅而下至各站台，出站旅客经地道到达出站厅而至广场疏散，从剖面上将进站旅客流线与出站旅客流线分开。近郊旅客从西翼单独设置入口通过地道进站上车，将近郊旅客流线与长途旅客流线分开。到达与发送行包房分别设置在主站房的东、西两侧，使行包流线与旅客流线分开。各种流线互不干扰，亦利于站内管理。

北京站主站房的平面中，在东、西两翼与广厅之间辟有21 m×42 m的两个内院，使候车厅、广厅、餐厅、公共盥洗室等众多旅客用房均具备了较好的自然通风采光条件，尤其是因此所形成的穿堂风，大大改善了候车环境。这是值得充分肯定的。在大型客站里，人流多而密集，空气混浊，故解决自然通风问题比解决自然采光问题显得更为重要，而且当时及后来的较长时期内，铁路旅客站还没有条件像航站楼那样设置中央空调。

出于接待国际贵宾的考虑，除贵宾室圈套且布置在中轴线上外，第一站台特别大，宽度达25 m，还留出了主席台位置，可供检阅仪仗队和贵宾到达后与欢迎群众讲话用。时过境迁，其必要性不复存在该是不言而喻的了。

售票厅紧挨广厅设置，便于旅客购票后进站。但车站管理未跟上，售票厅与广厅之间的大门长年被铁将军把住（上锁），旅客购得车票仍旧要绕到室外再入广厅，可谓合理设计不合理使用。

广厅中央正面设置4部供进站旅客上2楼用的自动扶梯，站内设有9个可视问讯台，还有子母钟以及4条自动化行李输送带。20世纪50年代，这4项设施运用在铁路旅客站中，已是相当先进了。

站前广场宽310 m，深130 m，面积约4 hm^2，设东、中、西三个停车场，分别停放公共汽车、小汽车和无轨电车。若干年后，广场上还增设了地铁站出入口。站前广场设计主要考虑了人流与车流分开，亦考虑了近、远期的结合。但从实际使用情况看，人流、车流同处在一个广场平面上，交叉在所难免。

由于主站房坐南朝北，使主立面别无选择地长年处于背光的阴面，丰富的建筑外轮廓线仍难于弥补这永留的遗憾，也给摄影师出了道难题，致使众多拍摄北京站的优秀作品，无例外都是侧逆光的或是夜景。高大的主站房无疑还给严冬时的站前广场投下大片阴影，冰雪长时间不化，直接危及旅客的行走，不在少数的滑倒者愤然扔下怨声和粗话。而20世纪90年代中期建成的北京西客站，正是在这一点上有所突破，下文还要谈及。

北京站的进站旅客分车次在各大候车厅候车，待到检票时，旅客潮水般蜂拥而至高架厅，酿成高架厅过于拥挤和步行距离过长等问题。

后在东、西两翼增建了两条高架进站通道，使拥挤现象一时有所缓和，但随着旅客的剧增，仍显狭窄拥挤。再则，旅客步行距离无论如何缩短不了，除非增设现时交通建筑里常见的自动步道来弥补。诚然，如何缩短旅客的步行距离是交通建筑设计中的重要课题，靠平面布局来解决该是最佳选择，借设备只能是辅助手段。

北京站被定位为祖国首都的大门。在“社会主义内容、民族形式”的建筑创作思潮影响下，北京站的建筑形态被打上了鲜明的时代印记。如，中轴线对称布局、立面的三段式、方攒尖屋顶、琉璃瓦等。北京站的建筑风格是运用传统建筑的构成要素和语汇来追求民族形式的结果，但有发展，是向前进的。各部比例、尺度、虚实、色彩、质感等均做了推敲，各得其所，又浑然一体。主站房造型对称均衡，把传统的攒尖式琉璃屋顶与近现代的双曲扁壳顶有机地组合在一起，使建筑物形成了丰富多彩的天际轮廓线，在浓郁的民族形式中透出新结构的力度和高新科技所带来的时代气息。北京站既具中国建筑的传统风格，又有新颖车站建筑的特点，庄严大方、整洁明朗，并与首都当时的城市风貌相协调。至20世纪90年代，北京站荣获中国建筑学会建筑创作奖，确是当之无愧的。

当年的国庆工程给中国建筑师带来了施展才华的机遇，北京站的站房设计做了有益的探索和尝试，取得了较好的效果和较为成功的经验，其关键是主创人员具有良好的传统建筑功底和学术上执著的追求，所没有的恰恰是现今普遍存在的建筑创作中的浮躁心态。

二

转瞬间时空跨越了30余年，北京西客站的兴建被提上议事日程并付诸实施。北京西客站是20世纪末我国建造的规模最大的铁路综合枢纽站，毫无疑问北京西客站又属“全国第一”。这又一次给中国建筑师带来了施展才华的机遇。然而，后来发生的一切却并不尽如人意。早在北京西客站落成前，笔者就有幸聆听过工程主持人朱嘉禄较为详尽的介绍。

北京西客站设计的方案阶段正值北京风行“夺回古都风貌”之际，“夺”声甚上，不加亭子的任何设计方案均意味着被淘汰。主站房的45m跨预应力钢筋混凝土桁架托起三重檐攒尖方亭，在建造过程中就引来建筑界的微词。风中方亭，诉说着众所周知的缘起。须知集这样那样的纪念和庆祝内容于一身的西客站，建筑师是无可奈何的。作为“北京的大门”、“中国的大门”、“京九铁路的龙头——庆祝香港97回归”，又处金中都历史地段的建筑——纪念北京建都800余年、建城3 040年（1995年）的北京西客站，规模是如此宏大，建设速度又是如此之快，设计者和建造者可谓呕心沥血、无私奉献了。崇高的政治待遇和巨大的精神压力，往往是平行不悖的，人们似乎又听到了历史的回声。定案迟，工期紧，不断修改，设计人员日夜加班。虽说西客站不及北京站那年代的“政治挂帅”，边设计边施工，但许多问题还是来不及推敲就得出图，使西客站或多或少抹上了“献礼工程”色彩。如果放宽一个月就好了，如果再有一星期那个问题就解决了……这是一个热闹而浮躁的季节。

建在金中都遗址公园——莲花池公园东北侧的北京西客站，采用立体方式来组织各种流线，这是设计构思上的一大突破。西客站首创了高架候车与地下候车相结合的设计模式，实现了人、车分流，非机动车与机动车分流，并将地铁站与铁路旅客站组合在一起，使多种交通工具相衔接。由于设计者的精心安排，大量旅客只需经自动扶梯就能便捷地完成换乘，大大缩短了旅客的步行距离，这是值得称颂的设计业绩。西客站流线清晰合理，通行速率较高，适应了人口众多的国情，并为将来引入高速铁路预留了足够的发展余地，充分显示出设计者的才华。北京西客站无疑已跨入国际先进水平行列。

西客站将邮电、金融、商业、住宿等引入站房成为综合楼，商站结合，旅客不出站房就可以享受到各种服务，体现了“以商养站、以站扶商”的精神，有助于刺激消费，有助于客站自身建设。这是国内、外优秀铁路旅客站设计经验之传承，更是一种设计观念的更新，需要甲方实实在在的支持和建筑师认认真真的投入，从而打破陈旧的单一模式。

北京西客站利用地铁穿过中轴线所形成的结构布局（高层建筑基础下落在地铁两侧）产生的中央空当，借鉴传统建筑“关”、“阙”、“城门”，设置了一个宽45 m、高50 m的大门洞。这一主题又重复出现在东、西出站口上方，组成三座门，成为西客站建筑形态的基调，同时也打破了740 m长的主站房造型的平淡。阳光透过门洞直泻北广场，改善了北广场的小气候，其功用在朔风啸啸的漫长隆冬季节里更为明显。这一至今仍褒贬不一的处理，笔者却认为这是构思上又一大的突破，值得称道。这正是较20世纪50年代末的北京站的一大进步。两座客站同是高大体量，又同是坐南朝北，在解决北广场小气候问题上，显然西客站棋胜一筹。尽管门洞及其上面的方亭的比例关系在建筑界啧有烦言，但是正如前文说到的其责任不能强加在建筑师名下。细心的旅客也许会发现，方亭的斗拱是由钢结构构件外包钢丝网水泥而成的，既简化了繁冗的斗拱，又起到一定的受力作用。

西客站主站房在人群密集的中央大厅和中央通廊部分，设置了大面积玻璃顶棚，十分敞亮，消除了1987年底建成投入使用的上海新客站广厅及高架通廊部分的那种沉闷感，明亮流畅的室内环境成为城市空间的延伸。这是较上海新客站的一大改进。

坐小车来的旅客，经螺旋坡道直达2层标高，使借助不同交通工具抵达西客站的旅客在进入站房前得到分流，缓解了局部的拥挤现象。汽车坡道做5%坡度，路面下敷设低温热水管，从而保障严冬季节坡道面不积雪。不结冰，车不打滑。设计的精到，可见一斑。

北京西客站在规划用地62hm^{2}范围内全面

实施无障碍设计，这是较北京站设计的又一大进步。

北广场呈长740 m，宽180~220 m的狭长形状，设计师用钟塔及钢桁架的办法将其分隔成中间的主广场及东、西两个副广场，打破了广场比例的狭长，但借钢桁架的空透达到了分而不散，并以1∶1.8~2.2的比例来确定主站房的建筑高度。钟塔上设置的时钟的高度也做了推敲，考虑了人的视线的可辨认距离，位置恰当，钟点清晰可识。

站在如此宏伟壮丽、金碧辉煌的北京西客站主站房面前，个人显得如此渺小和微不足道。北广场的面宽大大超过天安门广场的东西宽度，尺度之大，该是世界之最，令人折服。客站和站前广场体量的巨大，造成了与使用客站的主体的人之间的巨大距离，其结果是亲切宜人的尺度无从寻觅，更无从对话。

追根溯源就规划和交通建筑布点而论，北京西客站的关键弊端在于将日乘降60万人次集中在一处。这是确定铁路旅客站规模之大忌，远比“亭子”的困惑要紧万倍。试问，这每日60万人次除了给客站本身造就庞大密集的复杂流线外，这般人海进站前、出站后给尚未消除“瓶颈”现象的北京城市交通平添多少压力和负担？如能分散设站，不再强调“大门”意义，将会产生更佳的经济效益、社会效益和环境效益。交通建筑以营造“安全、便捷、舒适”的人造环境为第一目标，已逐渐成为人们的共识。西客站设计者虽尝试着采用“通过空间”的处理手法（如前文所提及的采用大面积玻璃天棚），但远未达到交通建筑真正意义上的“通过空间”。需要特别指出的是，国情决定了目前我国的交通建筑尚处在“等候空间”的发展阶段。离开了综合国力、国民素质、管理水平等诸方面的提高，建筑师关于“通过空间”的理想是难于实现的。

就建设成就而言，北京西客站是我国以往任何时期建造的特大型铁路旅客站所无法望其项背的。就设计而论，坦率直陈，北京西客站还缺乏北京站那般独特魅力和历经30余年后的灿烂光泽。毕竟时代列车即将驶往21世纪，中国需要建筑精品和自己的建筑理论，交通建筑及其理论当然亦不例外。传统建筑文化的继承、光大与传统建筑语汇的撷取、运用是不能相提并论其意义的，因为前者意味着孕育根本性的变革，不赋以力度与高新技术为标志的时代精神的交通建筑称不上新建筑。

顺带说一句本不想说的话，西客站建筑组群中那幢公安大楼，奇丑无比，俗不可耐，应尽早做外立面二次改造。这当然不是笔者个人的看法。

北京站与北京西客站，这两座举世瞩目的特大型铁路旅客站，定将载入我国城市建设和交通建筑的历史，其功过是非，相信下个世纪自有后人会做出历史的全面评介。

（原载《建筑百家评论集》）

浦东建筑一二评

李大夏

浦东开发9年，"沧海桑田"。9年前，曾试图联络国内专家与英国同行一起，用电脑就陆家嘴地区的规划做分析。那时，陆家嘴规划还刚刚开始做，无从入手。今天，陆家嘴地区已是塔楼凌云。几年来，由于工作关系，一直从较近的距离观赏着上海，尤其是浦东的发展。浦东的发展，确是迅猛非凡，而最令人瞩目的，仍首推陆家嘴。

陆家嘴地区，较早启动的大项目是张杨路的新上海商业城和东方明珠电视塔。那几年，常与几位工程界的好朋友聚首，而他们正参与这些项目。20世纪90年代早期，从事这类大型工程，充满了挑战性。1995年后，陆家嘴地区整个变成了大工地。原先是工厂、码头、仓库和村落的浦东沿江一带，塔吊林立。一座座高层、超高层结构，先后耸立于陆家嘴地区。作为中国人，为这样的高速发展感到骄傲。就建筑单体而言，有许多竭尽心智的努力，体现于一件件建筑杰作中，精彩纷呈。最近看到报章上介绍，新加坡的刘太格先生评论浦东是一碗不够浓的汤。与之相对比，他认为巴黎是很浓很浓的汤。这一比喻是很恰当的。不过，巴黎的城市已历经一百多年的发展，而浦东的城市化进程过只9年而已。我想，随着时光的推移，水分蒸发掉一些，再多加些料，浦东这碗汤也许会浓一些。只是，究竟"汤浓"与否的感受是什么，多多少少有一点不解。带着一探究竟的冲动，最近多次到陆家嘴一带专门去看看这一片新的城市。我的行程也就像一名普普通通的游客，既没有去政府管理部门查阅资料，也没有找熟知内情的同行去"采访"。总的感觉还是正态的，很好！不过，在这种感觉里，也羼进了一些遗憾，延展了几分感喟。不揣浅薄，写出来与同道相磋。

一直觉得上海证券大厦尺寸不大，似乎不必做成"门"的样子。在阅读了一些较为简明的资料后，才知道它实际上有很大的尺寸，而且以"门"的形式来处理其内部、外部空间关系，有相当的理由，因为，证券交易大厅就有3 600m^2之大，并要求厅内无视线遮挡。这一类带有大厅的建筑物，常见的有两种解决方法：一是塔楼加裙房，把大厅放在裙房中；二是由于用地条件限制，把大厅放在塔楼底部。前一种格局是常见的合理布局，只是占地多一些，入口也可能多一些。而且大厅放在裙房中，对于不熟悉的人，多少可能会对裙房有一种轻慢淡漠的感觉。后一种布局，则须面对塔筒群对大厅的视线阻断。贝聿铭事务所设计的香港中银大厦，这个问题确实已成为银行营业大厅运作中的弊病，营业大厅成U形布局。而贝聿铭事务所在20世纪70年代设计的波士顿美洲银行和新加坡华侨银行，则把垂直交通的塔筒放在建筑物的两端，从而为银行提供了一个无视线阻挡的营业大厅。因此，上海证券大厦方案的基本思路是合乎要求的。实际上，它的格局与上述贝氏20世纪70年代设计的两座银行相仿，两个垂直交通塔筒放在两端，只是在塔筒旁也布置了一片办公空间，在高处又把两端连起来，从而在交易大厅上空构成了一个40m×60m的大空间，成了一个“门”形象，避免了120m长的建筑物对两边空间的隔断。由于这一“空”，也提高了建筑物的总高度，形成了接近于正方形的外轮廓，其敦厚庄重，是与证券大厦的功能相符的外观。设计人又运用了当代最时髦的手法来处理外立面，体现了时代特性。就作品自身而言，应当说是匠心独运，相当出色。

我第一次看上海证券大厦，在脑海中就浮现出一个对照物——巴黎德方斯的“大门”（Arche，LaDefense）。我曾犹豫，把两者做一比较是否合宜？因为，我的感觉告诉我，德方斯“大门”比上海证券大厦要大出许多。但是，“曾经沧海难为水”，我摆脱不掉追究一下的念头。于是，就翻查自己的照片、杂志和藏书，才觉得好好比照一下，应当是有意义的。这一比照，只为对自己对同行朋友提供一些想法，并非只为针砭某件作品、某个设计机构，更不是针砭某位建筑师。

德方斯“大门”，位于香榭丽舍大街延长线上，与凯旋门遥想呼应。天气很晴朗的日子，眼力好的人，站在“大门”附近，还可以看见罗浮宫。它已成为巴黎西部的新标志。它周围虽有不少了不起的建筑物，譬如，200 m跨度预制装配而成的工业展览馆等。但是毫无疑问，这一由名不见经传的丹麦建筑师斯帕雷克尔逊设计的“大门”，是德方斯的中心。城市设计把德方斯这一大片新地区，非常果决地架在地面层以上的架空层上。在勒·柯布西耶去世十多年之后，巴黎人终于在新城区建设中采纳了他20世纪30年代关于改造巴黎的方案。在“人”的层面上，办公楼、公寓、工业展览馆，加上这个“大门”，以及点缀其间的大喷泉、雕塑、绿化、小品，林林总总，为熙熙攘攘的人群提供了一个丰富、“杂错”又十分亲切的大尺度步行空间。而白色大理石与玻璃的这个“大门”，正是这个步行空间的构图中心。留心一下，还可以看出，“大门”又有意与香榭丽舍闹了一点别扭。它稍稍偏离了这条大街的中轴线，又转了一点角度，给有序庄重的香榭丽舍大街添了一点点乱，显露了法国人的一点幽默，一点调皮。这真是“好花插在侬头上”。

可是，位处浦东金融区的上海证券大厦就委屈得多了。事实上，德方斯大门是边长110 m，上海证券大厦的长度是120 m，后者应当更具一展英姿的体量。可惜的是，它被安排在一条大街的一侧，夹在一大群塔楼之间。它的正面，没有足够的空间来观赏它。我走来走去，最后从它对面的普通住宅区里拍了几张这座证券大厦的“正面”照片。因为，实在没有地方能全部看清这座建筑。其他种种，已说明了一切。

为了有一点“公正”性，我又走到这一街区的另三边去看证券大厦。它好像是两边塔楼之间的廊桥。这种凌乱，这种支离，令人不解，只能说“好花插的不是地方”（不能说“插在牛粪上”，因为周围是金子堆成的金融区）。这并非是建筑设计者的过错，至少不全是他的（他们的）过错。根本的问题是，城市设计落后，管理与决策机构的官僚主义。建筑单体与环境的关系，单体与单体之间的关系，都被忽略了。城市规划管理部门关心的是单体与街道的关系，仅此而已。记得20世纪60～70年代，各城市也多多少少建了一些新项目。由于经济能力的限制，当时盛行的一种做法是“前看穿衣，后看赤膊”，只要沿街立面（我这里不是议论那种最最暴露的时装）。时间过去了二三十年，我国的经济实力已非当时那般捉襟见肘，可我们的城市建设观念却时不时地还停留在那个年代。上海虹桥开发区的太平洋、扬子江两座酒店和国际贸易中心，都把背面作为服务性的用途。这几座建筑放在同一块街坊内，都把正面对向街道。它们之间，就像正在怄气的家人，把一无表情的后背对着对方。静安希尔顿和贵都酒店之间也是一片令人不能停留的“弃地”。友谊商城与相邻建筑之间有两条小径，是安排来做公用设施接口、货运和垃圾通道的。但是，有几家餐厅也放在这两条小径上。现在，慕名而来的食客，踯躅在配电间铁门、仓库门和垃圾筒之间，寻访食府，以大快朵颐。小径的地面却早已被货车、垃圾车碾得破碎脏乱。这些建筑都是20世纪80年代后期新建的，都是得过奖项的。这些现象，见之于“国际大都会”的上海，令人备感困惑。

让我们且把视线再调回陆家嘴。在张杨路的一侧，有了20世纪90年代建成的新上海商业城。这一组由几十座办公楼、酒店和商厦双环围合而成的群体，其总体布局的确新颖周密。在“外环”与“内环”之间是带状的休闲、绿化区，而在“内环”中央是一片优美的绿色游园。可是，这里再度出现了“前”、“后”、“穿衣”、“赤膊”类似的问题。货运口、配电间之类的“服务后院”与这些绿化区、园林小品混杂在一起。由于国人还未改善的习气，“后院”的一切糟蹋了“休闲、绿化”的苦心。设计人也只能对此摇头叹息。还是相对尚可入目的“亵渎”。在儿童游戏场边上，大批电视机到货，正在入库。我一直比较欣赏第一八佰伴在张杨路/浦东南路街角上退出一大片“灰空间”的解决人流拥塞的气度和手法。那两上两下的自动梯，使街面与第二、第三层商业空间直接连通，加快了人流的进出，在“人口大国”中如此安排交通路线，于商厦设计颇具启迪。但是，在建筑与城市环境的关系上依然可以看到不协调之处：

其地下车库的进入道十分窘迫。而城市公交站偏偏也设在这个进入道上。种种如等景象，如上海人的口头禅："叫侬看勿懂！"

再回过头来看上海证券大厦，可以明白，它与城市环境之间的败笔，的确不是建筑师的过错，至少，大部分责任不在建筑师。但是，我还是不明白，为什么我总觉得它不大？比照一下德方斯"大门"，证券大厦给人的印象至少该是"不小"吧？德方斯"大门"，110 m边长的立方体，切出一个立方体的空间，成为巴黎向西边的一个"窗口"。主体结构外形十分简洁，几乎是大理石面与玻璃面，平平伏伏一片和一片在转角处相遇。其下面的拉索结构篷帐如帆如云，细部较复杂，形成了一大一小、一简一繁的对比。而周围的空旷，益显其纪念碑一般的壮美宏丽。上海证券大厦，立面上用了方格和桁架式网状装饰，尺寸均偏大，因而在相对尺度感上，使整座建筑显得"小"了。再加上其周围建筑的"挤压"和对比，益发不显其大。类似的立面装饰手法，也不在少数。比较知名的，如芝加哥的汉考克大厦。看看别的实例，也许可以对这里的"尺度"问题有进一步的体会。

88层的金茂大厦终于落成，时下排名全球第三高塔。它的钛灰色，乃当今最为流行的太空色。在自下而上的伸展中，平面形状由大致的正方形渐变为大致的正十字形，四个角部逐台收进，从一些方向观之，犹如登封嵩岳寺塔一般有十分优美的收分。在上海市的东部，有这么一座塔，似与风水相合，也许应了下一世纪人文荟萃、昌明发达的期待？这座金属与玻璃的高塔，其色泽也多少有点像古雅的青砖。但是由于材料与工艺上的特性，在各种光照下形成各异的光影和色彩的变幻。在浦东的众多塔楼中，它不仅因其高而独领风骚，也因其雅、因其美。原先拟议中，其近邻还有一座由日本投资建造的90层、顶部开一个大圆孔的塔楼。据说，其进程已大大推迟，故此，金茂大厦鹤立云霄的独兀姿态，也许会保持相当一段时间。

高塔落成之后，曾专程去欣赏多次。有些不向公众开放的空间，看不到，无以置喙。在能进入的部位，多次浏览徜徉之后，感慨不少。这确是一座20世纪末的佳作。东方的精致和西方的磅礴，融合一体。塔楼有棱有角，直上云霄；裙房的顶部弧线起伏，如波浪，如龙腾。垂直和水平两大部分，刚柔相济，形成了颇具魅力的大体积表达。而其每一处细部的精细，较之一般的塔楼，更具生动的神韵。尤其室内的细部，令我有一种似曾相识的认同感。那些精细而绵密的金属网格，颇有东方的特色。起初，我认为这是SOM的尝试，做中国传统的设计。但仔细品味一下，又不敢认同这些就是"中国的"，因为其手法和纹样与中国的建筑特征还很不同。我那朦胧的认同感，只是其致密的装饰特征。能否把这种特征看成是东方的、中国的，也还是见仁见智。在阿拉伯建筑中，致密的装饰纹样也比比皆是。最近在上海举行的《财富》论坛年会上，有几位大公司的总裁回答记者问时，说道：“全球化是方向，全球化的实质还是要当地化。”这个论点，好像也是给金茂大厦的设计风格做了一个注脚。应当说，这座塔楼的总体与局部均相当成功。在不经意中，注意到一些出入口位置采用了圆形门洞般的装饰。圆形的“门洞”配上一个宽大的不锈钢的框，上部缀了一串灯光。我猜测：这是设计人有意“当地化”一下，来与传统民居中的“月门”唱和。只是我感觉，它却像是银行地库里几十吨重的保安门的门框。在这里，似乎犯了一点语义上的小错误。

曾与友人到金茂凯悦酒店位于56层上的餐厅进餐，顺便看了酒店的格局。凯悦是国际连锁的大酒店。其标志性的特征是大堂以上一个通天的大中庭。20世纪70年代初由波特曼设计的旧金山凯悦酒店，其中庭是阶梯形向上收小，直到顶部，露出一线天色，是早期“灰空间”的杰作之一。客房围绕中庭布置，每层有30多间。金茂凯悦酒店的设计方案也是沿袭了凯悦的这一传统，30多层的酒店，中央是一个贯通上下的中庭。这个中庭直径约20m，还挖去约三分之一的空间作酒店的电梯井。于是这个中庭，感觉上更像一个不能“观天”的“井”。由于塔楼尺寸的局限，每层也只能放18间客房，于酒店服务工作而言，似乎“小”了一点。不过，我的这些看法，也许全然未得市场真谛。这一最高的“空中酒店”，自有一套营销手段。据说，至今满房率超过80%，餐厅的席面也必须提前两天才能订到。在1999年的上海，五星级酒店如此之好业绩，绝无仅有。我猜测，那种“身处云雾中”的诱惑，对于花得起这笔费用的人来说，也许很难抗拒。只是我怀疑，这种诱惑能持续多久。上海所处气候区，一年中有一半以上日子是阴雨天。我也留意到，雨天中的金茂大厦，其上半段，也就是凯悦酒店，全部隐入雨云中。那么，当其时，住到350 m以上的高度，也许还有机会凭高纵览飞云。可大部分客房的住宅所见的窗外，只是一片灰蒙蒙的雨云，可能不免“嫦娥应悔偷灵药”了。

在金茂凯悦酒店的一些公共部位，有一些如碑刻残片一般的装饰，这显然是现代装饰手法与传统中国文化间的呼应，令我不禁想到我国建筑界纷扬不息的形式之争。日常生活中，西方生活方式与传统习俗的相互渗透，已使大多数国人习以为常。传统与否之争是处于高层次的人们，对历史使命的自重与自承。北京要不要拆四合院，是一个令我们争论不休的老话题。可四合院的住户们结论早已有了：“给咱们一套有抽水马桶的楼房吧。每天上那个臭烘烘的社交场所，真烦人。”留下一批精美的四合院，作为建筑博物馆，不住人，只为了历史，也许是好主意。金茂凯悦酒店里那些断碑似的大型壁挂，给我的启迪是，中国建筑的表达，应当从形和非形两方面去探索。大屋顶，马头墙之类的建筑形式特征，中轴对称、院落式布局等，大致上会与社会形态的改变脱节。在几十米宽的道路上，奔跑着无数的汽车，那么边上建再多的四合院，也难以重现老北京的模样。至于穿着古装，宽袍大袖的售货员向客人销售啤酒和可口可乐，会噎得人乐不出来。事实教育我们，一种文化形态的存在或消失，或者准确一点讲是演变，实属必然。我们有心有志的话，也许可以抓住一二，在涌动的历史长河中，使之孕育出一些新形态。如金茂凯悦那些断碑式壁挂，仍如装饰图案一般，并无其与建筑空间相关的切实内容，也就不可能有其与所处空间的沟通与互补。而我国古代的许多建筑，均有匾额楹联。由于中文文字的独特造型，书法艺术的精湛形式美，四、五、七言律句的对仗、音韵、平仄以及五千年中国文化的丰富外延与内涵，匾额楹联实实在在是中国传统建筑艺术中极为精彩，极为独特，把形式、内容融为一体的深邃表达。可惜，近几十年来，我们只在一些餐馆内见到一些大多是不伦不类的表达。现代大部分中国知识分子的古汉语水平是不及古代文人了，但我相信，现代中国精于古汉语的学者总人数也许比历朝历代都要多。如我辈建筑师中，也还有一些朋友有相当不差的古汉语修养。再如果，文学界人士肯屈尊与我们合作来弘扬一番这一文化传统，也许还是可能的吧？话说到此，有几分气短。我心怯于中国社会当代建筑修养之低。刘心武先生写了洋洋十数万言，评北京建筑。令我辈鼓舞有之，因为文化界名流来关心建筑了，大好事。但也满腹狐疑，因为如我这类建筑师，水平并不很高，可对他的建筑评论所显现的建筑观，颇存腹诽。曾与一位搞建筑评论的朋友谈及此事，他提醒我：“这就是老百姓的看法。”我向他反过来提醒：这是靠近象牙塔的“老百姓”的看法，比“平头百姓”高出不少层次。这位朋友没有直截了当地批评我，但意思是很清楚的：“老百姓喜闻乐见，你不认同？”对不起，我并非毫不认同老百姓的看法、想法，但希望按共同认可的规则来“游戏”。建筑有一套基本的应有的评价体系，同意与否之先，也希望高的、低的“老百姓”至少了解一下这一评价体系。说实话，一个“喜闻乐见”，封杀了不少人的真知灼见。以“喜闻乐见”来堵住不同意见者的嘴巴，是一种十分滑腻的机会主义手法。20年来，抓辫子、打棍子之类的政治封杀是绝迹了，但如“喜闻乐见”之类亚意识形态的封杀还时不时很奏效。窃以为，还是少一些此类封杀为好，我们无论如何是推卸不掉自己这代人的责任的。

“欲穷千里目，更上一层楼。”鹳雀楼，据说在山西，如今还存在与否，没去过，不知晓。但古人为它而写的这首五言绝句，在建筑与意境之间发掘出一个哲理深邃的结合点，留下这至今连小学生都朗朗在口的千古绝唱。看到金茂凯悦酒店内的断碑壁挂，有了一些感慨。我们本不该对先人有愧的，但希望不要对后人也有愧。

站在陆家嘴，心头充满对这个时代的敬意。飞速发展给我们——建筑师、规划师、投资人、政府主管部门和政府首脑，提供了极佳机遇和极大挑战。我希望，如上海证券大厦在其总体布局关系上的失误，不要再发生，因为，这种错误很难纠正。如金茂大厦这样的杰作，在仰望它时，也必然牵动我们对中国建筑未来的思考。今日，中华大地上多了许许多多出色的建筑作品，其中最好的一批，差不多全数是来自外国事务所的创作，给我们以极好的机会深入透视外国同行的强势。五千年中华文明，曾给我们以“福祉”、“庇荫”，但随着整个人类文明的进步，它多少也成了“阴影”。我们绝对该珍惜祖先的遗存，但也让我们走出这个阴影，多看看整个世界。

1999国庆节，写于紫薇小屋

参考文献：

[1] ALEXANDER TZONIS and LIANE LEFAIVE. Architecture in Europe. Memory and Invention Science 1968. London:Thames and Hudson Ltd., 1992.

[2] 邢同和，张行健. 跨世纪的里程碑. 建筑学报，1999(3).

[3] 刘宇星，卢良.浦东新上海商业城总体环境构筑. 时代建筑，1998(2).

[4] 张行健. 金茂大厦，迈向二十一世纪的灯塔. 时代建筑，1998(2).

[5] 许祥华. 上海证券大厦. 时代建筑，1998(2).

[6] CHARLES JENCKS and WILLIAM CHAITKIN. Architecture Today. London: Academy Edition, 1982.

建筑环境与人民的文化及美育的关系
——评南京、上海及北京新建机场的设计

彭培根

有好几年没有给建筑专业的杂志写文章了，一直在专心埋头做自己的设计。最近几年全国各地新建成了不少大型公共建筑物，如机场、车站及剧院、音乐厅等。一般来说文化性的或少部分的商业建筑，都注意到了要有艺术及文化的造型或内涵。现在想重点谈谈机场的规划和设计。

我对机场设计的浓厚兴趣是有历史渊源的。早在1969年、1970年，我在台湾省王大闳建筑大师（贝聿铭的同班同学）门下当学徒时，他正在设计台北的松山国际机场（第二代）。后来，1973年从伊利诺大学研究所毕业，我到C. F. Murphy事务所（现名为Murphy & Jahn），在Helmut Jahn（音“Yahn”）总建筑师手下工作。当时，他设计的世界最大的芝加哥O' Hare机场在最后施工阶段。之后，他又设计了纽约肯尼迪机场的二期工程及利雅得、慕尼黑、科隆、波昂及曼谷等地的机场。他在1993年获得AIA评选出的“十位对美国文化最有影响的在世建筑师”之一。我们一直有信息来往。有了这些经历，1993年我在清华搞的研究生课题就是“机场航站楼设计的研究”。我还有幸和秦佑国教授合作，创作了杭州萧山国际机场的规划设计方案（竞赛）。

最近几年看到的一些新建机场，使我相当失望和着急，促使我又拿起了“写字笔”。

首先，我想从清末民初的大儒辜鸿铭的一本书《中国人的精神》说起。辜鸿铭（留着辫子）曾在牛津大学教英国人《比较英国文学史》，他在那本书中说到他要向西方介绍什么是“Real Chinaman”，这是西方人对中国人有轻视意味的称呼，应译为“真正的中国佬”。他说（在他那个时代）美国人不能充分了解中国人，是因为美国人比较豁达（Broad）和单纯（Simple）但不够深刻（Deep）；英国人是深刻、单纯，但不够豁达；德国人则是比较豁达和深刻但不够单纯；只有法国人的民族性和中国人相近，他们具有以上三种个性。但他又认为中国人在这三个个性上比法国人更深刻一点。另外，他还说中国人和法国人都有一种以上三个国家的人都没有的特点，那就是“纤致性”（Delicacy）。这种纤致性是在中国几千年的文化、文字、书法、绘画中都含有各种综合因素。其中除了儒家、道家之外，还有像佛教一样的

各种传入中国这个大熔炉中后再生出来的艺术和文化，从这个文化中熏陶出来的人才能有这种纤致性。而再次，在这个Delicacy上，辜鸿铭认为中国人比法国人还是更胜一筹。

借着辜鸿铭的这种文化和民族性的洞察力（Insight），可以从中国古典的建筑、园林和各种艺术中，还有中国人的（尤其是南方人）性格中，体会到这种纤致性。但是，在我国经济快速成长的近十几、二十年中，绝大部分的建筑从设计到施工都很粗糙。那就更别提文化艺术的事了。中国人的纤致性到哪里去了？有人说是造价不够档次；有人说中国建筑师的设计费是世界最低的，所以没有时间和成本去向精美推敲。其实，这是一个水到渠成的事，如果从什么是建筑来看这个问题就很清楚。我认为建筑是反映当今人类文化成果、创造明天美好生活环境的最具体的科学、哲学和艺术的综合结晶。因此，对这十几年来的新建筑多数缺乏原创性（Originality）和文化品位就不必太奇怪了。因为，我们社会的科学、哲学和艺术还没有比较全面地达到应有的水平。一般来说，建筑的集时代大成，都很难及时与经济成长平行体现。那么，我们建筑师是不是就任其自然成长和发展，不去管它呢？不应当这样的！我们应该一方面努力做好自己的设计，另一方面还应向社会和建筑界呼吁。并且互相评论，彼此切磋，提高水平。

辜鸿铭说，一个国家文化的成果最终体现在它熏陶出来的是什么样的男人和女人。德国不同于其他西方国家，他们的文化带头人不是哲学家、音乐家、文学家或画家，而是建筑师。因此，他们的设计费是世界上最高的——15%。政府还有丰厚的奖金给能为一般老百姓设计很好的国民住宅的建筑师们。发展中的中国给建筑师带来了可以用建筑做文化带头人之一的千载难逢的契机，应万分珍惜。在跨入21世纪之际，不要去学国际性的设计，除非你能超越它们，否则还是现代中国的最好。

现在，从最近几年竣工的各大城市的新机场建筑谈起。南京机场的空间感很好，但那是有代价的，这位法国建筑师在他自己的国家，可能有关建筑法规不会允许他这样地不顾可持续发展，设计那么高大的空间，浪费能源。尽管如此，候机楼内的空间还是比较有创意的，出发层和到达层的空间有所联通，天光可直射到到达层，这是较好的设计。最糟的是它的钢结构设计，构件太多，不够简洁有力而且工艺粗糙，没能较好地和建筑设计配合，可惜！现在发达国家的金属建材结构构件，已经通过高科技发展到做一些非常精细精美的细部，像工艺品一样（而且可以看出是不属于手工的艺术品）。即使是一般的建筑钢结构构成和细部材料，看起来都有很简洁而精美的感觉，例如Helmut Jahn设计的芝加哥机场中的United Airlines公司候机楼。

上海的新机场也是法国人设计，它给予人总的感觉与南京、北京的机场大同小异，好像是从百货公司买回来的流行过时的成衣，或是在中国生产的皮尔·卡丹，当然不会有文化的内涵。这几个机场就更甭提什么跨入21世纪了！上海是不需要“古都风貌”或者“民族形式”的城市，但是，浦东的金茂大厦，它的中国文化的神韵给建筑界带来了震撼。SOM的主要设计人Adrian Smith为了做这个设计，看遍中国各地有代表性的塔。他认为中国的塔源自印度，但融入了中国文化和艺术后，比印度塔更美。于是，他设计金茂大厦就是要体现中国塔的神韵，他做到了，而且有竹节向上长（动感）的感觉。另外，SOM的合伙之一，同济校友Carolina吴也说过：上海的环境没有必要有“民族形式”，如果做一最新最洋的建筑，可得90分，但如果能融入一些中国文化的神韵，则可能得95分。可见，钢和玻璃也能做出有中国文化内涵的建筑来。我的师叔贝聿铭在接受杨澜采访时说，中国古代没有高层建筑，所以在现代高层的建筑上，要有中国文化的Motif几乎不可能。金茂大厦和李祖原设计的台北国际金融中心（101层，看起来有七段大雁塔的神韵），还有宏国建设大厦都足以证明贝聿铭先生的观点是片面的。贝先生那一代的现代建筑大师们有些不愿做或做不到的事，应为年青的一代留出了空间，长江后浪推前浪嘛。年青一代的创造力是永远创作出不同于上一代的作品的。

最近，有几批我国台湾、加拿大和美国的朋友来北京，其中不少是建筑师。很多人反映新机场没有什么新意，更没有中国文化的内涵。我问他们有没有看到那幅近30 m的长城艺术品？他们都说中国文化内涵，不应老是用那些太通俗的东西（如长城）来代表中国。他们还开玩笑地说：“唯一有点中国味的东西是装花的深红色大钵子（实际是玻璃钢仿陶的）。”可惜啊！虽然，北京新机场的结构设计简洁，空间也不像南京和浦东那么乱和浪费，它的功能过得去，建筑设计和整套基本功应属上乘，但毕竟感觉还是像买了一套国产的皮尔·卡丹西服。机场总平面的原设计中标人，加拿大著名建筑师Eb. Zeidler对建筑设计阶段没有再去和他好好商量一直抱有极大的遗憾。

清华大学和其附中都各有两个实验班，一个是文科班，另一个是理科班都是尖子学生。教学的宗旨是三个贯通：“中西贯通；古今贯通以及文理贯通”。其实，如果把这个理念用在当今的建筑设计上，再合适不过。我的同事张念越说这是发展中国家必然会经历的一个过程。

目前，这种“洋气西服成衣”是大多数老百姓能接受的建筑形式，但建筑环境是能给人民群众带来文化教育和美育的地方，如果能有一种中西结合的、又是现代的和区域识别性的文化，那人民群众享受的是一种人类优生的新文化，他自然不会再买“皮尔·卡丹”了。这十几年来，中国也有一些凭着自己的修养和努力走在时代前沿的大建筑师。例如，戴念慈先生、齐康先生（近期代表作品——河南省博物馆）。关肇邺的清华图书馆和理学院、山东师大图书馆；吴良镛的孔子研究院和得到联合国人居工程奖的菊儿胡同。尽管有些建筑师对它的功能和科技含量有议论，但联合国和国际建筑界，还是对这种追求区域性文化的识别性（Regional Cultural Identity）而又不是复古式的创新有极高的认同和鼓励。近年还有蔡德道和程泰宁的一些作品很多都和以上几位建筑师有着共同点——文化内涵。另外，从青年建筑师崔彤的中科院图书馆的设计中，可以看出他和其他几位青年建筑师有可能做出更多国际上占有一席之地的、令人惊喜的作品。为了抛砖引玉，我试着举两个并不是很成熟的设计，但是其中都有追求中国文化与现代文化结合后再生的努力。

前面提到我曾与秦佑国教授合作完成了杭州萧山国际机场的设计方案。我们在弧形候机楼的平面圆心处，设计了一个有中国特色的高78 m空管塔，另外，还在提取行李处和出发大厅中心部分的左右两侧设计了各一个38 m×42 m的天井庭院园林，其中一个将杭州六和塔（60 m）微缩到五分之一（12 m）放在园中，另一个是将绍兴的王羲之的兰亭的局部足尺寸地放入园中，这是世界各国的机场都少见的。一般提取行李处都没有天光，又矮、又挤、又乱。在这个设计中的行李厅，左右各有一个有天光的中式庭院。这是多么赏心悦目的事啊！可惜，该设计没中标。

另外，大地建筑事务所（国际）还设计了Air China的（老候机楼中）头等舱休息厅。这个厅的所有家具和设备，除了地毯是买现成的外，其他都是设计之后订制的。为了要使旅客感到他身在有自己特色的中国，又是现代的中国，墙上的壁画是从32 m长的宋代王希蒙的《千里江山》图卷裁了三段放大出来的画（王希蒙英年早逝，享年19岁，也只留下了这幅画）。我们请了中央工艺美院的师生来临摹这三段画，请他们用丙烯来做古画的效果，否则用绢来画不容易维护。他们失败了八次，第九次成功时高兴得哭了出来。为了找到和画中颜色一样的沙发布料，我去香港找到了和画中三种颜色几乎一样的瑞士布料，我们就把这些布料用在形式是一样的沙发上。这个厅所有订制的家具都是曾坚（室内建筑师学会理事长）亲笔画的设计图。有一次就在这个厅遇到了刚上任不久的AIR CHINA的袁书记。他说旧候机楼如果要翻建，他觉得应该设法把这个厅保住或挪走。

假如在设计机场时，不走中国文化的那一套路，去表现现代的或超现代的感觉，我想再次以Jahn的芝加哥机场地下通道（两个Terminals之间）作为一个精彩的、令人有科幻震撼般的、绝妙的好例子。为了在这个240多米深的地下通道中不使人感到闷、黑和无聊，Jahn用了动态七色霓虹灯，加上动感音响效果，还有彩色透光的墙和顶，使人走进去像走入了太空船或宇航站。如果中国建筑师能将现代的套路玩到这种水平，那我也心服口服，那就不一定非有中国的不可了。因为“皮尔·卡丹”在法国只是知道的人不多的中低档成衣。

我在加拿大WATERLOO大学教书时，曾教学生们“建筑环境心理学”。这种大型公共建筑对培养一个国家人民的文化素养的影响是很大的（尽管它是无形的）。如果能有较高文化和艺术的内涵，那这个建筑对社会的教育和美育的贡献是无可限量的。“那不是连汽车也都要有‘中国文化特色’？”这种言论只能用在学生辩论会上。但是，如果所有的机场和车站都是一种模式，“哪里有路，哪里就有丰田车”，那人类的生活环境岂不就像科幻电影中的宇航站一样，人的自我感觉也就都像克隆人了。里斯本的火车站也是钢和玻璃做的，但它像一个巨大无比的、像雕塑一样的美丽的老鹰。我到过37个国家有地方文化特色的机场。像西方国家中的温哥华机场（Arthur Erichkson设计的，有印第安人和加拿大西部的风格）和檀香山机场等；发展中国家的雅加达、马尼拉、吉隆坡和阿拉伯及非洲国家的机场，虽然非常有现代感，但都有他们自己的区域性文化特色，或至少有别有风味的室内设计，使旅客一到达机场就知道是到了哪个国家了。1999年UIA（国际建筑师协会）大会在北京召开，大会宣言中一再强调“没有民族特色和区域文化识别性，就没有世界性的建筑”。我们强调中国文化的内涵，千万不要变成了六七十年代那种排外的、狭隘的民族意识。我们要认清这是要从东西方文化的交融、冲突及自然淘汰中为人类创造一种新的文化。此外，像哈尔滨、大连、长春等城市，完全可以在原来已有的西洋古典城市文脉的基础上，继承、发展和再创新。

中国有很多世界闻名的、一流的大艺术家，他们的作品都是中西结合的优生创造物。西方人欣赏他们也是因为他们有中国人自己的东西。画家中如吴冠中、赵无极、陈其宽（又是著名建筑师）、陈逸飞等，作曲家有谭盾等人，甚至一些电影作品和时装设计在世界上能有一席之地，都是因为西方能玩儿的他们都能玩，西方玩不了的他们还能玩（当然，也有一些像Adrian Smith这种奇才，也能从中国文化中融会贯通地取材），为人类贡献新的艺术和文化。

如果大家不甘心看到中国一个个新建的机场既不够现代的新意，又没有中国文化的内涵，应该还有两个弥补和改进的办法：一是呼吁民航和地方领导对建筑师要有以上这两点更高的要求。你我下次有机会做设计时也要自我提高。二是把现有的新建机场再系统地从室内设计方面，如壁画、家具等*整套地来增加一些现代和中国文化结合的风格，使中外旅客们、贵宾们能感到他们身在一个是具有几千年博大精深传统文化，而又有现代新文化（而不是套装成衣）的国家。他们都能享受到世界性的中西结合的一种新文化。有才华有文化的建筑师大有人在，只要给予自己施加压力，同时学习SOM的Adrian Smith和Carolina吴以及前述、戴、齐、关、吴等大师的设计理念，采纳同行、群众的评论和善意的建设性意见，这样一定能逐步找回辜鸿铭先生说的中国文化中的“纤致性”，给广大群众建造许许多多在周围生活环境中的文化教育和美育的殿堂。

*用壁画像香山饭店的赵无极的画，既要像画，还要像壁， 千万不要喧宾夺主破坏整体空间美。机场有好多家具和灯完全可以请工艺美术家来和建筑师配合，做成套的设计。

（原载2000年4期《建筑学报》）

试析安氏国家大剧院方案的不同评价

汪之力

两种对立观点

关于法国建筑师安德鲁设计并已开工的国家大剧院的具体情况，全国并未公开报道，但在知情的两院院士和北京的一些建筑专家中已引起强烈的反对，认为设计不科学、不合理，先后上书中央，要求按江泽民主席“处理科学和工程技术重大问题，要听取科学家和工程师们的意见和建议”的讲话，对设计重新审议并容许建筑界展开讨论。现在对安德鲁方案有截然相反的两种评价。一种为业主委员会所赞赏并坚持实施的意见，认为它的造型前卫、新颖，对天安门广场及长安街的改造，对北京乃至全国的建筑设计的创新，将产生积极影响。它将成为我国一定历史时期文化建筑的里程碑。公开宣称它是“北京21世纪的标志性建筑”。建设部设计院总工周庆琳认为，它独特而有创造力，是充满诗意和浪漫的建筑。清华大学建筑研究院副院长庄惟敏认为，它的意义超过建筑美的范围，给中国建筑界带来了一种创新的风气，可能会成为中国将来的一个符号。

另一种以建筑专家评委会主席吴良镛、副主席埃里克森（加）和周干峙等多数委员及舞台设备专家组组长李畅为代表，以给中央常委上书的49位两院院士和108名建筑及工程专家为代表，认为该设计方案严重不科学、不合理，造价超一流而功能仅是二三流，脱离中国实际，无视中国传统文化，是典型的形式主义的作品，严重破坏北京古城中心，给我国建筑方向带来不良影响。

由于新闻媒体对大剧院方案的争论采取回避态度，现在尚无法表达社会与学术界的广泛意见。但国外和香港却沸沸扬扬纷纷议论。据目前所知，虽然法国报纸有的誉为“晶莹剔透的明珠”，但大多持批评态度。香港《南华早报》载：贝聿铭指出这个剧院太大了，不如在不同地方建2~3个小一点的，可以为普通百姓服务，也节省造价。《明报》载意大利孟雨来信称，安德鲁设计彻底破坏古都的庄严肃穆，喧宾夺主，严重损害了中国文化最高象征，伤害中国人民民族感情。加拿大名建筑师M.Kirkland来信称大剧院无论从形式和实效方面都表现出排斥的特性，将自身同城市和公众隔离开来，破坏了北京城古老的以及正在逐渐形成的现在空间体系。为建造一个现代、前卫建筑，拒绝与中国传统有任何关系，这个建筑设计是愚蠢的，如在他们自己国家建造，将会受到指责。法新社记者莫拉吉来电称，法国批评集中在它的设计与中国的环境、与中国首都的特色极不协调。法国著名建筑评论家爱德曼在《世界报》上批评安德鲁匪夷所思海蜇式的歌剧院是近50年世界各种建筑中最令人惊愕的作品之一，他和贝聿铭金字塔巧于利用自然光，在体量上尊重罗浮宫，通过地下联系把罗浮宫改造成一个现代的博物馆，不可同日而语。英国著名建筑杂志“A.R”在《无法无天》的社论中说，这个设计形式与北京城中心和其他任何现有建筑完全不协调，他用它的奇才创造一条水下100 m长的隧道，人们得先钻下去再钻上来。其实一个桥会更直接、更方便，但是他怕那样会捅破他那个完美的粪团（blob美俚语）。进入这个建筑内部，为机场大厅式空间所包围，没有方向感，不知身在何处，更不用说各个剧院的自我特色或个性了。

我同意把这个大剧院叫做“21世纪标志性建筑”，因为它建造在我国的首都，建造在我曾称为“新中国的心脏”的天安门广场，影响极大。根据以上两种观点，要么它为中国开辟一条崭新的与过去50年人们所熟悉的有中国特色的社会主义现代化建筑方向完全不同的创新道路，要么他就进一步毁坏这极为难得保存到如今，而业已为拆掉城墙、修建成排的大体量高层建筑和霸占长安街广大地区以压倒故宫的广场建筑，弄得世界公认的历史文化“无比杰作”的中国伟大古都——北京千孔百疮。非此即彼，孰是孰非，让我们根据现有材料，尽量客观地加以比较分析。

建筑要素与安德鲁的设计思想

安德鲁设计的大剧院，其建筑面积接近26万m^2，占地11.89 hm^2，内部包括歌剧院、话剧院、音乐厅和小剧院，外部罩以长218 m、宽164 m、高46 m的钛合金及玻璃的密闭外壳，周围为3.4 hm^2的水面及100 m长的水下通道入口。我从4月的《瞭望》杂志和8月的《南方周末》，看到安德鲁的两次谈话。他在首轮提交方案中即提出“城市中的剧院，剧院中的城市”为创作主题，在谈话中又提出它的设计不但外形很美，而且内部功能齐全。这是很大的建筑，里面像个城市，有许多街区。人们进入剧院，就是一种梦幻般的感觉。他的设计观点就是让人感到惊奇。当记者问到钛金属大罩时，他承认这个大罩在结构上和内部没有任何联系，但它是为保护里面建筑而造的，在这个漂亮屋顶下各个建筑能够互相补充，从而形成一个微型城市。8月当各种反对意见纷纷提出后，他面对记者，对有关超标面积、造价和安全等问题，都不作具体回答，只是说这些问题他和委托人都一齐解决了。对人们的反对，他列举埃菲尔铁塔、悉尼剧院、蓬皮杜中心、罗浮宫金字塔，说创新就是打破传统秩序，总会有人反对。他也透露中国驻法大使曾告诉他，不要在保守思想压力下有任何退缩，他表示他的方案绝不会被修改。

现今世界各国建筑界大都承认适用、经济、美观是建筑的基本要素，是评价任何建筑的标准。我们新中国成立50年来的实践和先进资本主义国家主要流派都遵循这个理论。安德鲁在中国的合作者最近起草的设计说明书也是这样写的。因此我们比较安德鲁和它反对者的是非也不能不用这三个要素来衡量。从谈话中看到安德鲁着重的是形式与美观，着重的是创新，关于功能、经济似乎属于纯实际的技术范围，交给助手处理就可以，无须他操心。但我们进行比较评价却不能不看重功能和经济，因为一般建筑终究是为实用目的而建造的。经济因素，对中国这样发展中的国家则有特殊重要意义。目前广大群众在争取温饱，多少万山区人民还在脱贫，数亿的挥霍对于我们可不是小事情！安德鲁非常自负地说，贝聿铭在法国巴黎市中心设计了玻璃金字塔，我也在中国北京市中心设计了大剧院，“这是一种对称的感觉。”“我坚信多年以后它会被大家接受，即使现在反对的人。”要做到这一点就必须具体回答反对者有关功能和经济的质问。

为“剧院中的城市”而创造的密封大壳

信息社会中由于信息迅速传递，城市建筑开始由聚集走向分散，环境也进一步接近自然而得到改善。工业社会高层建筑抢占市中心，汇集百业，营建商城、超市的现象已逐渐减少。安德鲁现在提出“城市中的剧院，剧院中的城市”主题，实在有点违背时代潮流。他以航天使用的贵金属钛合金制造的大壳，把四个大建筑物罩在一起。从功能上讲，他自己承认和内部结构毫无关系，并且这几大建筑也达不到他构成微型城市的目的，因此是毫无实际作用的。这个大壳现在估计只拱顶造价即达3.5亿元，此外还有许多不同规格金属片如何拼接，大面积的曲面金属罩如何吊装，如何保养清扫等等开支。壳内还有无用空间的空调、照明要消耗大量能源及各种维护费用。据估算仅电费每年即需支出4 800万元。开工时整个工程面积，由预算11.7万m^2增至26万m^2，造价由15亿元增至50亿元，现在虽在压缩，但仍然大大超标，并且现存许多不确定因素，施工中还要增加投资。悉尼歌剧院竣工的开支超过预算14倍，可为殷鉴。

壳体虽大，仍有极限，地上建筑受高度宽度的控制，不得不深入地下24 m，以致交通系统极为复杂而凌乱，只上下自动扶梯即多达60余部。人在壳中无方向感，难于找到自己需要的交通口。不仅演员出入，道具搬运十分不便；连观众的主要进出口，都需要先进入水下，走100多米的地下通道，再爬上来。老年人要步行400～500 m路才能就座。请问，万一发生火警或爆炸事件，几千人如何找出口，如何在这百多米长水下逃生路上不拥挤践踏，堵死通道？这类严重的浪费与安全问题，岂能用我们讨论过的空洞词句来作回答。

至于剧场演出，专家组组长李畅提出歌剧院基层观众经水下通道，先下7层滚梯，再上7层滚梯，然后由4个窄门入场；没有同层化妆室；没有后台顺畅的演员跑场道；未设耳光；绘景间、各种车间、仓库面积过大；音乐厅的练琴室比一个音乐学院还多等等问题，并说有些还是举世罕见的，因而做出开支超一流而功能是二三流的结论。这些问题的出现当然是只重形式而忽视功能与经济的结果。

珍珠与粪蛋，如何评价形式与美观

关于形式与美观安德鲁讲得比较多而具体，也是自视极高而不能更改的关键。我们不能不用更多篇幅加以分析。

1．内容决定形式。通常情况美观应立足于功能和经济之上，这是目前中外学术界、建筑界比较公认的真理。美感虽因人而异，难得统一，但据前节所述，在功能和经济上存在那么多严重问题的大剧院，实在难以叫做珍珠。

2．剧院的组成与选址。周总理讲过国家剧院修在人民大会堂西侧，各方都无争论。但现在是包括三个剧院和一个音乐堂，面积达10万、20万m^2的大剧院，从设计方案的布局与交通上看，更多互相妨碍而很少互相支持，却增加庞大造价。其目的无非求一个大字。用大体量求得在市中心占个重要位置。早些时贵宾楼抢占北京饭店绿地，王府饭店等挤压金鱼胡同毁灭那家花园已是小事。现在天安门两旁如果没有那点皇城，长安街上最抢眼的建筑，应该是东方广场。大剧院岂能落后。方案写道，大剧院功能除演出外还要举行庆典、接待外宾、进行国际文化交流，难道人民大会堂已不够用了吗！古都北京是以故宫为中心，天安门前只能允许丁字街那样狭小规模。新中国成立后，在故宫前扩大了天安门广场，许多重要历史事件发生在那里，只有这广场才应该是北京的中心。任何影响、争夺和分解这个中心的建筑都是不合适的。现在这个以新奇出现带着椭圆大壳的大体量建筑物，加上周围的广阔水面和绿地，它必然会成为人人注目的中心。但注目之后会引起什么心理反应，倒是值得推敲。有人从国外来信说，外国有人认为天安门广场是斯大林时代的产物，应该用新的建筑代替他，这是政治上的侵略。这话说得有点道理吗?

3．传统与创新。许多反对者认为这座天安门前的建筑应该继承与发展中国建筑传统，有中国特色。安德鲁答复说：“在中国历史长河中，无论建筑还是其他，都没有一个固定的传统，是变化很多的。”“不能说北京就是故宫。”“故宫的形式今天已经停止了。”“保护一种文化就应把它置于危险的境地。”“一个时代有一个时代的建筑，如果一个城市，永远按过去样子故步自封，就看不到前途了。”“我就要割断历史。”“中国人20年后才能接受我这个未来派设计。”访问记者认为“过去”、“传统”在他脑子里没有什么地位，重要的是面向未来，要有创造，要有突破。

4．与环境协调。对立是否协调，中外反对者攻击安的方案最多的一点，是它的剧院与天安门周围建筑极不协调，它不尊重中国建筑，不尊重周围建筑。安德鲁说：“大会堂立面非常垂直。大剧院每个角度看都成一个立面，与大会堂形成非常强烈的对比。阳光从天上洒过来，不同的时刻，上面显出不同的色调，这又与大会堂形成反比，而成为协调、对话。”这样大的建筑互成对比、反比，也是协调，从逻辑上讲得通吗?如果这样推论下去，世上还有不协调的东西吗。请注意，安氏这个未来派新奇的大壳，不是修在别的地方，而是修在世界最珍贵的历史文化古都的中心，好比在故宫太和殿前修个高高的电视塔，难道这是协调吗?对话倒是真的：过去你是中心，未来长安街上，还要拆掉多余的皇城，建满未来派的新奇建筑，20年后你不承认我是中心，不承认我是“中国建筑”，行吗!你硬要把中国完整的800年历史文化古都变成世界各种流派建筑的展览城，还说这是发展、创新，是反比的协调，什么人能相信呢?

5.扯起别人的大旗。由于反对者的具体问题太多，难于回答，安氏及其维护者便扯起罗浮宫的金字塔、悉尼的歌剧院等当时遭人反对而以后公认比较成功的大旗。但这些建筑与大剧院所处环境完全不同，金字塔和罗浮宫相比是个很小的建筑。大剧院无法和它们类比。最有力的回答是金字塔的设计者贝聿铭并不同意大剧院的设计。

种种改进的建议

从总体上看首先值得注意的是贝聿铭的建议，把这个大建筑分开到各处，既经济、合用，又接近群众。现在交通拥挤已是北京的大问题，市中心迫切需要少建一些招人揽众的大建筑。在人民大会堂西建一个小的高水平专用剧院，可能最合周总理原来的心愿。如果一定要联在一起，可以去掉大壳和大水池，改为几个建筑的联合群体，周围配以中国园林或绿地。要是不惜成本，非建这个新奇的大壳剧院，最好搬到朝阳公园或什么别的空地方去。这些都是最现实可行的建议，请先加考虑。

请多放一段时间，认真听到各方意见，再做最后决策

国家大剧院和三峡工程虽然性质与规模不同，但都是国家重大项目，而大剧院对国内外政治影响，对全国建筑方向和精神文明建设的影响可能更大些，最后决策应该格外慎重。现在方案虽经中央批准，并已开工。但根据各方反映，显然操办人并未认真听取专家不同意见，未履行正规手续，对中央进行了误导。例如评委主席及多数委员，两个专家组组长都有意见，且回避记者访问。院士及专家上书后中央决定重新进行审议，但操办人能否认真听取不同意见，还是疑问。为了真正执行江泽民主席“多听取科学家和工程师意见”的指示，不匆匆走过场，我建议把安氏方案多放一段时间让科学界特别是建筑工程界进行比较充分的讨论。这种讨论应公开进行，以便更广泛听取社会各界和群众的反映。然后在各种意见的广泛基础上认真进行科学分析，研究利害得失，最后进行决策。其中与领导意图相反的意见尤其值得重视，如果这些意见是正确的，可以使领导兼听则明，纠正偏差；如果是错的，可以有的放矢，进行教育，使其为专家学者和社会各界所理解。拆城墙，曾是中央和毛主席的决策，50年后尚遭后人的普遍否定，历史的教训应该吸取。好在北京已有20多个剧院，大部分时间都在空着，大剧院并不是要抢时间的紧急任务。放长一点时间，充分听取不同意见，对正确决策只有好处。慎重些，再慎重些，请领导三思！

（原载2000年第8期《建筑学报》）

我们为什么这样强烈反对法国建筑师设计的国家大剧院方案（摘）

彭培根

6月上旬，两院院士及114名知名建筑师、规划师及工程师（以下简称专家们）分别联名请求撤销法国建筑师安德鲁设计的国家大剧院方案。

这是新中国成立以来，第一次为了一个国家级建筑设计方案，有这样多专家的联名建议书。我是114位建筑界专家中的积极回应人之一。我们为什么要这样强烈反对安德鲁的方案？

一、从大的空间组合功能上，安德鲁的设计是绝对的形式主义

加拿大第一建筑大师Arthur Erickson大剧院评委及有三个院士头衔的加拿大大师Michael Kirkland，还有国际权威性专业杂志*ARCHITECTURE REVIEW*的社论《无法无天》（*OUTRAGE*）都很尖锐地、正中要害地批评了安德鲁的设计。

1.安德鲁本身是桥梁工程师，毕业于公路与桥梁工程学院的，以设计机场航站楼起家，从来没做过歌剧院。他们的作品介绍中说，法国大革命200年的德方斯（大拱门式的）联邦大厦是他设计的。其实是丹麦建筑师奥托·斯佩克森竞赛中标后，大厦建造中不幸去世，由安德鲁的事务所接着画完施工图而已。所以，他将这四个剧院用一个大圆穹顶罩起来，这是所有错误的起源，一步错，步步错。房子里套房子，西方人叫“屋中打伞”，中国人叫“作茧自缚”。

2.由于上面这个毫无意义的形式主义的圆穹顶给自己限了高度，所以只能向下挖掘−24 m到−34 m，因此，Kirkland说：“这种形式主义的设计在西方无论是政府或私营的业主都不会允许它实施。如果在中国钻了空子，万一不幸实现了，将是近代建筑史上最荒谬的大笑话，我们也可以烧掉所有的建筑系教科书了。”我的师傅、台湾省第一大师王大闳（贝聿铭的同班同学）也来信评论说：“……这是一个极少见到违反常规功能的设计……北京人或许会欢迎一些新颖的设计，但相信他们绝不会接受一个粗野的拙劣的作品。”

二、从建筑师的基本教育上，安德鲁没有资格来设计如此庞大和复杂的国家大剧院

安德鲁的大学基本教育是公路桥梁工程学院，西方建筑系教育以及我在台湾上大学随王大闳先生当学徒时，都很重视一门学科“建筑环境心理学”，这是几家大学的必修课（也有用

"人类行为学"的)。我在加拿大时曾教研过此门学科。安德鲁没有学过建筑师必备的一些基本功学科，如何能够搞这么尖端多元并加文化功能，还有动线和活动变革的巨大建筑组群?

王大闳先生要我们必读的*The Aesthetics of Function*一书的精华有三点：

1.对生存环境的感官知觉为美学基础，因此，要将建筑的物质基础加上社会经验，还有生物学和生理学的综合研究。

2.最美的建筑艺术的三项先决条件是：(1) 功能实际、紧凑和好用；(2) 交通动线分工明确流畅；(3) 基本结构和装饰的建筑造价符合项目的身份而得体。其实，这和"实用、经济、在可能的情况下要美观"的精神是相通的。

3.行为记忆是从视觉判断建筑美的重要基础之一。

因此，如果我们用以上三个条件来检验安德鲁的设计方案。那就一条都不合格。

这个方案对于它本身生存环境就没弄清楚，因此，才像王大闳先生说的"极其反常规，与周围环境不协调"。有了一个毫无用的大圆穹顶，浪费了那么多建材和空间，交通动线更是糟透了。这里只举两个例子：

从水中的玻璃通道进入一个建筑物只能使人想到水族馆的记忆。所以安德鲁最得意的入口，从行为学的逻辑看，没有一条和歌剧院的功能或行为记忆相称。

观众厅设在地下−7~10 m，相当于3~4层楼公寓。有紧急情况时尽管也有逃生之路，但要比从地面直接逃生要慢好几倍的时间，紧急情况时差一分钟就得要人的命。

安德鲁对中国文化传统的协调重视不够。

中国驻法国大使有一次接见安德鲁时对他说要注意中国文化传统的协调时，他却说："我就是要切断历史。"1999年在北京学术报告会上还说："要保护一个古老文化，最好的办法是把它逼到危机的边沿。"

三、方案的选择不是中西文化冲突

前些时候，有位先生在《建筑学报》写了一篇文章认为，许多人反对安的方案是因为中西文化的冲突。我看这位先生既没有领悟中国文化的精华之处，更不了解什么是真正西方文化的优美的地方。他只是想转个弯子说反对安的方案的人都是保守的中国老古板而已。其实，中西文化最高之处都是相通相融的，两者的互补性远远大于冲突性。只有西方文化中二、三流，不上正道的东西才会与中国科学界及建筑界的正统主流发生冲突。浦东的金茂大厦就是一个绝好的例子，美国SOM事务所Adrian SMITH设计的。它完美地结合了中国的塔和竹节美的神韵和现代高科技，是"神似"的精妙之品。

1.迷信西方"未来派"是对中国文化和中国人民自己的认识和信心不够的表现。如果了解以下两件事，就绝对不会欣赏和推崇人家不要的过时的"新颖天才作品"。

1840年英国国会为了决定要不要为鸦片和中国打仗，在辩论记录上有议员说到："中国的人口是世界的1/4，但国家综合生产力是世界的1/3。"这就是现代经济中的GDP。世界的1/3相当于今天美国的综合国力。另外又有几个中国人知道我们国家的GDP在1978年只有世界的2.5%，现在已达8%左右，而到了2010年中国的人口和GDP都会巧合地同时是世界的16%，也就是日本今天的GDP。

三个月前是大思想家朱熹逝世800年。辛弃疾曾说过，在周文王之后，最伟大的两个人物就是孔子和朱熹。中国科举制度有700多年，一直到光绪三十年（1904年）都要考朱熹的《朱子集注四书》和（宋明理学的）《近思录》等书。

2.日本和韩国的立国和教育根本哲学就是朱熹的白鹿洞书院院规，即"博学之；审问之；慎思之；明辨之；笃行之"五句名言。

日本明治维新学习欧美科技和工业，而他们的立国和教育根本哲学就是朱熹的这几句名言，韩国也是一样。中国人自己的国宝在其他国家或区域弘扬发展很好，在大陆却没有好好地用来做教育的基本。因此，普遍影响了一代人的思想和信仰的空虚和对中国自己的信心。

四、安德鲁最得意的比喻也是最牵强的

安德鲁及他的拥护者最常用的几点理由就是：创新的设计在开始的时候大家都反对，建成之后就会成为传世之宝。例如，埃菲尔铁塔、悉尼歌剧院、蓬皮杜文化中心及贝聿铭的玻璃金字塔。现分析如下：

1.埃菲尔铁塔是建筑材料及体系的革命，才会有那种划时代的建筑物。它的周围环境很广阔，不涉及与任何历史文化的现有环境的冲突，在建筑形式或风格来说意义并不大。安的大剧院方案没有任何创新建材，都是已用了几十年的老材料。形式也不新，国外早已过时。1996年哈尔滨太阳岛上的一个嬉水乐园方案竞赛中，已有了类似这种形式的设计作品。

2.悉尼歌剧院面对海阔天空，没有历史文化名城或古迹的环境，所以很适合做一个大型雕塑式的建筑。相反，大剧院的周围的环境就是中国的历史。安德鲁"就是要切断历史"，因此，这个外星式的大扁圆球，因尺度太大和太具侵略性（Agressive），使得人民大会堂北、西、南三侧的原是很雄伟壮观的柱（廊）子，显得都像牙签了。何况悉尼歌剧院是在国会不给予拨款的情况下，经国会邀两方专家及议员激烈辩论后才通过的。我国能这样做吗？

3.蓬皮杜中心当年是高技派（High-tech）的代表。但原来因为它的结构、楼梯所有管道都放在室外，虽然室内空间自由，但原该在室内的肠、肚都在室外，维护费太贵。而且它们遮挡了自然光，使得室内没有足够的日光。所以实践证明尽管它是"未来派"，但并非是一个成功的建筑。

4.贝先生的罗浮宫玻璃金字塔，至今法国文

化界和建筑界的反对意见并未减少。尽管如此，这个金字塔只是走向地下博物馆入口的雨篷，它的尺度很小，和大剧院的庞然巨物完全是两回事。何况协和广场原来就有不少的埃及建筑构件，与现有环境还算协调。它是成功的，但不能说明安德鲁的方案可以“以此类推”！

五、欧洲的城市文脉强而美，北京的城市文脉在淡化和消失中

1.欧洲从康德后的启蒙运动和工业革命后，使得经济、文化乃至城市文化和城市文脉的成长，都已像发育成熟的俊男美女。它们可以承受一些“幽默小品”、“变调音乐”甚至一个“粪团”（建筑专业杂志*ARCHITECTURE REVIEW*用“Blob”来形容安德鲁设计的大剧院）。

2.相反，在20世纪50年代，北京老城墙被拆掉，加上改革开放之后，缺乏章法地建设了20年，使得北京原有城市的棋盘式城市文脉（Grid system）已消失淡化（Fading out）所剩无几。如果在古城中心再来一个“未来派”的外星“粪团”，那就真是雪上再加严霜。从我们建筑师的职业道德来讲，这是犯罪行为。尤其是北京市领导两三年来，正在史无前例地大力恢复这种文脉和历史文物建筑，我们应该全面配合，逐步恢复北京原有的引以为自豪的特色才对。自己戳直站稳了，再来洋花招不迟。

3.安德鲁先生应该推荐给中国的，是巴黎如何保护整个有200年历史的古城的一系列理念和法规，而在德方斯兴建最现代和“未来派”的建筑。我想安德鲁不可能在香榭丽舍大道的两侧，设计任何比八层楼更高或比六层楼更矮的建筑物，当然也不可能允许他在协和广场的附近建一个已经过时的假“未来派”建筑。国际建协（UIA）过去十几年几次大会宣言，都呼吁发展中国家要注意“区域性文化特色”（Regional Culture Identity），就是因为极度担心这些国家大量地抄袭西方三四流的（像抄时装一样）建筑，失去自己国家的自我城市风貌，于是走到哪个城市都是“哪里有路，哪里就有丰田车”的灵魂枯竭的城市风貌。总之，我们不要忘了立国精神是邓小平先生说的“中国特色社会主义”。

（原载2000年第8期《建筑学报》）

不谐和中的大谐和
——简评安德鲁中国大剧院之造型设计

叶廷芳

近来，围绕法国建筑师安德鲁设计的北京国家大剧院的方案议论纷纷，这是不足为怪的。凡懂得一点现代特别是当代艺术的人都知道，当今的艺术由于失去了统一的美学规范，而给评判带来了难题，往往不得不根据仁者见仁、智者见智的原则行事。建筑作为艺术的一门，这方面也不例外，具有现代意识的艺术家或建筑师，都以重复为耻，即不愿重复前人的，也不愿重复他人的，甚至也不愿重复自己的：他强调独创。要独创就必须发挥想象，别出心裁，以便创作出他的“这一个”。因此，现代建筑实际上成了耸立在大地上的超大型雕塑品，而且因为个性很强，常常以“怪”为特征。这就难免经常使人们的审美习惯受到挑战或冲击，甚至包括专业人士。君不见，目前世界上有许多大型公共建筑，在其诞生过程中往往伴随着大喊大叫，如高迪设计的米拉公寓（巴塞罗那）、柯布西耶设计的朗香教堂（法国）、伍特松设计的悉尼歌剧院（澳大利亚）、皮亚诺和罗杰斯设计的蓬皮杜艺术文化中心（巴黎）、贝聿铭设计的罗浮宫扩建工程即玻璃金字塔（巴黎）、盖里设计的古根海姆艺术博物馆（西班牙毕鄂鲍尔）等。但是，真正具有艺术价值的创作，终会被人理解的。所以随着时间的推移，这些建筑物都被世界公认为杰作，当时的争吵声也随之烟消云散。认识一件真正的艺术品就像认识一个真理一样，往往需要时间。当然也不是说，每一件受到争论的作品，都经得起时间的考验。

那么安德鲁的中国大剧院的设计方案得失如何呢？这个建筑物技术上涉及许多学科：地质学、结构力学、声学、光学……这些我都不懂，我只讲点与美学有关的内容，而且只谈它的外部造型以及它与周围环境的关系。这个建筑物的外部造型很特别，它抹掉了墙与顶的一切界限，是个圆乎乎的蛋形壳体，看起来简直不像“房屋”。但它不怪诞，不奇特，而是很奇妙。因为要在这样的场合安放一座特大型建筑物，则建筑师在构思它的外部造型的时候，他考虑的就不仅仅是这座建筑物本身，而必须考虑它与远近周围的环境之间的关系。而所谓环境又不仅仅指房屋，还包括远近的空间状况。反对意见的一个主要理由是说它与古都风貌特别是天安门周围“不谐调”。是的，安德鲁确实没有想让他的中国大剧院的设计与天安门、人民大会堂等周围建筑物谐调，相反，他用的是反差效果。不错，谐调可以是美的（古典美学尤其这么强调），但有时反差也是一种美，而且是一种更具特殊意味的美。大剧院的造型设计是以小范围内建筑与建筑之间的不谐调，取得大范围内整体空间布局的大谐调。君不见北京北海白塔和阜内大街妙应寺白塔，都是来自南亚的舶来品，与中国传统古塔大异其趣，但它们成了当时中国统治者的一种追求（妙应寺白塔还特请尼泊尔匠师阿尼哥来设计），而且历来成为古都北京一道绝妙的点缀。试想，如果北海琼华岛上今天耸立的是一座传统古塔，其身价与地位，或者说它的审美价值能与白塔相比吗？在宏观美学范畴，必须在多样性中求统一，求谐调，片面强调谐调，就会走向整齐划一、千篇一律，从而失去任何个性和美感。

再说“谐”，这可以有两种理解：一种是迁就已有的周边的建筑环境，在形式、风格、体量、色调等方面与之接近；另一种是尊重周边现有建筑的存在，自立门户，与它们不争、不比、不挤，和睦相处。如果取前一种原则，则只能在有前提的、被动的情况下进行设计，那就势必束缚住设计者的想象自由，搞出来的东西很可能吃力不讨好。特别像天安门这一庞大的建筑群，她是国家的象征，政治含义很强，你比她造得庄严、辉煌，显然不合适；有意谦让，又有悖于国人对这一国家重要文化形象的期盼，因此做起来容易发生心理障碍。现在安德鲁这个造型，这个椭圆形壳体，它全身没有任何棱角，不跟任何人摩擦、碰撞，试比高低，与周围任何人都可以相容，是个最平和的存在。它甚至躲在一方园林里，发誓足不出户（四周都是水！），真个是与世无争。

这个大体量的建筑物尽量利用地下空间，它的弧形外壳所占用的地上空间大为减少，也可以说腾出了大量的虚空。而且它从长安街向南后缩120 m，从而把行人的视线尽量让给了它的近邻们，而没有以高大垂直的立面向东直逼大会堂，向北迫压长安街。这样它就与长安街和天安门的整体美学风貌——疏朗——取得了和谐。

大剧院周围是丰茂的抱水园林，向东它对大会堂的庄严是一种衬托，向北它与中南海的宁静是一个呼应，也可以说它把西海、后海、前海、北海、中南海这一北京城内最秀丽的园林水系从北向南延长了，而且仿佛成了它们的龙头。

所谓“不和谐”的说法是站不住脚的。实际上它在很大范围内跟左邻右舍取得了最大的和谐！它以温和宁静的姿态融入了上述诸多建筑与景观，自然地成为它们中的一个有机部分。

至于这个建筑物本身，其造型抽象而简洁，像个巨卵静卧在水中，又像块巨大的鹅卵石裸露在水面，极富浪漫意趣和现代雕塑感，不愧是匠心独运，又因由钛金属与玻璃构成，晚上在灯光作用下，若从空中俯瞰，它会是古都一个多么圣洁、多么迷人的艺术殿堂，并与天安门相映生辉！

有人质问说：“怎么能把法国人的东西放到中国首都来呢？”但这不是法国人的东西。法国的建筑无论古代还是现代都没有这样的造型特征。这是一件独创的建筑艺术品，而艺术是没有国界的，这早已成了国际共识。上面提及的巴黎和柏林的几座名建筑都不是他们本国人设计的。只要谁有志气，也可以把他的设计拿到巴黎去实施，成为华人中的“贝聿铭第二”，则此刻心理上的平衡当可抵消矣。

建筑从来被认为是“石头的史书”，它的形式和风格总是随着时代的更替而更新。一个民族的建筑传统也总是随着时代的不断推移而发展、而丰富的。因此，欧洲历代的统治者几乎都要在自己当朝期间，请当代最有名的建筑师按照当代的审美风尚修建一座或几座新的建筑，或改造前人的建筑。这在西方已是司空见惯。国家大剧院是我国标志性大型建筑，第一次实行国际招标，选中的这个方案包含着鲜明的超前审美意识，极具时代感。它的诞生和存在将在文化观念上向世界传递一个强烈的信息：中国人确实开放了！我们的子孙后代也将从这座建筑中，一看便明白：我们的长期封闭的祖国是从这时期开始真正走向世界的。

（原载2001年第1期《建筑学报》）

在争论中生存——国家大剧院工程

周庆琳

从20世纪50年代末决定建造国家大剧院起，历时40年，在这期间对国家大剧院要不要建、建在哪里、多大规模等一系列问题始终存在着不同意见。1998年采用国际竞赛的方式选出实施方案后，这一争论更加激烈，谈国家大剧院是在争论中生存一点都不过分，这真是一件太好的事。翻开历年的《建筑学报》，内容丰富多彩，文章各抒己见，但总觉得缺点什么。是的，大部分文章只"论"不"争"，再加上四平八稳的论述、模棱两可的观点以及深奥莫测的语汇，更是给我们带到了一个近乎虚幻的境界，对建筑创作仍然丈二和尚摸不着头脑。这次大剧院方案引发的争论可能给我们显得有点沉闷的学术环境带来一些活泼的气氛。面对这样一个现实，没有遮拦，没有退却，没有暧昧的似是而非，只能赤裸地展现。从这一个角度来看，大剧院的国际竞赛已经超出了选出一个实际方案的目的，它所引发的争论可能会给我们带来一个新的境界。

由于工作的原因，接触到这些争论的机会多一些，对有些情况也了解一些，这里把争论的焦点介绍给大家，同时也谈谈自己对这些问题的看法，对过去社会各界在谈论中对一些问题的误解做一些澄清，以使在大家讨论时不致被误导。另外还需再声明一点，这里所说的一切毫无恶意，只求探索。

一、内容之争

国家大剧院应该包括哪些内容，规模多大合适，是编制任务书争论的焦点。

·规模之争：国家大剧院包括一个2 500座位的歌剧院，一个2 000座的音乐厅，一个1 200座位的戏剧院和一个300~500座位的多功能小剧场，通常称为"三大一小"。要不要把这几个剧场建在一组建筑当中，是建"三大一小"还是"二大一小"或"三大"，直到现在还存在着不同的看法。

主张不要把几个剧场建在一组建筑当中的意见认为，这些剧场规模很大，放在一起体量大，不便管理，不如把几个剧场分别建在不同地方，这样使人流不过于集中，可以分期分批建设，一次性投资不会很大。对此问题，我们分析了一下近几十年来特别是第二次世界大战后，国际上对演出建筑的发展趋势，特别是对代表一个国家或代表一个地区命名的演出建筑很多都是以演艺中心的形式出现。所谓演艺中心是包含了可供多种演出目的的要求的专门剧场，并使演出达到最佳效果所建的一组建筑。这一点在北美特别是日本表现得尤为突出。由于历史的原因，欧洲不像北美和日本那样突出，但实际上也出现了不少这样的综合体，如英国1982年建成的巴比肯艺术中心是由音乐厅、剧场、电影厅、图书馆、美术馆组成，1989年建成的法国巴士底歌剧院也由大歌剧场、可变的剧场、半圆的剧场、小表演厅、图书馆、展览厅和一个大排练厅组成。这种趋势的出现并非偶然，一个主要的原因是功能的要求，文化生活水平的提高使人们对演出效果的追求亦越来越高，已经不满足那种可供多种演出的多功能剧场演出的效果，那种作为一个国家或一个地区文化生活的集中体现，建造一个由专业剧场组成的可满足各种形式演出并达到最佳效果的演出综合体建筑应运而生是很自然的事。中国国家大剧院作为最高表演艺术中心，建造一个演艺综合体是符合世界演艺建筑发展潮流的。

所谓将“三大一小”变成“二大一小”的说法，是将歌剧院同音乐厅合并或将歌剧院同戏剧院合并，使其中一个变成多功能演出厅堂，这样可以减少面积和减少投资。我个人认为这种意见是不可取的。各种不同的演出对演出的环境要求不同，歌剧的演出规模巨大，有时演员要几百人，舞台庞大和复杂，观众厅的容量大，混响时间在1.5秒左右为佳，同时可供芭蕾舞等大型舞剧的演出，歌剧院是演艺中心的主要角色。音乐厅主要是供大型乐队演出交响乐，对听觉的质量要求极其严格，为了达到好的听觉效果，对建筑的体型、装饰材料、声反射板等有极精确的要求，体型多为狭长，混响时间要求在2秒左右，而且对其音色，对各种不同频率的声音的混响效果也有具体的要求，并不需要很复杂的舞台。戏剧场是供演出地方剧和话剧用的，此种演出规模较小，音量较小，同时要求观众能观察到演员的细微的感情表演，要求声音的清晰度高，其混响时间在1.2秒左右为宜，故这种剧场的舞台和观众厅的规模比起歌剧院要小。如果将两个不同要求的剧场采取一些技术手法合并成一个多功能的演出厅，其效果无论如何也达不到一个专业厅的效果，这一点已被很多事实所证明。日本所走过的路就是一个证明。日本在战后文化生活要求日益强烈，当时建造了不少会馆建筑，这些会馆建筑既能开会又能演出各种不同剧目和交响乐，随着对外交往的增多，一些人到欧洲听一些专业演出场所发出的深厚和具有震撼力的声音，在日本的会馆时无论如何听不到。总结下来，走多功能厅堂的路是不对的，当时在日本流行一句话是：多功能即无功能。80年代、90年代以后日本各县的新建的文化中心大部分都是专门的演出厅堂，那种多功能的会堂再也不存在了。中国国家大剧院作为全国独一无二的最高演出中心，应该具有最好的演出条件，才能达到最好的演出效果，建设一个专业性的演出厅堂是完全必要的。

·台口之争：这里主要是指歌剧院的台口，台口宽度是决定舞台规模最基本的数据，主舞台的台宽和深、侧舞台的尺寸及后舞台的尺寸都要根据台口的宽度变化而变化，台口过窄，一些大型剧目，如歌剧《阿依达》可能有几百个演员同时上台，显示不了雄伟壮观的场面。舞台过宽，对于一些较小的剧目，演员上下场距离拉长，也会影响演出的效果。选择一个合适的台口尺寸是十分必要的。国家大剧院台口宽度为18.6 m，有的专家认为过宽，16 m即可。为此，我们对世界各国歌剧院的台口进行了分析比较。国外早期的歌剧院台口16 m左右的居多，但新歌剧院大部分为18 m甚至更多。如1989年建成的巴黎巴士底歌剧院台口宽19.7 m；1987年建成的美国坦帕市表演艺术中心台口宽18.3 m；而日本把18 m台口作为新建歌剧院的标准尺寸，如新国立剧场，爱知县、滨松市、三重县、横须贺市、滋贺县等地的演艺中心均为18 m。近年来我国新建的几个剧院台口大多为18 m，如北京的国际剧院、世纪剧院、上海大剧院、深圳华厦艺术中心、沈阳艺术中心等。作为一个国家级的剧院台口尺寸不应低于地方剧院的台口尺寸，这也便于全国各地剧团的舞台布景通用。

·席位数之争：作为本组建筑中最大的一个剧院——歌剧院到底应设多少座位，有人希望能够尽量做大些，以体现我们是一个大国人口众多的特点，最好把座位数做到3 000席以上。由于类似这样的歌剧院全部都用自然声不用电声，为了保证观众厅内各部位声音的强度和声场的均匀度，观众厅的大小、形式是非常关键的因素。很多专家认为座位太多很难保证视觉和听觉的质量，而歌剧院的视听效果又是最重要的，一般说2 000座位的观众厅视听效果比较容易处理。本工程歌剧院是2 500座位，这里包括乐池部位的坐席和二层楼座后三排的站席的数量，这样视听效果上容易处理一些，又能保证一定数量的观众。

二、方案之争

在选择方案时，分歧主要表现在以下两个方面。

一是应采用什么样建筑风格的方案，是传统一点还是现代一点。从参赛的方案到评委的观点及群众的反映，都反映出对这一问题的不同看法，这一点以前在《建筑学报》上已经有过详细的介绍，在这里就不再重复了。

另一种分歧意见产生在后期，在已经确定了采用法国安德鲁的方案后提出的。是选择一个满足实用、经济、美观实惠一点的方案，还是选择一个有独特构思的方案，是方案之争的第二个焦点。一部分人认为适用、经济、美观是建筑设计的基本原则，不能违背，现在所选用的方案是形式主义的产物，如果实现，所有的建筑教科书都可以烧掉。关于这个建筑是不是个形式主义的作品，我想在下面一个问题再谈。适用、经济、美观这是建筑设计普遍的设计原则，每栋建筑的设计都要遵循，但是对不同类型的建筑应有不同的含义和标准，一个住宅建筑和一个大型公共建筑相比，它们的含义和标准是不同的。

这里有两个问题要说，一是本方案是不是符合适用、经济、美观的原则；二是仅仅符合这个原则对国家大剧院来说够不够。我认为现在选用的方案基本上是符合适用、经济、美观这一原则的。说它基本上符合，是因为任何一个方案都不能说它是百分之百的符合，特别是对一些有独特构思的方案。本方案经过多次调整与修改，平面布局已基本上满足了使用的要求，如有些人担心的内部极其复杂的人流、物流路线问题，已调整得很清晰、顺畅。至于说观众先下到−7.00 m再上到±0.00 m的问题，要说明的是，估计将来有70%的人是从地下进入大剧院的。北侧有地铁站，有地下通道与大剧院直通，乘地铁的观众可从地铁站直接进入大剧院，这一部分人流可能是大量的。同时汽车和自行车库都在地下，可直达剧院入口。经过最后的调整观众也可以从−7.00 m处直接进入歌剧院的观众厅。设置水下通道正是这个方案的特点所在，设计者不想让观众很快进入观众厅，希望有一个气氛酝酿的过程，水下通道正好可以起到这个作用。通道内充满艺术魅力的气氛，给人带到了一个艺术殿堂的境界，通过通道进入高40多米的大厅，极具震撼力和感染。布景道具的入口设在南侧地下是完全必要的，它保证了地面上的完整和秩序。入口正好处在人民大会堂的西门部位，也保证了人民大会堂的安全和不被干扰。

关于经济问题，有人说现在的预算比原计划预算超出了1倍多，实际情况是本工程国家从来没有给过投资计划，也从来没有根据方案作过预算。现在说的26.9亿是设计方报送方案时粗略的估价，是不准确的。如果按这个计算折合每平方米1.8万元，这其中包括舞台机械等专业设备费，如将其扣除，仅为每平方米1.3万元人民币，有经验的人一看便知对这样的工程这是一个很低的数，如果为了满足这个不准确的数而把工程的质量搞得很差，这将是一件十分遗憾的事。对我国今年产值已超过1万亿美元即8.3万亿人民币来说，从中拿出30亿甚至再多一点建造一个国家盼望40多年的艺术中心并不过分。当然，我们会千方百计地按上报中央的投资数来完成本工程，要做好分项预算，严格按预算价格控制投资。

至于谈到美观，仁者见仁，智者见智，很难说得清楚，个人爱好占有很大成分。大家最担心的是与周围环境的协调问题，有人说这种体型根本不存在与环境协调的可能性，这一说法值得探讨。协调有相似的协调和对比的协调，能不能做到协调，不在于你用什么方法，而在于你用此种方法的水平，用得好都可做到协调，而且根据经验似乎对比的协调比相似的协调显得更有生气和不呆板。

那么，国家大剧院仅仅满足适用、经济、

美观就行了吗？实际上每个人的脑子都有一本账，仅满足适用、经济、美观是不够的。否则，为什么在两轮竞赛几十个方案中没能选出一个实施方案呢？看来除此之外还有一个额外的条件。这个条件是什么？有位著名建筑师曾说过这样一句话：对有些建筑来说，除了满足基本功能以外，要充分发挥建筑的奇妙性，这对一个城市来说是十分重要的。我认为这句话对大剧院来说再准确不过了，我想这也是为什么安德鲁的方案被选中的一个原因吧。

三、　实施方案之争

经过两轮竞赛和三次修改，最后选法国ADP公司安德鲁提供的方案，这个方案的选定给这场争论带到了白热化的境地。

建筑师安德鲁是法国著名建筑师，1962年毕业于法国道桥学院，1968年毕业于巴黎美术学院（是法国建筑学专业的最高学府），具有建筑师和工程师双重学历，设计过相当多的机场和其他公共建筑，最著名的是巴黎戴高乐机场的一期、二期工程。作为一个建筑师，在学校里学的是建筑设计的通用的基本原理，而非一个专项的知识，这是常识。

对于所选中的方案反对者说：设计思想是典型的形式主义，违背了适用、经济、美观的原则。道路人流不畅；与周围的人文景观不协调，不符合古都保护的要求，标新立异；严重超面积超投资；使用后运转费用高，壳体难以清洗；有安全隐患、防火、防水不易解决。支持者说：该方案构思独特，造型新颖宛如明珠从湖面升起；椭圆形外壳由透明玻璃和银灰色的钛金属制作，其彩色随着昼夜交替的光影变化；透明的玻璃如同舞台拉开的幕布，使人尽赏大剧院内部的剧场；外壳四周的水池又如巨大的镜面，与建筑物的倒影构成一幅色彩绚丽的画面；观众从水下廊道进入大剧院，从头上玻璃可欣赏到主体建筑外形的优美曲线；在首都建造这样风景迥异的建筑，表现出开放的、向前看的姿态；该方案与天安门地区环境改造结合起来，提供了大面积的绿地和水池，有助于提高周围环境质量，圆润简洁的体型表现了对周围环境的尊重，会吸引更多的群众漫步其间，为市民和游客提供了一个良好的娱乐休闲场所。

不同的爱好产生不同的看法，这是很自然的，企图说服谁都是不可能的，就让它留作一个永恒的争论话题由世人予以评说吧。

这里仅就几个具体问题提供些情况和数据供大家讨论时有个共同的基础。

·关于椭圆形壳体的作用问题，有人说这个壳扣在三个剧场以外是完全多余的，完全在追求形式。这是一种误解，应该说任何一个方案都有一个壳，只不过是形式不同罢了，因为在它的下面是剧院的门厅和休息厅，没有这个罩子，等于观众从观众厅出来就几乎到了室外，这当然不行。说这个建筑是形式主义的作品，我始终不能理解，从功能上说这个外壳是绝对不可少的。既然功能需要，怎么能说是形式主义。从现在看来，椭圆球体的采用并未给内部功能带来不好的影响，相反，它所产生的强烈的、为人震撼的效果是任何一个方案都不可比拟的。如果照此对形式主义解释的话，那么上海金茂大厦为了模仿中国塔的重檐，不惜工本用不锈钢管做了众多的钢架，使得擦洗玻璃都无法进行，这是不是形式主义（我并不承认金茂大厦是个很好的作品）？用钢筋混凝土结构去模仿木结构形式造出了毫无功能要求的大屋顶是不是形式主义？至于说到造价，金茂大厦仅外墙皮造价就是7000万美元，折合近6亿人民币，而大剧院整个屋盖，包括钢结构、内部吊顶和外皮是3.5亿人民币，外皮的单价金茂大厦比大剧院高近1倍。如果大剧院的外墙采用玻璃幕墙方案，其外墙面的造价肯定比现在还要高。有人说这个罩子体积过大浪费空间和能源。为此，我们计算过其他方案的体积，计算下来这个方案都是体积最小的之一。地面以上的体积本方案79万m^3，而其他方案一般都在100~120万m^3，算上地下部分本方案是133万m^3，其他方案在150~160万m^3。我们曾多次把个体模型放在总体模型上观看，这个方案体积最小。

·有人担心这个方案是个耗能大户，平时维护费用高。要耗能这是肯定的，采用任何一个方案都同样要耗能，是否比其他的方案大，我们同已建成的上海大剧院和天桥剧场等工程作过比较，国家大剧院并非像有些所人说耗能要大大高于相同其他建筑。

·消防问题是人们所关注的问题，因为目前我国执行的消防规范所规定的内容均不能涵盖本工程的情况。设计方从一开始就相当重视消防问题的解决，除了按通常消防要求设置了报警、灭火、防止火情扩散的设施外，还专门按本工程的特点设计了人流疏散和补救设施，多次同我国消防部门和编制消防规范的专家交换意见，他们一致认为本方案采取的措施基本上是可行的。经过计算，观众在火警发生时5分钟之内可以疏散到安全地带。

·有人很担心当发生地震或人为破坏时水池被破坏，水流下地下室会形成灾难。对此问题已有所考虑，办法是水池水面下10 cm处分隔为22个单元池，一旦发生破坏，仅水池面上部10 cm水和一个分隔水池的水将会泄漏，最大水接近4 000 m^3，在地下室顶多形成20 cm高的积水，不会造成人员伤害。

·对于壳体的清洗问题很多人关心是可以理解的，因为北京气候干燥，灰尘大，如果积满灰尘变成个“大土蛋”是不堪设想的，对此问题我们一开始就请设计方注意。现在不是像有些人说的还没有找到解决的方案，而是我们有很多的解决方案，目前尚未决定采用哪一种办法去解决。人类月球都可以上去，这样一个40多米高的椭球就没有办法了吗？

·关于面积问题，现在的面积比方案阶段有所增加这是事实，但并不像有些人说的成倍增加。面积比原计划有所增加这是很自然的事，任何一个工程从方案到初步设计再到施工图，面积都可能增加。本工程包括500车位地下车库最后认定的面积是13.5万m^2，现在的面积，仍然包括500车位地下停车库17万m^2，比原计划多出3.5万m^2，主要原因是增加了消防疏散通道1万多m^2，这是任务书中没有的。另外，通用机房的面积原来的任务书考虑得过小，也增加了1万多m^2。目前我们正在继续努力将面积尽量再压缩。

具体的技术问题通过努力都是可以解决的，这倒给我们提了个醒，在难题面前我们是想办法解决还是退却回避。想办法解决就是开拓和进步，退却和回避就是踏步不前，甚至倒退，这不是很值得我们深思的一个问题吗？

四、创作道路之争

·两种并存的创作道路。从某个角度来看，当前在我们中国建筑师面前摆着两种不同创作道路：一是注意传统文化，注意建筑文化的地域性，在创作中力图延续历史的文脉，尽量多地体现民族文化的特征，概括来说这种创作方法是先向后看再往前走。另外一种道路是运用现代已掌握的先进的科学技术，利用现代人的观念，探索未知领域，探索人类对未来的需求。他们是先向前再往前走。有人称这种全球化与地域性是“一个硬币的两个方面”，比喻十分恰当，应该允许这两种道路并存，不要排斥哪一种道路，这样社会发展才会全面而丰富多彩。对第一种道路我们已有太多的议论，在这里不想再说。对于第二种创作道路，我认为这对社会的发展和进步更加有利，是带动整个建筑事业发展的龙头。回想世界建筑发展历程是显而易见的，当人类从手工操作年代步入机械化年代以后，新材料、新技术的革命必然带来建筑艺术的革命，现代建筑的四位大师就是在向前看，充分利用当时所掌握的新的科学技术去进行大胆的创造，才使建筑艺术从希腊、罗马式的古典主义上升到现代建筑阶段。完成这样的飞跃需要勇气和创新。密斯说：“在我们的建筑中试用以往的时代的建筑形式是无出路的。”格罗皮乌斯说：“我们不能再无尽无休地复古了！建筑不前进就要死亡。”柯布西耶说：“对建筑艺术来说，老的典范已经被推翻……历史上的样式对我们来说已不存在。”几位大师就是靠探索和创新精神把整个建筑界带到了一个全新的境界，建筑业也就大大地向前发展了，人类就需要这样的发展，这样的进步。至今人类发展正好又处在一个重大历史变革时期，如果说前一个时代是从手工化时代步入机械化时代，那么现在正是从机械化时代步入信息化时代的转折时刻，这种转折说不定还会给建筑业带来再一次的革命。可持续战略的提出，生态建筑、绿色建筑和有效地利用能源等重大课题是摆在我们面前急需解决的问题，一味地去追求要发挥我们博大精深的民族传统固然可以，利用新的科学技术开拓未来就更应该鼓励。一位久居国外的朋友跟我说，每当看到国内的朋友来学习或购买人家已落后甚至将淘汰的东西时，心里总有说不出的滋味，我们自己为什么不去开拓。

·"传统"的辩证法 。传统这个已被人说得不想再说的话题，到头来还是没有说清楚，到底什么是传统，传统是从哪里来的。是从天上掉下来的吗？不是。是人头脑里固有的吗？不是。传统是人类在生存活动中劳动智慧的结晶，是随着人类赖以生存的物质基础的变化而发展的。我们应该辩证地去看待传统，把传统看成一成不变的是形而上学的观点。我们今天的创作对未来可能就是传统，传统去哪里，说不定此时此刻就在你自己的手下。

一次，建筑学会去福建泉州开会，讨论建筑文脉问题，会议组织参观福建民居，我们看到了一些非常精美的民居，到会人无不为之感叹。但与此同时，我们也看到了一些最近新建的民居，这些民居同老民居从平面布局、形式到选用的材料完全不同。当时在脑子里就打了个问号，这样好的传统为什么连续不下来？回答是，时代在前进，物质条件在变化，故传统也要发展，文脉也会断层。现代建筑发展到了20世纪中期开始暴露其缺陷，可持续发展文脉也会断层。可持续发展的提出，生态建筑、绿色建筑、智能建筑、仿生建筑的出现，必然对旧有的传统形式形成有力的冲击，这种冲击不但冲击着古典主义的建筑，同时也冲击着现代建筑，而新的传统形式必将在这种冲击中确立自己的地位。

从另外一个角度说，任何事物在一定条件下它的发展都有极限，例如西洋古典音乐到了贝多芬、莫扎特、柴可夫斯基时代已经到了顶端，后人再也没有超过他们；列宾的肖像油画把人的神态表现得淋漓尽致，他把材料和技法用到了极限，后人也很难再超越。中国的建筑到了故宫时已经到了炉火纯青的地步，比例的完美、体型的均衡无以复加。上学时曾对太和殿作过几何解析分析，令人吃惊的是其体型与简单的几何图形完全吻合，可以说中国建筑到故宫时已经到了极限，难怪现在很多仿古建筑看上去那么别扭，想超越它几乎是不可能的，最多模仿得一样，但这对建筑业的发展有什么意义呢？

·升华的情感。这是个十分沉重的话题。有人说中国国家大剧院选用了法国人的方案有损中华民族形象，是崇洋媚外的表现，甚至是卖国行为，是新殖民主义的体现，把一个学术问题政治化了。我并不反对把问题政治化，如果它确实是个政治问题的话。这里倒是给我们提出了一个问题，什么是爱国，什么是卖国，它的标准是什么。我认为一个真正的爱国者，他的所作所为、一言一行应使我们中华民族尽快地摆脱落在别人后面亦步亦趋的局面，能够尽快地使中华民族立足于世界先进之林，除此以外都是空话。从目前中国的情况看，距这样的目标相距甚远。大剧院竞赛过程是一种反映，回想起整个竞赛过程，有时也感到很不是滋味。在第一轮参展的44个方案中中国方案有24个，而且集中了全国最好的设计机构，其结果中国方案只有一个入围。在第二轮中这一方案亦被淘汰。眼看中国方案无缘进入候选方案，临时动议，在中国的方案中必须选出一个参加下一轮工作，才保住了参赛资格。这种现象深深地刻在了每一个参加工作的中国人的心中。我对中国文化的精华确实没有什么领悟，对西方文化的优美也不了解，更没有什么大师的学德，但我注意到了一个现实，我联想到我们中华民族，具有10多亿人口的大国，在整个世界发展的进程中起到了哪些作用，做出了多少贡献。翻开世界科技发展史，看看古代卷还有些中国人的名字，到了近代卷、现代卷找不到一位中国人的名字，惭愧之心油然升起。这是为什么？谈中国人不聪明这不是事实，那为什么中华民族在整个世界科技发展的进程特别是近现代时期没有贡献？我认为这与我们的思维方式有关，这一点我以前在学报上谈到过，这里我想再简单重复一下。东方人与西方人比较，在征服自然、开拓创新、探索未知领域方面有一定差距，东方人通常是随遇而安、安心知足，同自然讲求融和而非征服，这样的思维方式往往抑制了开拓进取、努力创新思想的发挥，当然也就在发明创造，开辟新的领域方面无所建树。如这次在反对大剧院方案的人中对一些技术问题如消防、安全、清洗等问题都作为否定这个方案的重要依据，实际上这些技术问题通过努力都可以解决，而解决了就是一种征服，一种进步。在我们一些人眼里是推翻这一方案的问题，而在一些西方人的眼里可能就不是一个问题。差距说不定就在这里，你是一个真正的爱国者，就应该唤起民众，唤醒他们创新发展的雄心，鼓起探索求知的勇气号召他们向前看，一旦中国人的创新发展的心被唤醒，所发挥出来的能量是不可估量的，中华民族立足世界先进之林的日子也就不远了。中国有5 000年的文明史，爱护它、发挥它这都没错，但这都是我们老祖宗对人类做出的贡献，我们没有理由躺在前人的成就上踏步不前，我们的任务是对人类做出新的贡献。

爱护传统、弘扬民族文化是爱我中国的表现。

勇于创新、开拓未来则是兴我中华的行为，这是升华的情感。

安德鲁的国家大剧院方案你可能喜欢也可能不喜欢，但是它带有浓厚的勇于创新发展的气势，这一点就值得我们去回味。

（原载2001年第1期《建筑学报》）

建筑设计：被忽略的巨大生产力

高志　徐滢

2000年北京房地产异常活跃，几乎每天都有新盘推出。不少开发商为抢占先机，采用产品未见，概念先行的做法，将自己的项目描绘成“标志性”、“轰动性”、“皇家风范”、“温馨家园”、“智能宝典”等，然而，被赋予如此丰富内涵的建筑真有如此特色吗？很多开发商将精力用于花哨的概念营造上，却忽略真实产品及其体现价值的设计质量。一些急功近利的开发商，对设计工作缺乏最基本的科学态度，抢工期，压报酬，瞎指挥。加之设计市场的恶性竞争，使建筑市场难见精品。

好钢用在刀刃上

精品建筑可使开发商在竞争中处于优势地位，而粗略的建筑产品不仅是对资源的破坏，也给开发商带来市场风险。从某些方面讲优质并不会增加成本，好的设计公司可帮助开发商节省不必要的投资。某市同期有两个规模相同的写字楼项目处于施工阶段，其中一开发商比另一开发商多花了10万元请了笔者所在的公司主持设计，由于采用了先进的技术和合理的设计，整个工程光钢材一项就比另一家少用了150吨，节省了近40万元的成本。

实践表明，在一定的合理限度内，设计费每增加20%～30%（增加仅占工程总投资的1%～1.5%），投资将有可能减少5%～10%，还不包括造型新颖，布局合理，使用方便等更大的间接效益。这或许是一个令人惊讶的数字，但它的真实存在不容置疑地昭示了高质量设计在工程建设中的重要性。毫无疑问，建筑设计将转化为生产力，要在实际工程中实现巨大的经济效益。

今天，设计市场上处于恶性竞争局面。大大小小的国际国内设计公司在开发商和市场的压力下，为争取项目互相残杀：设计费的不正当竞争大有愈演愈烈的态势。这样的价格战虽不像家电市场那般惊心动魄，却也弄得设计单位入不敷出，终日疲于奔命地“拼图”，哪里还有时间和精力去“攀登世界高峰”，潜心琢磨设计精品？

磨刀不误砍柴工

设计周期问题是除设计费以外“甲乙双方”矛盾的集中点。有些开发商为了抢工期，不顾一切地要求建筑师们“大干快上”。在中国从事建筑设计的六年时间里，也多次遇到业主要求短于规定设计周期交图的情况。最“性急”的一个开发商，欲建8万平方米高档写字楼，在方案尚未确定的情况下，要求建筑师用一个月时间完成设计，必须开工，据说还是“死命令”。职业建筑师通常能够理解房地产市场不断变化，要靠速度制胜的作战准则，愿意并毫无怨言地投入设计，但所有的付出都应是在保证工程质量的基础上。

高水平的建筑设计是一个极为精密的过程，需要把科学、艺术与技术完美结合，并进行有效的商品化。从最初的项目调查一直到竣工验收，设计是一个贯穿始终的序列流，不能脱离客观实际盲目上马。这不仅是指不能脱离硬件上的周边环境、水文气象、地质状况，还应包括软件上对市场的深刻洞察、周密的投资预算等。进而言之，设计不仅是设计者本人的事，更是整个资源系统的集体劳作（包括业主的通力合作）。类似于施工现场中急于加速混凝土的固化过程并非是件好事一样，超过科学限度地催促设计往往会造成这个系统的运转失灵，甚至会造成严重损失和隐患。

用人不疑，疑人不用

驱动设计系统的马达是系统成员的脑力劳动，这种马达的燃料是信息。有人说，信息时代最大的污染是信息。与工程设计有关的信息来源更是非常广泛，包括市场、设计规范、周边环境、国际趋势、技术革新、新材料、业主意愿、建筑师的工程经验与偏好，等等。优秀的设计公司必须是一个精密高效的信息处理系统，善于滤去各种干扰与噪声，选择有用的信息应用于设计，从而产生出一流的、经济性良好的建筑作品。精明的房地产商懂得“用人不疑，疑人不用”的道理，懂得如何尊重专家的智慧，充分利用建筑师的专业知识为自己服务。如果坚持一些不切实际的甚至荒唐可笑的要求，强迫建筑师遵从自己的意愿，花钱请建筑师岂不是浪费？

笔者曾在三亚设计过一个度假村，工程完成后要加建一个小液化气站。该场地树木丛生，偶有开阔之地。甲方要求一周内完成方案，建筑师则坚持要四周时间。得到业主同意后，建筑师从加拿大赶到现场，在反复踏勘，深入思考之后拿出了令人惊叹的方案。不提建筑，单只对环境的保护上就独具匠心：新栽树木与原有树木在图纸上由深浅不同的两种绿色表示，只在必要的地方加种了几十株热带树种，突出主题，与原有环境相得益彰，于绿意葱茏间营造出了令人沉醉的氛围。结果，一直到项目竣工，原有的树木一颗未砍，堪称奇迹。绿化资金投入只相当于原预算的30%，却创造出了业主意想不到的效果。

（摘自《中国建设报》）

我们的城市怎么了

曹晓昕

我国的城市建设整体规模之大，速度之快在世界上是少有的，然而城市面貌日新月异的同时，城市却失去了许多东西，留下了许多问题。如果在北京穿过长安街，再看看金融街，会发现"街"的概念已经荡然无存，感觉只是剩下了偌大的一条马路和两边堆着的各式建筑。原有的城市肌理被肢解成了零散的碎片，原有的街道两侧界面的有机序列变得冲突而混乱。也许每一幢建筑单看还不错，但它们沿一条街排列开来，我们却仿佛钻进了货郎铺子：相同的体量，不同的面孔。而这种情况在我们的许多新兴建设城市中普遍地存在着，这更让我们为之痛心不已。

面对城市、街区、街道的无序和杂乱像瘟疫一样席卷我国众多的城市，我们不禁要问：我们的城市到底怎么了?

其实，只要城市发展，城市就会有新陈代谢，城市和街区的肌理就会处于一种动态的变化中，现在我们的城市规划也已经注意到了城市景观、街道序列的控制，而不仅仅局限在红线、高度和密度的"数字上"，那么问题出在哪里呢?

问题主要出在建筑单体的设计上。自20世纪80年代中后期，西方的许多建筑思潮冠以各类流派和主义的名称引入我国，让封闭了许久的建筑界大开眼界。落后的现状和外部精彩的世界形成的反差产生了极大的压力，于是建设决策人和建筑师总是处于焦躁的不正常状态：一方面我们不深入理解西方各"流派"和"主义"的理论体系和形式内涵，而只是在体型上将原有的古板的方盒子或建筑在外表上越做越丰富，建筑语言的使用也越来越多、越"花"，越来越多的建筑师将注意力仅仅停留在单幢的建筑体型的变化上，以至于城市的"轮廓线"变得越来越繁杂和混乱；另一方面，人们怀着急于摆脱苏式建筑范本并充分表现自己的心态来对待建筑，而忘却了城市是一个整体，它需要建筑之间的相互照应，主从相配。在我国无论是社会舆论，还是学术领域，谦和、静默的建筑总是受到冷遇，似乎只有充满个性的建筑或是"张牙舞爪"地表现自己的建筑才算是好建筑。

这才是我们城市建设的症结所在：城市管理人的好大喜功再加上建筑师的推波助澜，建筑的形式往往是游离于城市的肌理之外并以非理性的形式存在。建筑学好像不是什么科学，而是人们可以随意创造更改的东西。其实，建筑的形式不是可以随意确定的，城市的肌理和环境往往是它存在的根本，因而建筑本身可能是没有什么确定或复杂的形体。“方盒子”式的建筑未必不是好建筑，而且欧美现代主义许多公认的经典之作就是纯粹的“方盒子”。

今年初看了“首都城市建设汇报展”，发现众多的建筑设计都在追求整体造型的新颖和立面上建筑语言的丰富，纯粹为了造型而设的各类建筑构件随处可见，平实、简约、实用而符合逻辑的建筑几乎是凤毛麟角。我觉得这样的问题应该引起城市建设管理部门和建筑评论界的广泛关注，不知“纯净”建筑何时能成为新的时尚？

不论建筑发展到什么时候和阶段，每一个建设决策者和建筑师都应该明白：“建筑永远应该是献给它所存在的城市的礼物。”

(摘自2001年3月23日《中国建设报》)

上海建筑为何偏好“境外设计”

尚 青

伴随着大量“境外设计”的涌入,“本地原创”建筑急剧萎缩,于是“上海像东京、像纽约”的“褒奖”多起来了。

建筑是凝固的音乐,现在大家都在称赞:建筑是当今上海这部“交响乐”中的“华彩乐章”。然而一些懂行的人正在迷惑——有过一批经典“本地原创”建筑的上海,怎么如今变成了“境外设计”的天下?

说起一批“本地原创”建筑,那是上海人的骄傲。老的电信大楼、曲阳新村,如今的东方明珠、上海博物馆、上海体育场……无一不让人啧啧称道。但是,上海近几年新出现的标志性建筑,从金茂大厦、浦东机场、上海大剧院,到陆家嘴、淮海路和彩虹桥的大量作品,甚至一些规模不太大的住宅小区,到处刻着“境外设计”的烙印。上海人一贯有海纳百川的气度,但“本地原创”建筑急速萎缩,总是让人倍感失落。优秀的“境外设计”使上海城市轮廓变得时髦,同时也带来了国际先进的建筑设计理念。但是,随着“上海真像东京”、“上海真像纽约”这样的褒奖越来越多,本地设计师的心中越来越不是滋味——上海为什么不是“独一无二的上海”呢?

带着这个话题,笔者来到石门路上的上海现代建筑设计集团,一个拥有众多中国建筑界重量级人物的基地,大名鼎鼎的蔡镇钰、魏敦山、邢同和、江欢成等大师都汇聚其门下。一提到“本地原创”这个话题,大师们的“话匣子”打开就关不住了。

中国工程设计大师、现代设计集团资深总建筑师蔡镇钰博士认为,“境外设计”越来越多是很正常的事情,但是,是不是所有的“境外设计”都是最好的呢?是不是所有的“境外设计”都考虑到上海本地的历史文化、气候特色和发展方向呢?蔡镇钰大师坦言,现在建筑界“唯洋是瞻”的观念让很多优秀的本地建筑师没有平等的竞争权,时间一长,建筑中本地文化特色淡了,本地建筑师的心也散了,优秀的“原创作品”自然也就少了。

曾经有这样一件事。某办公大楼设计过程中本地和境外设计师都参与了方案竞标,许多设计内容大同小异,只是本地设计师提出要充分考虑气候,以节约能源、提高大楼内部自身空气净化能力为出发点,在部分结构和窗户设计上动足了脑筋。

但是,最终确定的仍然是境外设计师提出的窗户紧闭、完全依赖中央空调的方案。原因是业主认为:国外现代化办公楼就是这样的!

中国工程设计大师、首届“梁思成建筑奖”获得者魏敦山总建筑师认为，对“建筑设计是知识创造、是特殊劳动”的价值认知，在上海还相当缺乏，尤其对于本地设计人员的劳动而言。据了解，目前国内建筑设计的费率规定是工程造价的3%，但是种种原因造成实际收费只在1%到2%之间，对名牌设计单位无法做到“优质优价”。与此同时，境外设计单位的基本费率在4%，绝大多数远远高于这个费率。国内有些人甚至愿意一掷千金只为博一个“境外设计”，也不管其作品质量是不是真的超过“本地原创”。这种大环境，让本地设计人员相当沮丧，很多优秀的本地设计师情愿到境外设计事务所中去打杂，也不愿意去搞自己的“原创”，人才流失是不争的事实。

为了振兴“本地原创”建筑，上海现代建筑设计集团已经开始了艰苦的努力。去年，该集团为蔡镇钰、魏敦山、邢同和等大师成立了各自的“名人创作室”，旨在通过大师们的传、帮、带，培养一批新人，同时通过大师们的名人效应争取更多的竞争机会。

当然，在众多的努力中，最急需的还是整个社会对“本地原创”建筑的多方扶持。

（摘自2001年5月28日《中国建设报》）

中国建筑师该醒醒了

任志强

中国第一次最大的国际工程设计招标方案是北京的国家大剧院。国内的著名设计院和建筑大师经过一番拼搏之后纷纷败北。

这次北京CBD的规划方案评审中，北京和上海两家管理着中国最大城市、代表着中国最高规划设计水平的城市规划设计研究院的方案落选了；包括CBD中万通项目的竞标中中国的设计单位建筑师也落选了。是评审的专家们出了问题，还是中国的建筑师们睡着了？总之是中国的建筑大师们该醒醒的时候了。

首都的新机场建成后是一片赞扬之声。但去过国外机场的人都会发现，首都新机场在上下飞机的过程中会有许许多多的麻烦。如果说国内的其他机场由于运力低，上下机和同时停机的数量少，为节约建设资金和管理成本可以设计为共用一个廊桥。但已被预知是一个较大量停机和运力的首都机场，一点都不考虑发展的情况，也不应设计为上下机乘客共用同一廊桥的情况。再好的机场如果分别使用不同通道的问题都不能解决，就一定是个最差的设计。

由于这个共用廊桥的设计，于是有下机客人穿行时，整个廊桥就必须封闭，使所有的上机客人无法穿行和使用（北京机场许多飞机晚点是因为共用同一廊桥的问题而产生的），必须待下机的客人走完之后才能安排上机，等于无数个停机位都必须服从于廊桥的使用条件来决定机位的使用时间。这种浪费远远大于另建一条分别使用的廊桥的费用，也大大影响了利用的效率。

下机的乘客更加不便的还在于先要从二层绕行爬到三层，再从三层绕行到一层。这种厅内的平行和立体的交通组织在一般建筑之中都是不合理的，更不用说是一个现代化的都市机场了。携带行李的乘客不得不为这种落后的设计而多走许多的路。并且由于这种不合理的设计，所有的乘客几乎都并不是靠指示的路标在行进，而是必须靠活动的工作人员带领和靠每个出口、门口中的活人指挥才能找到“迷宫”的出口。

在北京引以为骄傲的二三环路无红绿灯工程改造中曾用立交桥的下沉和高架方式来解决交叉路口的快速通行问题，使主环路取消了红绿灯，提高了道路通行能力。但由于设计容量的不合理和车辆增速过快，几年前就出现了在几乎所有的交叉路口产生拥挤的现象，也在出入主路的交叉点上形成了拥挤，因而造成了主路的通行能力下降。交通部门曾对二三环路几乎所有的出入口和立交交叉点实施了改造工程，提前或拖后了进入主路的出入口位置，改善了最初设计的不足。但这些早已在二三环路改造中出现的问题仍会发生在四环新建的道路设计之中，这就让人百思不得其解了。新建的北四环高速路由于未能解决好这一横竖交叉的结点问题，于是北四环路成了一条新的长城，切断了内外的交通关系。

这个新的交通长城中开了可数的几个城门，允许车流通过这几个城门出入市区。“长城”上（主路上）行驶的车辆本来也应能通过城门口的立交设计方便地转向进出市区或市外，但由于设计的交叉口容量过小，转向车辆会在城门口造成堵塞。于是刚刚建成通车的北四环路，又不得不人为地截断通往亚运村的交叉环路，使路口本身不能形成循环，只能单向行驶。

这一路口的改变，迫使想转弯的车辆不得不进入辅路转到下一个城门口去转弯或调头。这样就一下子又改变了辅路的设计容量，造成了辅路的堵塞，延长了车辆对公路占用的时间和公里数。同时几乎所有的人行过街桥、洞都开口在主路与辅路之间，而不是穿过辅路到人行便道上。原设计会认为辅路的车辆不多，但现在辅路的车辆压力因城门口的关系而骤增时，行人穿过辅路就成了和穿行主路一样的危险和困难了。为找到一个城门口，整条辅路铺满了沿“长城”行驶的车辆。北四环路是刚刚建成的一条新设计的干线，很快就又不能适应需要了。

这些城市和建筑的设计差距有些是因为经验不足，有些是因为功力不够，但市民们却可以从生活的不便和与先进水平的比较中看到差距。这也许就是消费者总在崇拜一些进口商品，包括那些也许并不高明的“洋”设计师们设计出的房屋和规划。该是让中国的那些建筑师们用冷水淋头猛浇一下的时候了。

（摘自2001年5月10日《北京青年报》）

挂“洋头”与卖狗肉

高　麟

“挂羊头卖狗肉”这句俗语不知何时出自何处，但想必当时当地的羊肉要比狗肉珍贵、稀缺。于是乎便有了商业上的不道德行为，以“羊头”做幌子、当招牌，卖的却是廉价的“狗肉”。

近些年来，国家的大喜事多了，如港澳回归、奥运申办成功；社会政治经济形势日渐改善，好了；建筑市场之大、建筑设计领域之广阔，在全球范围内，无处可比了；各种各样的产品越来越精美、越来越工艺化、越来越富有美感和诗意，就连东北的“酸菜”，经雪村的一曲“东北人都是活雷锋”而由“翠花”端上了音乐艺术的殿堂，“土”的可以很精美。

我们中国的建筑师仅能收取百分之一的设计费用，却必须在千分之一的时间内，去完成上万倍的建筑设计总量，这种状况终于可以逐渐改善了。总体上看，中国的建筑设计市场内活跃着三类设计师，一类是土生土长的、受过本土建筑教育的“土鳖派”；一类是土生土长但在海外学习建筑或短期工作后回国执业的“海归（龟）派”；第三类便是洋建筑师了。

曾经一度，人们对建筑艺术已经极度生疏了，社会遗忘了“建筑师”，遗忘了“建筑学”。就连某些建筑师本人也似乎忘却了自己的神圣职责，而终日忙于各式各样的政治运动，忙于学习整风，丝毫不敢提及建筑的美，生怕沾上“小资情调”。好在这仅仅是一代建筑师的故事。随着改革开放，随着跨出国门的那一刻，人们猛然间意识到了差距，意识到了建筑艺术水准的距离。于是，便开始崇拜，崇拜洋建筑，崇拜“洋建筑师”，甚至到了盲目的地步。

“洋崇拜”之风带来的时尚是“挂羊头卖狗肉”。这并不是商业上的不道德，实出无奈。很多非常有水准的中国或华人建筑师，不得不挂上“洋牌儿”，不得不找个洋老板。从执业水准上本可以给洋老板当师爷，但却不得不尊其老板、交其费用、拍其马屁。同样一位建筑师，只有挂上“洋头”，设计费用可以高，设计周期可以长，意见更是可以讲了。引入国际招标也好，搞国际庭院展也好，应该说，我们欢迎开放，欢迎引入国际竞争，以便提高设计水准。但同时，我们大声呼吁应给予所有的建筑师以公平的竞争、执业环境。一位开发商曾大为感叹：建筑师没有土、洋之分，只有高、低之别。

说到不公平，想到了最近的一个案例。四栋公共建筑，通过多家甲级设计院竞标，我们赢得了其中两栋的设计资格，约3万m^2的工程，总设计费用不足二百万元人民币。从方案调整、报审到完成全套施工图，仅有不足四个月的时间。而另外两栋，亦3万多m^2，由德国的某家大公司设计。该公司未经过任何竞标煎熬，且仅完成方案设计，费用便是九十万美金，时间约半年。

“以德服人”的“德”不应该是“德意志”，而应该是设计的“德行”、“水准”、“品位”。

当我们在日本东京最大的商业银行的办公大厦门厅内看到墙壁上雕刻的是该楼建筑师的头像时；当我们在《伦敦参观指南》上看到著名的劳埃德大厦后边注着里查德·罗杰斯设计时；当我们看到泰晤士河边的导游牌上赫然写着对岸著名建筑的设计师名字时，我们感受到了一个国家和民族对于文化创造者的尊重，我们感受到了建筑师对于社会的深重责任。

（摘自2001年10月4日《北京晚报》）

东方广场：新的“活化石”

陈　默

东方广场的建筑模样是惨了点儿，可在北京、在长安街一带，它绝不算最寒碜的。设计的确不怎么样，然而房子无论好赖只要不是豆腐渣，总能凑合用，把要求和标准降低些就行了。虽然看上去鲁莽蠢笨，显得智商不高，但我们以为，设计水平和建筑质量倒是主要问题。

不想重复它从怀胎到开幕剪脐带的全部故事，也不想分析当初还没受孕就已经成名、屡受指责却终将分娩的这所建筑反映的本质问题。大家对这些很熟悉，用不着我画蛇添足。

戳在北京寸土万金地段的东方广场，是一份重点礼品、一件标本、一块活化石。后人透过历史的显微镜会看到它，见微知著，从一个侧面了解到我们这帮活在世界转折时期的人所过的日子、所具有的文化素养、对城市文明建设的认识、当时的精神和心理状态以及我们的无奈。

将这块活化石一层层剥开，后人将如是说：

当年的北京空气浑浊污染严重，建筑物上落满尘埃也不见打扫，堆了厚厚一层如同铠甲。当年的人不太了解设计，单调乏味的庞然大楼很少有变化。在电脑和网络已然兴盛的开放时代，还去强求轴线和对称，还追求厚重和封闭。忘了古典比例，也不清楚电子传媒时代的形式特征。色彩感觉也成问题，肉粉配嘎蓝。不懂城市与农村、国际大都会与乡镇的区别，把廉价的郊区办公楼搬到市中心的长安街。不太清楚城市建设的规律，一疙瘩一包的很不均匀，东方广场是又一块难以消化的东西。当年的人相信城市经济活动能完全听人的控制，还没登场就说它是北京的新商务中心区。冒充的、强加的重点，与城市公平而自然地发展各项事业背道而驰，与改造城市、形成灵活开放格局以适应发展变化的需要相差十万八千里。没有适应发展的建设规范，仅有的也可以不遵守，什么人的一句话就能让建筑长高几层、增加几十万平方米，让本来已经落伍又可怜的规划条件也形同虚设。

当年的人不在乎文化，只想赚钱却不懂什么叫会赚钱，把人财物的巨大浪费当作进入鬼推磨境界的必由之路。把旧的文化毁得已经差不多了，但好像也并不急于建设新的。脸皮还特别薄，最不爱听别人说大实话，已经没有文化了还自以为是。当年的人占用几十万平方米的写字楼、商店和车库建成的东方广场，除了跟环境的关系不够理想、人流车流在繁华区过于集中，体形有点一肩高一肩低、头颅脖子一般粗、身材五短以外，别的也没什么大不了的缺点。当年的人久已习惯低水平劣质量的生活，不心疼祖宗几千年探索才留下的生活和艺术的智慧，从来不想那是多么不容易。更没有想到区区一堆钢材玻璃混凝土，却给后人留下足够的信息，无意之中向后人透露了真实心态。城市建设也像其他领域一样，没有规则、不讲法制。不明白城市和建筑也是知识的一部分。于是除对外观发些非专业议论，讲不出太多道理。在封闭的环境中，过着浑浑噩噩的文化生活。

后人从东方广场这块活化石还能看到好多东西，他们的眼睛比我们今天的更清澈。然而时过境迁，今天的孩子很难想象父辈祖辈在“文革”时受的那份精神和肉体的罪，后人也将无从猜测，更谈不上理解：这块顽石里也凝结着我们的无奈。

离我家不远，有一所专门接待天生弱智加残疾儿童的少儿班。每天早晨，教师和护理人员用车挨家把孩子们接来，照顾他们一整天的吃喝拉撒，还要组织好些活动，努力开发他们残剩的智力，黄昏时分再把孩子们用车逐个送回家去。工作人员的献身精神很让我感动。试想，一个正常人天天跟这群孩子在一块儿混，是什么滋味儿。同时让我少见多怪的是，怎么会有这么多不幸的孩子。

东方广场的本意可能是智能建筑群，却一个不注意沦落成后天弱智。可是已经耗费了能源和感情，眼看长成了，也不能随便堕掉了事，我们只能好生伺候，尽量发挥它的作用。在正常情况下，弱智伤残儿童的比例，是大体有个数的。只希望在我们生活的时代，建筑和城市上的智障比例不要过高。不足百万平方米的东方广场，说破大天，跟文化建设和整个民族精神的改造比起来，是微不足道的。无论是对它赞美还是批评的人，恐怕都要先问：我所赞美的到底是什么？我想批评的又是什么？如果能这么想这么问，那么可以说，东方广场作为一块活化石，它的部分价值——比商业价值更有意义的部分——已经实现了。

（原载《城市批评—北京卷》）

评上海国际会议中心

李武英　彭　谏

1999年9月下旬，美国《财富》杂志举办一年一度的全球论坛，一批世界富豪和在经济界叱咤风云的大资本家聚首中国上海，共论中国未来五十年的发展，这是世纪末的中国一件非常轰动的大事。就像香港回归让香港会展中心风头出尽一样，“500强”会议也让上海国际会议中心备受瞩目。

坐落于上海浦东黄浦江边陆家嘴著名的东方明珠电视塔下的国际会议中心，两个巨型的蓝色玻璃球体用一个白色的长方体的柱廊式建筑相连接，但却不是轴对称的，东面的球体直径50 m，西面的球体直径38 m，分别镶嵌在两层和三层高的裙房上，这是建筑的南立面，面向外滩方向的造型。它的南、北立面风格是一致的，中间是十多根直径1 m、高35 m的擎天立柱，以浅棕色花岗岩饰面，科林司式的石材柱头，据说重达8吨。檐口山花是上海市花白玉兰的浮雕。两个球体结构形式是经纬支架的薄壳结构，表面分成蓝、灰、红三种颜色，外表迎合了地球仪的经纬线，两个球体用来表示东西两半球，其中大面积的蓝色表示海洋，灰色代表陆地，红色的部分是中国的版图。玻璃是三层中空玻璃，采用夹胶的方法来达到不同的色彩效果。该建筑占地3.2万m^2，其中建筑占地1.6万m^2，建筑总面积9.4万m^2，主楼地下2层，地面11层，实体部分檐口高度40 m，从南京路外滩看去，与东方明珠中部的一个球基本相切。建筑由会议中心和酒店两部分组成，酒店是按五星级标准设计的，共有260套房间。会议中心主要由以下几个部分组成：位于三楼的一个800人会议厅，是会议中心的主要会议场所，面积1 200 m^2，主厅设代表席800座，包厢设记者旁听席150余座，位于三楼和五楼的两个200人的会议厅，一个是圆桌式布局，另一个是台阶式的，可供召开高级别的国际会议；位于七楼的多功能厅，面积达4 500多m^2，高9.9 m，开会可容纳4 000人，宴会可容纳3 000人，屋面采用网架结构，整个室内没有立柱；另外还有50~100人规模的会场近20个；此外设有地下停车场，设计车位600个。

以上是建成后的国际会议中心的主要情况，也是人们能看到和了解到的。但关于这个项目建设的整个过程和幕后的很多情况就不是每个人都清楚的了。在陆家嘴的整体规划中，这个位置是作为东方明珠二期工程预留的，当时的功能定位是娱乐城，从东方明珠电视塔延伸出的一段天桥就是进入筹备阶段的标志，通过国际招标选择设计方案，最终“日本设计事务所”中标，方案的基本情况就像我们现在看见的一样是“一桥飞架两球”的造型，工程在此基础上进行。当图纸的扩充设计已经审批通过时，政府部门对项目的使用功能又有了新的想法，改为以宾馆为主、会议和娱乐为辅，项目名称暂用东方明珠二期，由华东建筑设计研究院和浙江省建筑设计研究院内部以邀标的方式来确定方案，最后浙江省建筑设计研究院的方案被选中实施。到1998年年底，工程的施工图已全部完工，而且基础已开始施工，到4月份，桩基接近完工的时候，传来《财富》杂志“500强”会议选址上海的消息，为了配合这个会议的举行，临时决定工程以此会议为参照度身定造，建筑的功能确定为以会议为主、宾馆为辅，项目定名为国际会议中心。由于时间问题，来不及重新招标或者重新构思，方案在原来的基础上修改。于是从5月份开始，浙江省建筑设计研究院开始了新一轮的方案调整，构思大约仅一个月的时间，初步方案确定之后就开始了边设计、边施工、边修改的典型的“三边”建设。

如果说会议中心的面世是一波三折，而对它的评价却是一言难尽。上海市今年举行了“建国五十周年经典建筑评选”活动，国际会议中心是“十大金奖建筑”的第九名。结果虽然是这样，但结果的出现同样是一波三折。据说，在评选过程中，它特别不受专家好评，在请来的所有评委中，不论是设计界的大师还是艺术界的社会名流，居然没有人投它一票。不过据说它却很受市民喜爱，在“市民最喜爱的建筑”评选中，它得票不少。这个“第九名”实际上是领导、评委和市民三个因素平衡的结果。暂不提这个评选原则合理与否，市民的“喜欢”又有多少水分，但是专家这么“阵线统一，众口一词”，在建筑的评论中好像还是不多见的。

我们不妨来仔细地琢磨一下这个建筑。首先从形式美学角度来看，其构图的两个基本要素是方和圆，在方与圆之间没有做任何的交接和过渡，硬生生地把它们放在一起，从形式和逻辑上都没有关联，在细部也没有任何处理，就那么碰在一起。事实上，作者的想法是很容易理解的，圆的取材和柱式的取材是显而易见的——东方明珠有五个圆，而外滩的建筑个个都有柱式，圆是浦东的呼应，柱廊是外滩的呼应。从逻辑关系看，实在是很明白，就像把圆和方简单地叠加在一起一样，浦东和浦西的城市关系也就这么简单地被融合了。仔细想来，设计师的思维太直接和简单化了。

对建筑与城市的关系，其实作者也是考虑到的，就像上面分析的一样。虽然国际会议中心的观赏点是在浦西，就像所有的滨水建筑的立意都必须着眼于水体的对岸是一样的道理，作者在考虑时，比较重点地着眼于站在外滩看到的形象。但它位于浦东，应该关照浦东的环境和气氛。浦东林立的高楼，各不相关，个个都是“新贵”，没有共同之处就是它们的共性，其实在这种“我行我素”的氛围里，会议中心大可

“自我一点”，而事实上滨水建筑也确实有“突出的个性特点”的要求。有一点美学知识的人都明白，圆是图形中比较醒目和有向心性的一个元素，不宜过多地重复，尤其当它作为主体时。东方明珠已经有了那么多的球，再加上两个更大的，只会给人累赘和零乱的感觉，再说它们之间不是同一母体的重复，而是相互没有关系的几个圆，所以不能产生韵律感。也许作者过于想要表达“大珠小珠落玉盘”的意境了，反而弄巧成拙，并不是大珠小珠摆在一起就是“大珠小珠落玉盘”，这同样表现出思维过于简单的倾向。再说，东方明珠在浦东的城市轮廓线上具有统领的作用，新的建筑如果不能取代它的地位，那么就只能服从和低调处理，绝不能与之争宠。国际会议中心位于东方明珠的前面（从外滩看），论理只能处理成低的水平向，虽然现在还不能算竖向，但就从体量的比例关系来讲，也允称其为水平向的，有人形容它是“蹲”在那里的，事实上它应该“趴”下才对，巨柱加强了它的竖直感，更是错上加错了。它的出现破坏了浦东的轮廓线，硕大而不美的体量为滨水的岸线留下了败笔。

另外，用材上使用了沉重的石材，与水边建筑应有的轻盈和飘逸相悖。在建筑的尺度上，38 m高的巨柱虽然满足了从对岸观赏的需要，但却显得过于夸张，失去了尺度感。还有关于两个球体的具象的地球仪，有人形容说像迪斯尼乐园的建筑。

作为一个重要的国际性的会议场所，它的选址其实也是要非常慎重的，目前的位置是道路的端头，而且建筑几乎占满了整个场地，它的周围又没有开阔可以疏散的余地，空间显得极局促，不适合短时间有大量人流的会议功能。选址的失败会直接影响到建筑的使用价值。

大多数到过会议中心的人都有同一的说法，它的内部比外部强。这表示两层意义。一是说作为一个大型的现代化的会议中心，它的设施是绝对一流的。在“500强”开会时，《财富》杂志主管会议的总裁对它的评价颇高，他认为在世界上属于一流，是历届财富大会中会议功能和设施最先进的一个。另外，出席的贵宾也有同样的评价，江泽民主席对它评价也不错。另外一方面，是从它的室内功能的安排和室内设计的角度来讲，整个会议中心的功能的流线组织、室内空间的处理给人以通畅、大气的感觉。现代折中主义的室内设计原则，并没有从风格上去寻找灵感，虽然不能说完美无缺，但却没有像外形那样让不懂行的人都能说出它的不是。大概是它的外表太“丑”了，人们便对它的室内比较宽容抑或说相比之下显得“美”了。

这也涉及一个问题，对一个建筑的评价到底应该以什么为标准。外部形象和在环境中的关系是一个建筑的外在，而内部的使用和空间是一个建筑的灵魂。有人说，我们评选的是十大建筑，而不是室内设计或使用功能。难道说一个建筑的好坏仅仅是指它的外形漂亮？而事实上，我们在谈论建筑的时候，确实更多的是指它的外在，是从环境和城市关系的角度来评判的。

当被问及设计构思时，浙江省建筑设计研究院年轻的建筑师杨明谈了他对此工程的看法：作为浦东沿江轮廓线的组成部分，会议中心檐口的高度确定为40 m有点高，站在南京路外滩向东方明珠看过来，水平线与东方明珠底层的球体正好相切，应该略低一些为好。其次是处在这个位置，建筑应该与金融区的建筑相协调，即采用现代风格，以与外滩的古典建筑寻求对比，在材料的使用上宜选用金属和玻璃，以体现滨水建筑应有的通透和轻盈，不适宜用石材，加重体量感。建筑处于东方明珠下面，为了与之协调应该铺开，采用横向、水平线条，给人以舒展的形象。这些想法体现在第一轮的方案中，它是一个非常现代的很精致的方案，有关专家评论说就方案本身来讲还是比较成功的，实际建成的连10%的想法都没有实现。关于两个球及整体的造型，实际上在初期的国际招标中，“日本设计”的方案被作为样板（当然细部不同），在邀标时，建筑的外形比照样板是设计任务书的一个条件，也就是说不论这个建筑功能是娱乐、会议还是宾馆，它的总体形象都是这样的，没有再创造的可能性。建筑师本人对这个结果也深表无奈和遗憾。

分析这个工程不足的原因有三方面，一是工程本身的因素——工期紧；二是社会因素——权力干预；三是环境因素——建筑师的地位低。在中国每一个工程中大概都有这三个因素的阴影，只不过多与少而已。建筑师的社会地位低下也只有靠自己的努力来改变。

（原载《城市批评—上海卷》）

暧昧的人民广场

胡语方

上海人用尽心思在人民广场这块样板上精雕细琢，希望每一寸土地都被合理地充分地利用，然而由于欠缺对"广场"内涵的理解，使得整个广场规划失控、拥挤凌乱，缺乏和谐的品质，而且审美趣味华而不实、空洞暧昧。上海人投入大量的资金对广场进行无休止的建设，结果只是使得人民广场成为一个身份不明的场所。

人口的高密度带来的居住环境的窄仄，迫使人们需要大片的公共场所作为室内起居的延伸，他们在此漫步、谈话，轻轻触摸被城市截断的自然；而城市自身也需要相当的绿地来净化空气、吸收噪声，改善局部生态环境，这是城市广场产生的两个重要的原始原因。随着城市的发展，广场的概念也发生了变化，只不过是具有某项功能的场所不一定要有一块一平如砥的地面，如商业广场、文化广场、迪斯科广场等等。特色是这一类广场存在的前提条件，最典型的如徐家汇广场、置地广场等。然而人民广场不一样，正如它的名字一样，它似乎应是属于人民的休闲所在，而不是什么功能都具备的其他东西。但多年来人民广场改建的结果是妄图使它集无数功能于一身，结果任何一种功能都受到其他功能的制约得不到有效的实现，人民广场最终被改造成了一个非驴非马的"四不像"。

乌烟瘴气的汽车总站

从人民广场周围任何一条马路穿过，进入人民广场的时候，你都会真正体会到机器生产带来的成果怎样与人类激烈地争夺生存空间。有无数辆汽车首尾相连缓缓爬行或者干脆长时间阻塞不动，等待绿灯或挡在车前的人流，庞大蠢笨的公交车喘着粗重的气息，时缓时速，发出巨大的噪声。小汽车一律亮着尾灯、排着尾气，间或鸣笛表示焦躁。此时的红绿灯常常会失去约束的能力，行人如潮水一般涌动，找着汽车与汽车之间的间隙奋力通过马路，汽车看着前面的绿灯无法畅行，只得再停下来等待下一次绿灯，此时行人占了上风。而一旦车辆成功地流动起来，便闪着大灯一路野开，害怕再次被人流截断。过马路成了行人与司机之间的心理较量，每个人都左顾右盼，高度紧张。

某个区域的交通指挥系统丧失了指挥的能力，原因可能有二：一是系统本身是低效的，二是该区域的人流和车流过于庞大，超过了绝对数值，再有成效的交通指挥系统在这里也会崩溃。人民广场无疑是属于后一种情况，随着人、车流量的增加，公共场所的密度超过了居住密度，人民广场作为休闲场所存在的前提已经丧失，广场的功能随之发生了质的转变。事实上更多的人并不是像为了休闲而去公园一样地去人民广场，而是为了去另外一个地方而不得不经过人民广场，人民广场蜕化成了一个乌烟瘴气、极度混乱的汽车总站。这种情况随着地铁一号线与二号线在人民广场的交会而变得更加严重。地铁与轻轨的线路分布基于两个原则：一是在市中心的人流集散地（如火车站、人民广场等）、位于城市外的四个城市副中心（如徐家汇、五角场等）和重要的商业街（如淮海路、南京路等），线路跟着人流走；二是在城市边缘的新开发区，人流跟着线路走。第二条原则我们且不去讨论。第一条原则的线路跟着人流走，目的是分解市中心人流，减小市中心的人流密度，缓解交通压力。但这在实践中存在一个悖论，地铁是双向通车的，地铁在把人流从中心带走的同时也会把人流从非中心带来，而且后者的数目不见得就比前者小，如此，人流非但不会减少，还有可能增加。这一原则对新客站、老北站是有绝对意义的，但对人民广场这样的人口密集地却不一定是好事，人民广场有人民广场的内涵，它永远不应该是一个交通概念。我们认为疏导人流的方式不应该是单纯投入大量的交通工具，开辟更多的交通线路，而应该是把交通站点迁离广场，开辟一块专门的地面作为交通枢纽，并与广场保持一定的距离，这一定的距离要保证人们在步行时能够承受，使到广场来的主要是游人，还广场以其本来的面目。

大树长不过小草的神话

若走在衡山路上，会看到夹道两旁的高大法国梧桐举着大片茂密的绿色向远处延伸，微风过处，摇曳着淡淡阳光。一片落叶从树冠中落下，几经挡碍，打了几个旋，“叭”，落到干净的路面上，此时你会油然而生一种莫名的喜悦。这是喧嚣城市中大树的魅力。若你所坐的车行驶在肇家浜路上的时候，你并不觉得有大量的汽车在这条路上川流不息，所看到的只是满眼怡人的绿色，这是路中间高大宽阔的绿化带给你的看得见的舒适。然而在人民广场，尽管也满眼是绿色，你却感受不到这样的舒适。因为人民广场的绿色是平面的，而不是立体的；是单一的，而不是多样的。绿化建设在一种急功近利心理的支配下，整个广场只剩下大片大片的草坪和奇奇怪怪的花木，没有枝叶密匝的大树。在人民广场，大树长不过小草。

人民广场极其优越的地理位置使得它常年被噪声、灰尘包围，因而整个广场吐故纳新的功能就显得非常重要，它应当担负起净化大气、优化大气质量的功能，而在人民广场上大片贴地生长、又被修来剪去的草坪在净化空气、减缓热辐射以及防尘、调温、增湿方面的生态效应是无法和大片树木相比的，我们没有理由为了视觉的暂时满足而纵容草坪吞噬树木的生长空间，这是一种缺乏可持续发展眼光的建设思路。

据说当时砍掉大树的原因是大树遮天蔽日，挡住了群众的视线，是为了群众考虑，可事实上是群众在广场只能暴露在大片草坪挤压成的路面上，被迫接受四面建筑折射回来的阳光、热量和噪声。不种大树的目的是为了拓宽游人的视线，让四周所谓标志性建筑一览无余，结果给游人带来的只是“你别无选择”的视觉压迫。媒体常爱用一种权力话语来描述人民广场的草坪在美学上、在城市规划水准上，甚至在造价上达到了怎样怎样的高度，事实上草坪对广场空间的利用率却相当低。那种草坪望秋不殒、临冬不凋，即便在寒冬也长得绿油油的，缺乏季节变化感，而草坪四周的铁栏杆以及各式各样禁止入内的标志，将人与草完全隔离开来。有时候你想去摸一摸那草，甚至想三五个人围坐草上，晒晒太阳，聊聊天，但那却是违规。纯得不带一丝杂色的草坪，本来就是一副拒人于千里之外的神情，加上死板生硬的大小告示牌，使你游兴全无，匆匆逃离。人民广场的草坪造价确实昂贵，保养的费用也相当高，上海人似乎倾向于把某件东西的造价高低直接等同于这件东西自身的品位。人民广场的花也不例外，看到那些林林总总带有生物工程特征的叫不出名的花，你会怀疑是设计者事先设计好花的大小、形状、颜色，然后按图纸生产出来，再把它们放在广场上，让人们一眼看出什么是上海的先进，什么是上海的美学。这些花仿佛只是为了求得与传统花卉大异其趣，事实上效果并不好，总是给人以假花的感觉。难道真的只有生物技术生产出来的花草才能描绘上海与众不同的发达事实？难道牡丹、芍药一类的传统花卉真的就落后到不能在广场上占有一席之地？

人民广场因为没有郁密的大树，使整个广场的绿化缺乏立体感，没有发挥出应该具有的城市绿肺的功能，也没有给人们心理上的舒适。大块大块高档的草坪和莫名其妙的奇花异草更严重地削弱了广场的亲和力。这种绿化思路的过失尽管不能全部归罪于设计人员，但事实上带来的确实是空间浪费和视觉污染，不能说是成功的。

建筑多角的天空

曾经有人用四角的天空比喻对自由的限制。置身于人民广场，目光顺着幢幢高楼往上，你看到的将是类似的天空，所不同的是，这个天空是多角的。在人民广场这样一个大都市的中心不知道什么样的楼才有资格算是高楼，因为各幢高楼除了在表现欲上有共同的追求外，没有任何共同的志趣，这表现欲首先表现为对高楼高度的无知追求。没有一个统一的高度标准来约束，导致新出现的大楼在高度上互相攀比，结果是广场四周地面上除了道路外，几乎全是高楼大厦。抢先占领到地盘的自是感觉非常幸运，后来者并不气馁，地理位置的欠缺可以用楼的高度来弥补，超出挡在前面的楼，争夺制空权，让自我在同侪中一枝独秀，以吸引更多的目光。这样一来，多角的天空便形成了。楼越修越高，而且为了收到意想不到的视觉效果，这些“后起之秀”不仅把原先的大光明影剧院、国际饭店等优秀的城市建筑踩在脚下，而且还气势咄咄地欲与上海大剧院、博物馆一争短长。开发商的利益驱动、统一规划的缺乏远见和非专业力量的干预带来的建筑的无序性，使得广场的建筑各自为政，互相诋毁，一片嘈杂。成功的广场需要建筑之间的呼应和交流，在这一点上威尼斯圣马可广场、佛罗伦萨的西诺拉广场等可称典范。人民广场的建筑却缺少这种和平友好的互动精神，它们以不合作的态度各据一方，自以为是。四周凌乱的高楼自不待言，即便市府大厦、大剧院、城市规划展示厅、博物馆这四大精心结撰的建筑，无论是与广场的协调性，还是在各自之间的协调性方面也都不尽如人意。

有人把博物馆比喻成坟墓，这是因为它们在死气沉沉、缺少生气上有共通性。这种说法可能过于刻薄，但博物馆的造型对天圆地方的理解过于具象和浅薄，这不是设计人员缺乏对传统文化正确解读的能力，就是在设计中对市民的审美趣味进行了全面的怀疑和否定。建筑师的现代建筑观念忽视了它的对象是历史博物馆，整个建筑体现不出一个大型博物馆对传统建筑精神的传承。暗红的外壁在表现历史感方面差强人意，然而正门上方的一大块玻璃幕墙却有些莫名其妙，极不协调。而博物馆的整个基调又与广场纤细的绿草、娇贵的花木、修剪精致的灌木大相径庭。上圆下方（我们还不能把它理解为天圆地方）的设计在空间利用上也极不经济，这样一个笨重的大家伙坐在广场的南部，占用了广场的大块空间却又不肯分担一些广场的功能，真可谓不得其所。

与博物馆四目相对的是市府大厦。市府大厦的功能决定了它的风格是凝重沉稳、严肃庄重，在这一方面该建筑是成功的。它奉行了单纯朴素的风格，不怒自威，然而它面南背北地坐在广场的正北部，与整个广场活泼轻松的气氛不太和谐，就像《红楼梦》中贾政进了大观园，使得各具个性的晚辈都屏声敛气，非常别扭。而大厦一面面翻开的玻璃窗户准确地把太阳的光芒反射到广场上，十分刺眼。位于市府大厦右侧的“上海市规划展示厅”在“建国50周年上海经典建筑评选”的专家评选中榜上无名，在评选结果中好歹得了个铜奖第八名。这个第八名的获得可能不在于该建筑自身的素质，而是在于它与大剧院、市府大厦并列，位置较为显赫。事实上，展示厅在其他三大建筑面前已经没有太多表现个性的余地，它的出现似乎只是为了借用大剧院的创作风格，实现一个对称。但由于与大剧院的水准相去太远，反倒使整个建筑群有在展示厅上江郎才尽、草草收笔的感觉。这又破坏了整个广场的平衡性。大剧院是广场上口碑相对较好的建筑。媒体用大量的篇幅铺陈它在外观上的飘逸灵动，在技术上的无比先进，甚至在黑夜中的晶莹剔透。应该说建筑师夏邦杰在单体形象的设计上是相当成功的，而人民广场与大剧院也有先天的亲和力。但大剧院的地理位置却相对卑微，它所释放的艺术感染力无法越过人民大道而弥漫在整个人民广场上。似乎市府大厦和博物馆控制了整个广场的气氛，使艺术的音符只能属于大剧院自身。而大剧院身后的高楼还在一味地疯长，大剧院正处于丧失话语权力的状态中。

当孩子们的风筝还飘飞在广场上空多角的蓝天上的时候，我们应意识到城市空间变得越来越小，绿地越来越少，人与自然的沟通越来越少。高楼蚕食着土地，缺乏人性的技术主义冲击着传统的建筑文明。所有这一切正在改变着上海这一城市，也在改变着生活在其中的人们。而那种要把所有的宏伟蓝图都绘在城市中心的天真想法，必将带来人们对城市中心的失望和背叛。

我们希望，人民广场优越的地理位置不要成为它自身不幸的缘由。

（原载《城市批评—上海卷》）

南京：越来越不像自己

李小山

一、城市的概念

我在一篇文章中这样写过："南京是我的生活之'场'，我没有问这个问题，我喜欢它吗？从比较的结果来看（例如与上海、广州相比），我不得不说南京还好，它至少还符合我心境的需要。南京是有文化底蕴的，优雅而文气，不温不火，带有人情味，尚且保持着对文化的一贯的重视。南京有美丽的树木（尽管也遭到砍伐），使人感觉自身与自然界的血肉之脉未断；南京有众多古迹，使人想起它曾有的历史地位；南京的生活节奏不快，商品经济的台风还没有鼓起人们过分热烈的私心和肉欲（南京人不太善于赚钱，或者不太为赚钱费脑筋）；还有，南京的污染不太多，书店倒不少……我说南京的好处只是当下感受中的一种，其中包含了颇多的无可奈何的成分。我们所不喜欢的外在之物都是存在的实在，我们的内心已无多少抗拒的意欲，城市人的悲剧不是从现在开始更不会就此结束，呜呼！我们能够拔着自己的头发升空吗？"是啊，当我们长期生活在某地，对所谓的好或坏，适合或不适合，优美或丑陋，等等，实际上早就麻木了。我们能够因为"不喜欢"而逃离吗？能够因为"喜欢"而攫取吗？

城市是每个生活在其中的人的"场"，它好它坏直接关系着每个人的生存质量。建筑界曾再三推崇老子这段话：三十辐共一毂，当其无，有车之用。埏埴以为器，当其无，有器之用。凿户牖以为室，当其无，有室之用。故有之以为利，无之以为用。这是古代大哲的道法自然思想的具体注解。但由于物的增量已经完全超出古人的想象，现代城市的规模和空间已经远非"室、器、车"之类概念可以涵盖，"人造自然"——现代城市，已经成为人们新的甚至是必需的生存依据。1933年，国际现代建筑协会发表《雅典宪章》，认定了现代城市四大功能，它们是居住、工作、游憩、交通；城市空间划分为四类，即居住空间、工作空间、游憩工作、交通空间。1977年，《马丘比丘宪章》指出：不应该把城市当作一系列孤立的组成部分，并把它们拼凑在一起，而必须创造一个综合的、多功能的环境。当代学者将城市作了进一步的细致区分：1．城市道路交通；2．广场空间；3．带形、环形、半环形空间；4．生活小区空间；5．文体科技展览中心活动空间；6．商业娱乐中心；7．园林名胜空间；8．标志性建筑物及周围的空间；9．生产运输集散等工业交通空间；10．鸟瞰城区的综合视野空间。所有这些抽象的指标说明人们对于生存环境和生存质量的期盼，人们不愿意看到自己被“物”异化，被自己的对象奴役……因此，反抗已有的，争取未来的，几乎成了人们每一个跨步的动力，也是理性在所有行为中取得胜利的理由。

作为南京这么一个正在朝现代化大城市迈进的“六朝古都”，抽象的指标与我们的切身感受有多少关联呢？事实是，南京一天天在变，无数事物混杂在一道，很难确切地说，什么是好的，什么是不好的，什么是明朗的，什么是灰暗的……我们被这一天天的变化弄糊涂了，我们似乎只知道什么是现实的，却忘记了什么是应该的和必须的。

二、城市的个性

或许这是一个奢望。哈尔滨、兰州、广州、上海、南京……谁能区分中国城市的面目？是的，一二十年前是贫穷寒碜，一幅陈旧灰色的模样，是革命和封闭造成的落后；突然间像睡醒的一群人，在同一条起步线上没命地飞奔起来，不顾前后左右东南西北，因此都产生着一样的毛病，就是说，眼下的中国城市，还根本不到讲究个性、讲究独特容貌的时候。现在是拼命地扩展、拼命地膨胀，数量的泡沫掩盖了质地的美感。我们需要数量，没有数量怎能容得下人们一下子爆发出来的巨大欲望？怎能清出场地为以后更上一层楼打下地基？现在我们没有耐心停一停步子，别人都在飞跑，这是一个急速变化、急速淘汰的时代啊！

我欣赏叶兆言在《老南京》中的一段话：国际化大都市让北京人和上海人去享受吧，南京将成为一个优美典雅的城市，这个城市以人的舒适和温馨为第一位，就像中山大道开始动工时，南京那位固执的市长说过的一样，这个城市已不是水泥森林，它将成为一件“艺术品”。

——但是，谁来替我们实现这么个美好的愿望呢？

当我们经常讲起“国际化大都市”时，其实往往只讲一个“大”字，有多少街道，有多少高楼，有多少立交，有多少人口。——但是，我们忘记了在“大”字中生活的切身感受。有一次在上海，我指着远处灰蒙蒙的大片群楼对陪同的朋友说，我们像不像找不到归宿的鸟？

按理论分析，对城市的印象来自对其空间的感受，街道、建筑、交通和绿化等等，都是空间的分割及利用。关于空间，有物理学意义上的“牛顿空间”，有发生认识论的“知觉空间”，有集体无意识的“心理空间”，有存在论观念的“意义空间”……这说明，空间既是三维的客观，但也渗入了人的主观意识和主观愿望；换句话说，纯粹的客观仅仅是物理学的对象，而对城市空间的感受无疑融合着人的自主性，失去它，便失去了观照的意义；同时也说明，我们不仅要拥有庇护我们的“内部空间”，拥有装潢得像模像样的私人住房，也要拥有更多的阳光、新鲜空气和绿化这种“外部空间”，拥有具有美感的周围环境。一定程度上，柯布西耶的“功能主义”只是一种象征，而在国内，“功能主义”导致了千篇一律的单调，即使是喜欢走极端的格罗皮乌斯也在晚年恢复一些人情味，他从社会学意义上把城市发展分为四个阶段：血缘时期、家庭时期、个人化时期、未来合作社会时期。

由于突如其来的发展高潮，设计和规划成了次要，我们被速度本身吸引并身不由己。没有了设计和规划——请注意，我指的是更高层次上的设计和规划，而非应一时之急的匆匆上阵的临时措施——就必然无法顾及城市的容貌和个性，无法顾及我们对“艺术”的渴望。假使把欧洲或美国或日本的某些城市当作参照，譬如巴黎、伦敦、波士顿、大阪……它们为何“艺术”呢？

三、混乱是怎样造成的

20多年前，金陵饭店拔地而起。每当我经过时，都看见里三层外三层的围观者，因为那时候“宏伟而高大”的建筑太稀有了，人们怀着神秘的、敬仰的心情欣赏它，并将它当作传诵的对象……时至今日，金陵饭店成了地道的小弟弟，周围更高更漂亮的建筑多了，人们反而不欣赏了，为什么？

我还要讲一个不相干的例子。意大利威尼斯的圣马可广场，被称为“欧洲最漂亮的客厅”，它从10世纪开始建筑，至16世纪才基本建成，时间跨度长达几个世纪，然而建造者们结合历史和现状逐步进行，既保存了优秀遗产，又不断调整和创新，运用各种手段以达到和谐统一的艺术高峰，它的成功经验告诉后人，无论时间多么漫长，设计者怎样变换，只要有意识地努力去做，遵守共同的设计原则，终究会创造出真正的城市杰作。

我不知道这样的话题能否帮助我们理解问题的实质，或者至少帮助我们看到问题的一面。因为若干年前，南京尽管不繁华，不兴旺，但是它保留着某些令人关爱的和向往的东西，就如我在文章开头引用的旧文（记得好像是1992年写的）。现在呢？好的东西没有怎么树立，恶化的迹象却开了头……也是在若干年前，我的上海朋友经常来南京“洗洗肺”，因为上海的污染太厉害，据说他们一下火车就感觉呼吸舒畅……现在我的南京朋友时不时地谈及上海的种种“好处”，因为南京实在太那个了……

人从穴居开始到目前这种规模的大都市，经历了五个重要阶段，研究城市的学者分别将其归结为：1．封闭形态：特征是不规则的街道和广场体系，城市空间蜿蜒而狭窄，以人的尺度为基础，地理和气候相适应，满足有限的交通和人们日常交往的需求。2．构成形态：特征是城市空间尺度加大，出现了宏伟的大道（因交通发展之需）和广场，具有更大的清晰度与透明感，体现出对社会和自然的有力控制。3．

功能形态：自产业革命起，一系列前所未有的技术和经济的发展在短时期内彻底地改变了城市的内容，而被西方学者形象地称之为“拔根”的铁路的出现，更加剧了城市急速膨胀，此时城市不可避免地走向畸形发展的道路：缺乏整体性规划，建筑艺术衰退，城市景观质量下降，污染、拥挤和热岛效应等等问题层出不穷。4. 开放型形态：走向开放形态，是历史进展对城市的必然要求，也是城市解决自身问题的必然形式，但是，它无奈地丢弃了早期城市的珍贵品质——人对城市空间的控制权力，“物”成了主宰，城市不再是人的领域，却是汽车和机器的天地……如果说，早期城市是人的行为图式，那么现代城市空间讲述的只是汽车和机器的故事。5. 走向新形态：这是未来的蓝图，或许是一个创新与回归、集中与分散、封闭与开放的结合本。——我们现在需要着眼现实，是的，我们的城市形态难以言说，有前工业式的尾巴，又有工业化式的无序，还有现代式的作料，甚至有后现代式的苗头。一个批评家说得好，中国就像一个大航空港，什么都有，有迟到的现代主义，有早到的后现代主义，拥挤在一起，景观煞是奇特……

四、修修补补的后遗症

现代城市的发展无非两种途径，一是老城区改造，一是新建开发区。开发区是一张白纸，“可以画最新最美的画”。老城区的改造往往费力不讨好，它是在一张旧画上进行再创作，掣肘因素多多，既不能将全部画面重新来一遍，又要在新下笔的地方力求与周围已有的一切保持和谐，理想的结果不多。

南京不像上海、珠海、大连等，几乎没有大规模的开发区，南京的全部家当是老城区改造，因此格外吃力。老城区改造的含义，用“修修补补”来形容是很贴切的。在一个杂乱的破旧的基础上建设现代化城市，在一个历史包袱甚重的地方确立新面貌，遇到的第一个问题就是如何不使新东西和原有的旧物产生尖锐矛盾。毫无疑问，任何改造都必然会碰见新旧冲突，恰如前面说的在旧画上再创作总有其天然的困难。这更需要足够的智慧和耐心，匆匆忙忙上马的结果只能导致败笔，而如果败笔实现了，那么，城市的景观其实已在不知不觉中毁坏了。大家知道，以画来形容，只是为了叙述的方便，建筑物、高楼大厦不是画，它们是巨大的人力物力的凝聚，一旦树起来，便无法改变。一个败笔将使它本身成为需要改造的对象——但是，城市建设能像小学生的作业那样改来改去吗？

举例来说，南京城市建设的一大败笔是中山门旁五十多层高的希尔顿酒店。不是说酒店本身造得差劲，而是地点选歪了。中山门一带的建筑群落具有非常强烈的中国古典风格，博物院、档案馆、明故宫等，是多么棒的历史遗留的可观赏性资源，包括中山门及中山门城墙，形成了整个城市的一类特殊空间，然而现在……不妨这么说，希尔顿酒店这样的建筑可以有（并且已经有）成百上千座，而它周围的历史文化环境却只有一个。我懂得为何这么简单的道理会被忽略掉。历史建筑和空间环境不是一概不能触动，或者一定要向它看齐，这里有个标准问题。英国人W．鲍尔在《城市的发展过程》中提出五点建议：1．它是一件艺术品，能丰富环境；2．它是某一时期的著名代表作品，具有特殊风格和意味；3．它在社会上占有一定的历史地位；4．它与重大人物或重大事件在历史上有联系；5．它的存在使周围环境具有一种时间上的连续感。很难设想，在罗马斗兽场边上或佛罗伦萨市中心竖起一座摩天大楼，除非那里的人们失去了理智发了疯……

即使是改造，也有理由这么说，是在一个低级的水平上模仿和重复。有学者不留情地指出，向欧美种种建筑流派和技术领域的学习借鉴，亚洲最先进的日本不过只有“两三票友”而已，至于“中国国内连票友也未见着，模仿尚且偶然，偶然尚且多仿形式，形式尚且无病呻吟，呻吟尚且低微，低微到没有回声”（郑光复语）。是没有大量的资金？是没有正确的决策？是没有长远的科学规划？是没有高精尖的设计人员？……我们可以列举无数原因，但是就是改变不了眼前的事实，我们每天走在非驴非马的毫无美感的城市，如果按照“建筑是艺术”的说法，我们有什么审美的感觉可言？即使我们不用古典主义的标准（建筑是艺术），也不能降低我们对城市（建筑）更高的期待——因为，很显然的是，只要睁开眼，就会发觉周围的环境正在时时剥夺我们的美好感受。

五、怎样才能更好

这几乎是一个带有空想主义色彩的问题，因为我们目前所了解的“好”都是“人家”的东西——还有，是我们过去曾有的东西。日本建筑师提出了“城市的建筑”这一概念，以此强调建筑与整个城市的和谐关系。他们认为，只存在于城市中但丝毫未考虑城市空间的建筑，还不能算是建筑，或者只能称之为依照建筑者自己主张完成的“建筑的建筑”。按这样的构思要求，现代的大部分建筑可以归纳为“建筑的建筑”，它们到处泛滥，剪碎了城市空间，也替自身挖掘了深深的陷阱。去玄武湖边上去走走看看，便会验证学者们的先见之明，把发展建立在混乱的知识背景上，东一榔头西一棒子，这样，还能有其他什么结果吗？实际上，我们绕来绕去绕不过冰冷的现实——天空是现实的，土地是现实的，人是现实的，如果以宿命的历史决定论的观点看，我们只能接受现实赋予我们的一切。反过来，若以能动变化的观点看，我们自身是能动的，现实的对象也是能动的，因此主观的意志能够改变现实的颜色。

季羡林先生谈道：“人类自从成为人类以来，最重要的是要处理好三个关系：一、人与自然的关系；二、人与人的关系，也就是社会关系；三、个人内心思想、感情的平衡与不平衡的关系。其中尤以第一个关系为重要，而且就目前现状看来，是迫在眉睫的问题。”这也难怪，发达国家（特别是美国）经过了城市的爆炸，现在有百分之六七十的居民开始迁往郊区……

但是有的国家（例如日本），正在牛皮哄哄声称要建造200层高大厦，甚至有人提出要建筑500层、千米高的摩天大楼……切记一点，无论在西方或是东方，城市的建筑业在泡沫经济中扮演过重要角色，在某些国家甚至起到了拖垮本国经济的负面作用……以500层大楼为例，有学者算了一笔账，估计需耗资3 260亿美元，超出了日本的美元储备，而日本的泡沫经济与建筑有着极其紧密的关系……欧洲的社会、企业和政府都不赞成建造高层建筑，因为它的弊端多多，不利于身心健康，不利于人际交往等等。同时，高层建筑越是密集，城市的人口密度就越是厉害，接下来便是污染加剧、热岛效应、交通拥挤、垃圾成堆……真是百病丛生。——尽管，像中国这样的发展中国家，城市的兴起有着非同寻常的重大意义，是社会发展的根本标志，然而明知前车之鉴，还紧闭眼睛跟着撞墙，那是智慧的缺失。我们不需要攀比，而需要合理性，以及提高生存质量的理智和情感。

在没有“更好”出现之前，我们已经有了像金鹰大厦、华泰证券等像样的建筑，也有中山门外的景点和汉中门市民广场这样的好地方，这便是我们目前获得的最初的参照依据，我的意思是，我们城市水平及质量的提高，取决于像这样的地方是否能够多多蔓延……

六、曾经拥有的和现在看到的

城市的规模和样式是生产力水平的真实体现，无论中外、古代或近代城市都不能作为参考，因为已经不在同等的生产力水平上。有人这样描绘欧洲中世纪城市：街道系统是应步行和小型运载工具的要求而产生的，街道空间具有丰富多变的视觉效果，建筑群连续、丰富、活泼，使行人能够悠闲自在地走动……城市空间狭窄、蜿蜒，以人的尺度为基础，在外人看来神秘莫测，而对本城居民来讲，这样的环境却是熟悉、实用和现实的，给他们亲切之感……在欧洲很多城市，这样的城区比较完整地保留了下来，人们通过可视的形象便能领略那时的风貌特色。而在中国，除了少数皇宫、庙宇保存完整外，几乎不再见到真正的“街道”，更谈不上“城市”的模样……顺便提一句，有些城市，如苏州、扬州之类，试图在城区的某条街巷“复古”，但是用水泥柱代替木柱子，又加上些现代玩意，且施工质量粗劣，显得不伦不类，趣味低级，叫人扼腕叹息——请注意，这现象，在我们的夫子庙地区也已“初见成效”。

南京在1949年时，城市形态相当松散，城区内尚有大量菜田和空地；60年代初由于南京的历史背景，也因为它属于沿海工业区，国家实行有控制地发展的政策，基本上没有重点项目投入，所以城市建设处于爬行状态……众所周知的事实是，南京的发展高潮是改革开放后，更确切地说，是90年代后……

发展的趋势造成了目前我们所看到的一切，原来的南京已经不存在了，而且它还将变得更加难以辨认。对于发展，我想很少有人反对，然而发展不像孩子淘气的玩耍，可以无目的地乱跑。南京的日益繁华潜伏着隐忧，如果有一天我们认不出这是南京了，是悲还是喜？我就此想说一下，上海不是中国城市的榜样，它只是"与国际接轨"的前沿阵地。从上海的历史生成和发展看，它是殖民文化的典型产物，外滩再美丽，也不过是上个世纪外国各种建筑在中国地面上的陈列而已，今天的浦东蒸蒸日上，也未为中国的城市建筑指明方向，它仍然是"移植"的……我的一位画家朋友讲，他担心上海会变成"三流的香港"。那么南京呢？如果比"三流的香港"还差得远，不令人痛心吗？

七、几个理论问题

对城市和城市形态的观点，许多思想家、理论家都不相同，有的甚至完全对立。拉斯马森等人认为，"研究理想城市是毫无用处的。因为所有城市都各不相同，各有各的精神，各有各的问题，各有各的条件和生活方式。只要城市存在，这些精神、问题、条件和生活方式就在不断地变化……现代城市是由它的内部生活的柔性规律决定的，这种规律和几何学规律不一样，不是放之四海皆准的，在一个地方正确，在另一个地方则可能完全错误"。但凯塞林·鲍尔认为当代城市承担着越来越复杂的功能和要求，因此"塑造理想城市是绝对必要的，出现的种种问题就是因为失去了标准"。1980年的《马尼拉宣言》提出城市发展必须以人的充分发展为中心，保证人在基本需求上得到满足，使他们生活在物质上和精神上都能充分得到保证的城市环境中。

城市对于人们的生存的重要性，已经不亚于自然本身了，这一点在许多思想家那里已经得到重视。美国城市学者路易斯·曼福特在《乌托邦系统》中总结了24个乌托邦系谱，从柏拉图所设计一个理想城市的模式，托马斯·莫尔所描绘的"乌托邦"理想之城，包括安德烈的"基督教之城"，康帕内拉的"太阳城"，傅立叶的"法朗宫"，欧文的"新协和村"……直到霍华德的"花园城市"，表明理想城市一直是人们追求的目标，而且这个目标永无止境。

同样，对城市建筑的看法也反反复复。黑格尔将建筑称为最早的艺术，谢林的名句是"建筑是凝固的音乐"，康德则有些折中。从现代的柯布西耶、格罗皮乌斯到一群后现代主义者，建筑的概念几乎无法言说，这是由于其存在自身的复杂性含义所造成的观念的多样化，本质已经消解，意识和解释成了主角。我想应该提到国内建筑界的争论：建筑是不是"艺术"？

郑光复先生的口号是，建筑是艺术的说法是一种“公害”，如此一来，他就彻底割断了建筑与艺术的联系。这是一个极端的观点，而正由于极端才包含了部分尖锐的真理……是的，建筑的综合复杂因素绝非一种定义能够归纳。这一点，在国外也是一样的，争论本身没有多少意义，但是，它带给我们对建筑的新认识。

因为谈及城市或建筑的理论，都是对实体的观念，观念看起来与它的对象关联不大，尤其是作为我们非专业人士，主要看的是我们身处的环境，至于建筑的经济、功能、工程问题不在思考及视野之内，那是科学的客观的……我指的是理念和观念的要素，按照格式塔心理学的意见，“知”制约着“看”，因此不能说理论和观念不在每个细小的现实行为中起作用……

八、分析几个示例

为了写这篇文章，我下决心骑自行车在南京城里穿街走巷跑了一圈，一方面我想加深对南京的了解，另一方面也想修正一下自己的成见，结果呢……在我模糊概念里的南京，与它廓清之后不一样，我觉得有些失望，当然，也觉得兴奋，为它正出现的起色方面……

前面提到的修修补补问题，这是无法改变的事实。新街口是南京最热闹、最繁华的区域，就其格局而言，目前所能够做的只是多造几幢楼、多开几家店、多来点花花绿绿色彩，以增加热闹吸引所谓的“人气”。新街口的大楼除了金鹰可说是近几年南京建筑的好的范例，而新百、新华大楼、招商银行等，建筑样式都无精彩之点，不过是一幢幢“建筑”而已。由于缺乏整体性设计和布局，即使有一两幢漂亮大厦，也被周围环境吞吃掉了。我总感觉很多大规模的楼厦拔地而起，像在与谁拼时间，比速度，大干快上，急急匆匆，敷衍了事，也根本不顾“邻里”关系，楼厦之间无视形象的统一和协调，新街口的整合是一突出典型。另外，在某些建筑——譬如新百，样式的缺陷已经改变不了，但是在立面的布置装饰上，色彩的调配上，包括细节的处理上，再精致些、美观些，或多或少也能弥补不足。这一点，华泰证券大楼做得不错，它是厚重和端庄的，很符合它的角色身份，由于选择了较深的色调，加上高贵的材料质地，给人的印象便显得有档次和品位。

鼓楼广场，山西路广场，那里的建筑相对更逊色些，最主要的问题仍然是楼群间的关系紊乱不堪，带来视觉的不适。其实，比起新街口的先天不足（楼群拥挤，更新困难等），鼓楼广场和山西路广场条件优越，我不知道是否因为资金或其他原因，这两处的建筑显得简陋，就如穷汉穿了新衣，但是没有遮住内里的本相。尤其是山西路广场边上的楼厦，除了自身缺陷，选址上的构想令人不可思议，说是对那里空间进行破坏一点不过分。它们对面的交通银行本来极是平常，现在看反而成了那里唯一的支柱……

我想再次强调，绝不是一两幢大楼的质量高低、美观与否的问题，而是整体性的设计和布局问题，才造成了目前南京城市景观不理想。珠海、深圳、大连等地（当然，更别说上海浦东），某些街道和地段的整体性设计水平显然高出南京一头。在我想来，南京这样具有深厚文化之脉的富裕之地，完全可以比现在更好、更有水平。

再譬如，洪武路、汉中路、中山路、湖南路、太平路、长江路等楼厦较为集中的街道，像模像样的大楼很难举出几处来。像洪武路整个一条街可说高楼林立，华泰不说，其余的大部分高的矮的楼厦，真可称是“难看”，造型谈不上任何“艺术”，弄些最简陋的马赛克贴面……即使如农业银行花了本钱运用好材料做外装修，又因样式的莫名其妙而不见效果……还有，我的耳边经常刮来议论：为什么做事不好好规划呢？例如虎踞路的立交桥，叫人丈二和尚摸不着头脑，刚修了草场门、汉中门一带，接下来又有了第二期工程，而从“第二期工程”看，难保没有第三、第四期……

那么夫子庙呢？——这可是享誉中外的景点啊。夫子庙是我经常光顾的地方，因为外地来的朋友总是指名要去。现在的夫子庙已不是原来的夫子庙，这么说其实不应该，它要变，是符合发展规律的，然而我意思是，夫子庙的情况有些尴尬，它既是很特殊的古建筑群遗迹，又是繁闹而人流量大的旅游点，因此又是典型的商业区，利润第一的目的追求在那里一目了然。在中国，无论什么庙，都与商业沾亲带故，庙会、赶集什么的，把宗教弄得很世俗。夫子庙似乎永远人山人海，摩肩接踵，喇叭震天，那些飞檐雕栋、红柱黑瓦的古建筑像一层壳漂浮在欲望之海上……而且，由于修缮不够细致认真，扩建构思过于粗糙……

夫子庙真该好好对待才行！

至于中山陵、玄武湖，依靠得天独厚的优势，本来可以造就最美最好的景点，成为南京的某项标志，不知为何只吃老本，把老本越吃越少……恰如一直为南京人自豪的绿化，从资料上显示，在城市排名中名次开始往后靠了……

城市质量和水平的高低优劣，不是一朝一夕的事情，需要多少的创造及积累。南京在近几年的变化中，并非没有好的苗头和精彩的笔触。第一，在道路的开拓方面的进展，令人爽气。许多新马路的出现不仅缓解了交通压力，也为以后的城市建筑进一步兴旺清除了障碍。第二，众多市民广场的兴起，其中我最喜欢汉中门广场，它恰到好处地利用了旧城墙的特点和路口转折的关系，就其功能或视觉的效果，都不乏可赞赏的地方。第三，一些住宅小区的建设十分到位。龙江小区高教公寓是一大标志，整体而漂亮，有一种规模的美感。月牙湖小区、百家湖小区、金陵御花园等，也有其特别的韵味。当然还有如禄口机场这样的颇高水平的设施……

九、事实胜于说教

我为什么鸡蛋里挑骨头，专拣坏处说，不多做些肯定呢？

南京不是世界上独一无二的城市，它是成千上万城市中的一个，做一个不太恰当的比喻，倘若南京作为美女参加选美，要我投她冠军一票，除非先把别的美女杀光。这个比喻意在说明，南京暂时没有实力被当作一个理想的城市来赞誉，它的容貌在一片乱糟糟的烟雾中无法显现。换句话说，凭它的地理位置、经济水平和文化历史基础，它应该更好才是……南京的新一轮建设高潮才拉开序幕，我老是听人说，我们真像身处一个大工地，到处都在拆、都在建，到处都是烟尘滚滚、机器轰鸣，几乎很少见到没有吊臂、没有脚手架的地方……回到前面讲过的话题，发展是规律、是需要，发展本身不包含价值判断……就如海德格尔的观点，存在与价值是两回事。我们应该具备理性判断的能力，具备预见和预测的能力。马克思主义的一个基本原理是，人们只能在历史提供的基础上创造历史。南京的“基础”能不能支撑一个美好的未来呢？

十、什么样的未来

未来的蓝图立足在已经打下的地基上，那么，南京会以一个什么样的姿态出现在未来的现实中呢？

我想这是一个“乌托邦”式的问题。因为我们的期待虽然迫切，但是城市面貌的真正改变是一系列复杂过程的综合，南京的基本构图已经呈现，它不可能变得面目全非，最有希望的不过是经过修补和改造，使原有的不足逐渐得以弥补。我们看到，道路还在继续扩展，楼厦还在继续增多增高，城市所需要的现代化设施也在不断地膨胀，一个有限的空间将被越来越多的东西充塞，这是所谓发展中国家的历史“必然”。城市化的进程不可改变，改变的只是我们能够控制的那些部分——即，如何认真地、耐心地并有计划地好好塑造它，不要为了一时的速度而糟蹋它，糟蹋过的东西再回头修理，就要付出双倍的代价——这方面，以往的教训已经够多了。

南京，宁愿你走得慢一些，别老想着与别人攀比。你的优势不在规模上和速度上，你应该努力保持你的独特面貌，只有独特才是不可取代的，才是真正有价值的。独特从何而来？从历史的积累而来，从文化之脉中来，从经济不断发展的基础上来，从集思广益的智慧中来，从整体与局部、块面与细节的反复调整中来……总之，南京是独特的南京，是永远的南京，千万别在变化过程里一点一点失去了自己……

（原载《城市批评—南京卷》）

建筑物语

李敬泽

建筑的愚人节

楼下修车的老爷子是位民间哲人，对任何事都有一针见血的看法。有一次他指着一幢高楼，说，你看看，怎么把土地庙盖在房顶上了？再看那楼，大概有二三十层吧，顶上果然蹲着个小庙，而且竖了根旗杆——如果不是谁的尾巴也许就是避雷针吧！

这是一个例子，表明我们的设计师可以多么大胆地在大街上表现他的愚蠢。当然，愚蠢是生活的常态，对此你只能忍耐。比如我现在所住的这套住宅，当初拿到钥匙开门一看，就对设计师的智商心中有数，即使让他三岁的孩子把一个大方格分成几个小方格，结果也不会比他的图纸更不合理，更让人生气。但怎么办呢？我还是得天天在此吃饭睡觉。

去年冬天，在香山饭店住了两天，从此只要一做掉到迷宫里的噩梦，规定情境必然是那家饭店。在盘陀路般的回廊里绕来绕去，你会觉得建筑正在阴郁的疯狂中蠕动。当然那是贝聿铭的作品，大师先生不可能愚蠢，他只是比较放纵，怀着某种优越感，他把我们变成了愚蠢的老鼠。

显然，在建筑中有两种愚蠢，一种是我们感到的设计师的愚蠢，另一种是设计师迫使众人感到自己愚蠢。关于后一种愚蠢，汤姆·沃尔夫在《从包豪斯到我们的房子》一书中列举过大量可歌可泣的事例，在现代主义建筑大师们面前，美国的业主和住客曾经满怀敬畏、心甘情愿地去做傻瓜。

而有的人是永远不肯做傻瓜的，比如修车的老爷子，他对常识以外的一切事物都抱着坚定的怀疑态度：“我就不明白——”老爷子端起大茶缸子喝一口，“那楼是怎么盖的，哪是楼啊，整个一台布景，赶明儿一刮大风，得，塌了。”

老爷子评论的是他们家二儿媳妇上班的那幢楼，酱红色，屹立在东长安街北边，照我看，塌是肯定塌不了，结实着呢，但设计师显然颇有想法，他煞费苦心地取消这座建筑的体量感，你也不得不佩服他，明明是沉重的石材立面，他愣能让你觉得那是一张戳在那儿的巨大纸板。

所以，我认为老爷子天天在楼下守摊儿修车是件值得庆幸的事，这使他没工夫满世界乱转，也就不知道城市里每一天都有新楼拔地而起，每一天都是愚人的节日。

玻璃洋葱

下班的路上有了一幢玻璃房子，好像是由

于什么故障，它在飞行中迫降在路边。所以每天路过都不由自主地看一眼：它还在，于是就放心了，继续走路。

这条路是北京的东三环，路的东侧，以燕莎商城为中心，夜夜笙歌，灯红酒绿。从我的窗口望去，能看见燕莎，沉重的深褐色块嵌于灰蒙的天幕，如果是晚上，我就总是替它着急，为什么不亮呢？这时的燕莎看上去幽幽的，像在吸收周围的光。

顺便说一句，我觉得很多事都让人着急，比如，每天下班经过昆仑饭店，我都得赶紧低头疾走，否则一抬头，心里就一阵发紧，我担心昆仑顶上那个圆盘会掉下来。设计师怎么想的我不知道，反正我不会把一个盘子放得如此悬乎。

至于燕莎，这座建筑有德国资本，它几乎完美地体现了德国资本的市民精神，凝重、内向、拘谨、森严；相比之下，我更喜欢西边不远处的德国大使馆，那是一组乡村民居风格的建筑，让人想起莱茵河畔的阳光、风琴，然而处处透露着德国式的精细的工艺趣味。

但这样一座燕莎，也许最准确地诠释着这一段建筑风景线，你能看到财富、权势，但看不到想象力。这正是事情令人沮丧之处，因为财富和权势应该善尽的社会义务，就是向公众公开显示它的想象力，而建筑是这种想象力最直接的表征。

所以我特别珍视那幢玻璃房子，一个建筑小品，那是想象力在这一地段的唯一一次闪光。从墙到顶不见一砖一石，均为透明的玻璃，在阳光下泛出浅淡的青色，不规则的钢架结构显得轻盈坚脆，有时你会感到它能发出明亮的声音。从街上看去，内部空间一览无余，但正是这种开朗的通航吸引着你的目光，那几乎是露天的舞台。

这是对它所在的建筑文脉的一次尖刻嘲讽。当这条线上的一座座房屋和巨厦或者拘谨、沉重，或者杂乱、拙劣地堆积古典建筑符号以营造奢靡诡异的气氛时，这幢房子则表达了另一种价值观：单纯、轻盈、欢快，像是由谁吹出的一个玻璃气泡。

当然我知道，我这可能是在鼓吹“玻璃盒子”，而自从约翰逊搞出一个切潘道尔柜橱式的花岗岩大楼以来，玻璃在建筑设计中已经名声扫地。但首先，那幢房子不是“盒子”；其次，在伪古典主义风格大行其道时如果你还想得起来玻璃所蕴涵的表现潜能，那么我们就不得不说此人是有想象力的。

对了，差点忘了说，那幢房子的名字叫“玻璃洋葱”。

相当于甲虫？

中国古代盗贼的基本功是轻身提纵之术，一纵身，上了屋顶。如果功夫好，蛇行猫步，悄无声息；稍有差池，踩破了一块瓦片，屋里就会大叫：“房上有人！”当然也有特别倒霉的，咕嚓一声，掉到人家的桌子上，所幸这种事概率不是很高。

所以我一直幻想做一个古代的贼——不是为了偷什么，只是觉得在房顶上漫步或奔跑是一种幸福。夜色幽蓝，圆月金黄，脚下是沉睡的城市，鳞次栉比的屋顶铺展到天边，御风而行，宁静而自由。

在幻想与现实之间有一个小小的裂缝，就是没有“屋顶”。准确地说，城市在长高，屋顶上可以停直升机，或许还有飞鸟盘旋，但已不再是人能够行走的地方。

当然，这没什么，屋子有顶本来就不是让人走路的。而且高处亦自有高处之妙，比如看窗外乱云飞渡，也许70层天青如洗，而30层正急雨敲窗？

但此情此景也有它的问题。据说在深圳一座70多层的写字楼上，众白领正忙着，忽然抬头：哇！不得了，楼在晃！于是仓皇奔逃，如群蜂炸窝。

如果我在场，肯定跑得最快，从半天里一直跑到地面，就像诗里写的“脚踏坚实的大地”。仰面再看，楼却纹丝不动，这时就会有人告诉我，不是楼动是云动，不是云动是心动——乱云飞渡导致视觉错觉，你就会以为发生地震了。

这种解释很科学，但惊魂甫定，我的脾气肯定不好，肯定破口大骂：这么高的破房子是人待的吗！

人待的地方应该有多高？这是一个问题。19世纪中叶，有一位英国人来到北京，这位老兄就像一切旅游者一样，所知越少越敢说话：“这难道不是北京极大的失败吗？全城没有一栋两层楼的，不是吗？”在他眼里，房屋的高度与“文明”、“进步”和“成功”恰成正比。现在100多年过去，我们的楼很高，而且越来越高，“欲与天公试比高”，这说明我们已经有多么进步，我们已经开始成功地把自己变成房屋中的甲虫。

在一座70层的楼面前，人大概也就是相当于一只甲虫吧？我不知道这种比例在建筑学中是否适当，但在我的想象中，适当的比例应该以人的身体为尺度，也就是说，房子应该让有轻功的人纵身一跃就上了屋顶，这不仅方便了盗贼，更重要的是，屋里的人也会觉得这幢房屋是“我”的，它不太高，也不太低，正合乎“我”的身体对空间的感觉。

当然，这是一种不健康的理想。

大剧院：一只风筝

大剧院是干什么用的？如果是专让洋人显摆他们的嗓门有多高、多宽、多亮，我觉得把太庙的台阶打扫干净就够用了；当然还会有音乐会，当然得是交响乐，据说在那种场合你要是不西装革履你就没文化了，就不体面了，没人嘲笑你，可你将自惭形秽。

大剧院不应成为文化势利的堡垒，不应成为把人分为高雅与低俗、打领带与穿汗衫的门槛，它不是由富有的高雅人士捐款兴建的，它用的是全国纳税人的钱。这座未来的建筑设计得好看还是难看现在已经开始争论，我估计可能会争论50年，但对它的功能却似乎并无异议，报纸上弥漫着“中国将有自己的大剧院”的欢呼雀跃——把皮鞋擦亮吧，把西装熨好吧。

现在是北京的初春，春和景明，我也许会携妇将雏，去广场，放风筝。风筝在天安门背后的蓝天中飘成了一个黑点，溜达着，绕过大会堂，眼前就是那座大剧院了。我们径直走进去，不用爬很高的台阶，不用进巍峨的大门，大剧院的中庭是通航的公共区域，向四面八方开放。我可以看看喷泉和花，看看游客和情侣，在轩敞的视野中我还可以看大会堂的门柱、中南海的红墙，遥看前门、西单一带鳞次栉比的房屋，那有一种世俗的繁华。我可以看电影、话剧、京戏，甚至听一段评书、评弹，最好还能看见几个年轻人在中庭里自弹自唱、自编自演——当然这不大可能——可能我也会听一场歌剧、交响乐，如果这里没有所谓“通俗音乐会”的话。

在我的想象中，大剧院的功能就是如此，它是一个市民的“节日广场”，向所有的人敞开，体现着我们文化的丰富多彩，它是亲切的、平易的、民主的，它不是一个精英俱乐部、一个艺术神话的圣地。

所以谢天谢地，听说这座大剧院将没有大屋顶。这当然会使长安街上的“帽子”风景线出现中断，但北京的“殿堂”情结本来早该收敛。实际上，大剧院的位置给了我们一个难得的机会，使整个天安门地区向南、向西敞开，也就是说，它在文化脉络上是由庄严、神圣的政治和历史象征性景区向着日常生活的过渡，而这一地区目前被正阳门、天安门、人民大会堂和历史博物馆四面封闭，缺乏与周围环境的呼应、交流。

所以，大剧院应该通航明亮，应该充分地体现技术，应该有趣味。它正是我们在天安门广场上放飞的那只风筝，它是飘向未来的，是我们对我们的生活的一次遐想。

（原载《城市批评—北京卷》）

真诚：建筑师共同面对
——首届建筑创作论坛发言摘要

编者按：2002年12月1日，由《建筑创作》杂志社组织的“建筑创作论坛”在北京举行。参加论坛的嘉宾都是活跃在当今建筑设计界的著名青年建筑师。他们以北京中国银行总部大厦设计为中心话题，同时就城市重要街区的主体建筑与城市街区的关系及相互影响，技术支撑和材料运用在建筑作品完成过程中的重要性，工程设计的运行方式、方法及其重要性等问题进行了交流。论坛由北京市建筑设计研究院总建筑师邵韦平主持。建研建筑设计研究院有限公司副总建筑师薛明介绍了北京中银大厦设计的基本情况之后，与会者纷纷发言。

现将论坛发言摘录如下（以发言先后为序）。

张宇（北京市建筑设计研究院院长助理）：

曾经看过贝氏的施工图，发现我们与他们的差距很大。给我印象很深的是，不但是建筑主体，就连周边环境也是由贝氏事务所完成。另外，其模数设计搞得很好，请介绍模数设计与建筑功能是如何协调的，设计范围之内与范围之外是如何重点控制的。

莫平（贝氏建筑事务所建筑师）：

刚才所提到的问题，实际上是一个设计体系。我们做项目时有许多人是跟工程跟了很多久的。国内许多大的设计单位是让刚从学校毕业的学生进行方案设计，而在贝氏事务所则让从学校毕业的学生先做模型，以使他们熟悉公司的思维体系和运作体系。运作体系是公司最基本的支柱，以让新人了解模数的概念，放弃在学校里想象的创意及设想。以中银大厦设计为例，开始时有几个约束，一是高度，二是在工作时我们依模数先打网格，然后再寻找网格的数字，模数之所以选3 450或其倍数6 900，是因为建筑层高的原因，这同时也就出现了1:2的关系，由此形成方格形状并可产生45°线，而同时可以形成45°角。建筑层高为3 450 mm，柱网为6 900 mm，但也可将柱网分成一半即3 450 mm，并通过不断调整，使空间非常准确地与红线齐平。如果不这样设想的话，将会影响到高度比，最后如果不合适时可能会将楼层减少一层，同时也就减少了一层面积。这就是模数的由来。

中银大厦设计之初，贝聿铭先生曾经提出，希望中银大厦的东面和南面是呈45°的对称，因南面是长安街，东面临西单大街，又有一个广场，大厦的东、南两面成为双主立面，自然出现对称的45°。从大厦两个侧面进去，底层形成敞开的平行空间。

一旦这个模数建立之后，所有建筑师的头脑中都建立了一个模拟空间，在规划设计时都去找这个模数或是依其所形成的空间。如果是转角45°或是90°时，都按模数线的要求去找，等大家都习惯以后，各个专业间的配合也显得更加流畅，设计中也避免与模数线相冲突。模数也就变成了一种语言，一种规则，人人都按这个规则去办事。我去香港，看到香港机场内各个环节都很畅通，融为一体，从上到下，从里到外，都是按一个体系来制作的，无论是调整，还是扩展都很方便。如果施工单位也能够理解模数的概念并能加以合理运用的话，施工管理也是很方便的。同一支队伍按照这个体系共同做了几个项目之后，这种体系概念会在所有参加者的心中留有很深的印象，并对今后的发展起到很好的作用。如SOM公司发展至今，它的设计体系中始终贯穿着密斯等大师们所创立的现代主义风格。

中银大厦设计之初，贝先生提出，想用石头来表现银行那种传统的坚石般的感觉，同时也要有通透感，让人可以从里向外看出去，要开窗，而且是洞窗。在做窗户及上部的钢桁架时，所有的内部结构中心点都是按照模数设计发展的，这样它的几何形体从钢结构完成到石头间的交接都能够互相对上。设计时，我们一上来就分为几个组，地下为一组，多功能厅为一组，主体结构为一组，大厅为一组，玻璃幕墙和屋架一组。这几组人都是同时在工作，在同一个细部层面上发展，最后又全定在同一个细部层面上发展，最后又全定在一个标准上，这也是借鉴了模数的概念。室内设计也是以这个模数概念指导，并在施工、建造时要全部表现出来。看上去似乎要求严，实际上不是严不严的问题，而是你是否是按照这个体系去做的问题。

在设计中，建筑师要与那些专门从事构造设计的公司或工程师进行合作，寻求配合，同时将这些专业人员请进来，让他们去和业主谈， 这也有利于整个设计向好的方向发展。

建筑师不是在各个方面都很专业化，也不必全懂，但应该清楚，做什么项目，遇到什么问题，应该去找哪些公司来合作。我建议，国内的设计院除了专门的设计所外，也要专门成立几个这样的部门，要求同样很专业，并对国内外的专业企业有很深的了解，其设备、技术状况怎么样，能满足哪一个档次的要求，其造价是多少，而且还要能与建筑师进行很好的配合，这样就能够形成并完善自己的设计体系。这个部门还可扩大到企业策划，甚至为业主进行许多细节的安排和设计。KPF要在亚洲或国内做设计，他们就要对亚洲以至国内的那些企业非常熟知，这对完成设计是非常重要的。建筑师在设计中找其他专业人员进行配合，可以减少许多担心和费解的问题。

中国银行项目的造价是很高的。在开始时有一个总的预算，只是逐层来控制。我们曾建议估价师进入，但最初没有用；后来随着工程发展，越来越多的设备进入，特别是国外设备的进入，价格成为问题。开始时中方只是很小幅度地与外方交涉降价，而估价师来后一下子将价格降了很多，这也是专业化的问题。

业主刚开始时一定要给中银大厦门前加上大台阶，因为所有在长安街上的国家单位都有大台阶，一是气派，二是防水。贝先生曾说，在东、南两条街走过时，要最小面看到石头，最大面是通透的环境，让空间渗透进去。再如照明问题，贝先生说，能否像法国的香榭丽舍大街一样，让树亮起来，让环境亮起来，而建筑的亮度与周围相互和谐，不要亮得惨白。他强调，中国银行要像一个灯笼，内部亮起来，竹子亮起来，夜晚从窗户看是亮的，光从玻璃向外面渗透。同时在灯光设计、环境设计，甚至标牌设计上都花了很多钱来请专业公司做。

庄惟敏（清华大学建筑设计研究院院长）：

国外事务所的这种体制与国内有极大的反差，我们现在单位内部有结构、电气工程师，他们如同我的兄弟姐妹一般。我要将这些工作拿出去，让外单位的工程师来完成，我们现在的体制是不允许的。

莫平（贝氏建筑事务所建筑师）：

在美国也有像国内设计院这种体制的公司，如SOM等，但他们的经营也是相对独立的，更像是工作室性质的，知道业主有设计任务，就会去向业主介绍有关情况，即便不找他们做，也认真对待业主。创品牌是很重要的，像SOM这样全方位服务的公司，如果管理到位，这种体制同样可以运作得好，也是会很成功的。

朱小地（北京市建筑设计研究院副院长）：

现在这种体制必须要打破。人员、技术必须要能进行很好的合理流通和配置，无论是北京院还是清华院都要互通有无，相互联系，发挥各自的优势和特点，那种故步自封、互不交流的体制一定要打破，一定要改，只有这样才能利于创作的发展和进步。现在我们应该寻求到一种大家可以接受的方式，联起手来，共同发展。否则过不了几年，外国建筑师大举进入，那时我们就只有给人家打工的份儿了。

今天我是以一个建筑师的身份来与大伙儿进行交流的。身为建筑师，我们都经历过许许多多的实际工作，特别是在现场，各个环节、各个专业交叉配合，千头万绪都要找你，要解答各种问题，处理出现的各种情况，尤其是只有一个人在现场时，那种滋味真是不好受。模数设计对建筑师确是一个帮助，如果真能这样做，将会起到很好的作用。

对此，我谈一些个人的观点和看法。

这里面有三个问题应引起注意：一是尺度关系。模数化是以后划分比较简单，对建筑师开展工作很有利，但尺度关系应引起我们的关注。如服务台与大厅整体的关系，墙上的窗洞与室内空间，空调与内墙上几何的变化等关系。如果要是作为展览用，空间还不太明显，但要加入人的尺度，我认为模数并不能解决这一问题。设计中还是要有尺度上的把握。二是模数关系与建筑材料的质感之间的关系，特别是一些细部处理时，模数设计能否把握材质的概念。三是逻辑关系。中银大厦的外立面主要以钢材和石材共同组成，再加上立面上的几何变化，这种表现符合了模数，但材料和结构上的逻辑关系是否得到完整的表达。钢结构的梁和石材的搭接上仅是小小的一段，给人感觉钢的力度很弱，好像只是一个形式上的表达。而实际上钢梁已承载了很大的荷载，石材也给予了很好的处理，但我认为，这几点与模数设计有一定的矛盾，或者说，仅凭模数设计，能否简单地解决这个问题。在设计中如何体现建筑师的作用，建筑师的设计思想如何表达和体现出来，这一点非常重要。

我个人感觉，单就中银大厦而言，贝先生作品在细部体型的处理上有一定的随意性。虽说这个设计通过模数的概念给“交圈”了，但这其中所表达的深层次的含义有一定的拼凑，或是随意一些。如首层处理上，从北向西南有一斜线的处理，据我所知，首规委在批准原来的方案时设计是通过去的，底下是通透的，公众是可以随意通过的。如果是不允许公众通过，那这条45°斜线还有什么意义呢？还有中庭的设计，包括香山饭店等其他建筑，贝先生在设计时都爱通过这样的锥形予以表现，而在中银中庭室内，通过石头、竹子等多种方式予以表现，但这些表现与整体表达、与立面、与室内布局、与功能构成等关系的表现意图是否很清晰？以东南角玻璃幕墙上的钢梁架来说，从外部看，它所表现的是一种大钢梁、大斜撑的立体几何组成，而从内部看则给人以凌乱的感觉，从里面看，建筑的外部关系必然会反映到里面去，也就要求外部无论是怎样的构成，而从里面一定要感到和谐流畅。

我认为：模数是设计的控制线或是基准线，是要求建筑师要在模数里面去做设计，这一点不同于高技派的思想，高技派主要是借鉴建筑的美、材料的美来划分，是一种视觉上的划分。我感觉，贝先生将钢结构的材料引入到他原来那种设计结构中去的时候，有点承载不了的感觉。

从另一个角度讲，贝先生设计的中银大厦确实给中国建筑师带来了一个在中国文化背景下对现代建筑的理解，我认为应该引起我们的深思，就是建筑是做什么的。

从城市设计的大角度来看，我认为，能否

再放松一点，让建筑师有一个更轻松的环境，在更大的控制中有更多一些不同观念思想的介入，使建筑能够更市民化一些，也能够让中国建筑师在实际中增长勇气和经验，树立信心。

莫平（贝氏建筑事务所建筑师）：

在美国的建筑教育中，很强调批评式的教育，以提高学生的能力，在学校教会学生反叛式的思维、挑战式的思维，这一点是国内建筑教学应该强调的一点。我在中央美院上课时，完全是敞开式教学，学生们还很不习惯，这一点要向国外学习。朱小地的观点很鲜明，也可以看出他的做人很敞亮、很透明。

模数的概念不止是在贝氏公司，包括重技派等许多著名的设计公司，如SOM、福斯特等公司。模数不是我们的创意，是一种审美，是一种工具，如同画图的软件，如同一张画了格的白纸。而逻辑、尺度、材料等都是建筑师的问题，与采用什么模数没有关系。设计中对材料的选用，各种不同质地材料的衔接和使用与模数没有关系，只是在交接这条缝隙时可能受模数的一些影响，但在这附近有许多模数线可供选择，这也是模数下的派生问题。

在我们的审美中没有绝对值的观念，在技术和审美上仍然由建筑师选择。

在审美情趣的自我表达方面，我是希望建筑师能够创造出自己的思想和表达方式。贝聿铭先生有自己的语言习惯，别人与他有不同的观点、看法、主张，这是正常的。如果提不出观点，实际上是个人的创意不存在了。其逻辑性、材料的表现等这仍然是建筑师的理念。中银大厦设计中，在使用石头时，要求一定要体现出石头的质感，与其他质地的材料交接时要有一定的缝隙，有一定的规范，突出石头的质感。在室内的石头使用上，要让人感到石头那特有的质地，而不是壁纸的感觉，让建筑没有装饰的感觉，从而使建筑无论是整体还是细部都有一种传统的风格。实际中操作也要求设计师按照这个要求去做。

就国内建筑师今后的发展和未来的形势而言，我认为要求建筑师要更加努力。

我提两个观点：一是平民建筑与公众建筑的问题。我认为，城市需要古典性建筑，也要有重点建筑和满足不同需要的建筑。如巴黎早在200年前进行城市规划时就已经考虑到这一点，其平民化取决于总体规划，强调的是总体形象，这样就可以使平民文化得以不断提高，然后使平民化不再平民，这也体现出它的发展过程。二是建筑的实用性、艺术表现及雕塑性里程碑的问题。像歌剧院、奥运会等建筑，应该体现出它对艺术的追求。贝先生以前曾提出，希望人们能够使用中国银行这个大堂，即穿堂而过，希望有人气。在美国，银行总部都没有银行业务了，它已达到了无纸办公的水平，取钱都是ATM来解决。而中国银行更多的是体现出传统语言，让人看到银行系统在操作，所以它将这一点作为大厅形象，给人的感受不仅是人在走来走去，还有一笔笔业务在不断进行之中。可以说，凡是进入中银大堂的人会感觉到室内是蛮有味道的，同时让办理业务的人及取钱的人感觉到在银行与用ATM办理业务的感受是不一样的，完全不同的。

这种感觉肯定是用钱堆出来的。在解决了人到银行办理业务的同时，也树立了企业在人们心目中的形象，让人感到这是世界500强的形象。另外，通透的处理也解决了内部办公的采光问题。

朱小地（北京市建筑设计研究院副院长）：

随意性与创造性其实是一条很细的线，如果要是以随意性为主，就会把创造性给破坏了，反之亦然。这里我想说明的是以随意性为主还是以创造性为主，似乎每一条曲线都是随意性的，但每一条曲线都代表着创造性。

我觉得模数是一种技术水平，就如同做美容一样，不能是一成不变的模式，因为自然美才是人的美，而且是变化的。如同弦乐演奏要有不同的变化与和声，不能是齐奏，否则就不好听。而模数只是在一个层面上，是一个概念，模数不要成为一种固定不变，影响到发展。

朱文一（清华大学建筑学院副院长）：

我在大学读一年级时就对贝大师非常崇拜，20世纪80年代的香山饭店就曾引起过国内业界的注目。我认为，这里有一个证券标准问题。对中国银行而言，许多中国人首先看的是贝聿铭，不管他设计的是什么，人们对它的期望值是不一样的。因为在人们心目中，贝聿铭已不是一个建筑师的概念，而是全世界华人的代表。而从刚才听到的对设计所做的介绍中，听到的主要是对“模数”的介绍，而对创意都虚过去了。如果评判标准以一个世界一流的设计水平的角度看，也是从贝聿铭大师一系列的作品所表现出来的水平看，可能模数只是一个一般的，可能他的作品中模数已很多了，但在中国作品中还不太多，还不规范。但从贝大师自己的作品中看，这不算是一个特点。以前曾有人说：建筑是石头的史书。我在想，中国银行也就算是贝氏家庭的史书，可以说是完成了对贝氏家庭的总结。比如说，入口处斜交叉的造型结构，整个场地造型是肯尼迪图书馆，中庭又是东馆，而贝大师擅长的45°角的几何形表现得也很充分。我总的感觉，贝聿铭先生将中国银行传到他儿子手里时风格变了，是一种迪斯尼式美国式的设计，这与贝聿铭以往的那些大作不太一样。原来的大作是将一个元素用到极致，要么突出中庭，要么突出金字塔的很纯粹的几何形，而这个建筑不以一个很纯粹的几何形来体现他的风格，而是以美国迪斯尼式的拼接来表现。

对大师而言，其原创性的转移，由原来追求一个纯粹的几何形体变成追求由钢和其他材料所组成的新的质地的探讨，原来的东馆基本上是石头，钢只是用在了天窗部分。从几何形体的丰富来看也与以前不太一样。包括大门前圆形的雨罩，以前在贝大师的作品中也没见过。总结其为迪斯尼式的，可能贝大师不一定承认。

我也听说，这个方案原来是可以从45°角上斜穿过去的，如果是这样的话，我认为贝大师原来的创意还是很成功的，就像东馆一样强调它的古典性。但现在这种形式太不古典了，包括它的使用，可能这是由中国银行在国人心目中的特殊位置而决定的。

我认为中银大厦的室内比室外要成功，而且细部技术比细部造型要成功。总的说，中国银行的设计表现是展示贝聿铭设计思想的作品集，如同买了一本贝聿铭作品集的书一样。

曾经看过一部贝聿铭先生的专题片，片中他曾说过（可能不太准确，但意思不会错）：作为建筑师，你不能把达拉斯的建筑放到日本去，也不能将在日本搞的建筑放到克里富兰去。所以我更愿意将中国银行大厦作为他儿子的作品。

薛明（建研建筑设计研究院有限公司副总建筑师）：

其实今天介绍不是有意看它的模数，其更大的意义是让中国建筑师知道如何对待细部，技术如何在设计中得到贯彻。对于大师在建筑创意上的得失无意在今天这个场合讨论。

从城市设计的角度来看，中国银行在大街上很少有人注意到，这个从某些方面看对国家是有意义的，因为当前的创作太注重自己的表现了，实际上表现得越过分，对城市造成的危害越大。因为从整体设计体制上，整体的技术力量上，往往出不来一个很精致的作品；如果再做得比较怪诞，那就是对城市的破坏，所以哪怕做得平实一些，对城市的作用也会积极一些。而且对周围的环境如绿化等也没有刻意的追求，但最起码它不会让我难受，我觉得这个意义可能更重要一些。单从中国银行来说，并不能代表贝先生一生的最有意义的作品，这个作品汇集了他很多的东西；他更积极的意义我认为还是如何对待周围的环境。作为银行，他也不可能出一个纯粹的几何体，可能有更多的功能上和城市环境上的限制，所以在外形上做得就比较平实一些。中国银行在设计中，对细部、对技术的处理，对当前国内的建筑设计界来说有很好的借鉴意义，建筑原创上所讨论的内容并不亚于国际上的潮流，很多在国际上最新的潮流，在国外的大学校园里或是设计院里都很热衷，而这些是否真正是我们当前亟须的呢？

我认为，当前我们应将基础的技术工作做得更好一些，然后在原创上才能发挥得更到位。

莫平（贝氏建筑事务所建筑师）：

我希望能够建立建筑师自己的建筑语言，

不能让一个建筑师的作品总被人指为像别人的建筑。建筑师应寻找自己对建筑的理解，建立自己的个性，今天我们要做的是对细部探讨，贝氏公司也有自己的建筑语言，而且随着不同作品不断地在进行表达，这种语言是有连贯性的。福斯特的设计其模数一直在用，但造型却不断在变，也很注重节点。节点在模数上怎么能够做得更加完善，每一个节点都做得干干净净，作品都非常精湛。每一点都要考虑，而且都是统一的。皮阿诺做纽约时报大楼时花了很长时间研究幕墙的节点，在皮阿诺的办公室内摆满了结构节点的样品，这都是厂家亲自送的，有的样品比一间屋子还大。样品到后让建筑师去看，去评论。我只是希望概念越简单越好，细部越来越精湛，我不希望有好多的符号。贝先生也曾表示过建筑设计时要学会用减法。我们看到的一些看似平平淡淡的设计，但给人的感觉是很好的，走近后每个细部都可以看，每个转换都做得很精彩。

社会上的建筑师各种类型的都有，我希望他们能有自己独特的语言和思维与我竞争，向我挑战，这样的话，整个社会建筑和文化将更加丰富，更加好看。

北京现在也有一些由国外设计事务所设计的作品，别人曾问我对安德鲁的国家大剧院怎么看，我说，应允许我的观点和他不一样，我也承认他能在作品中体现出他的风格和特点。同时我怀疑他的细部能力，希望他能在细部处理上有新的发展，因为他的细节能力没有，他的浦东机场的细部比香港机场的要差很多。评价好的建筑作品如同品茶，要到最后一滴水时才能品出味道，那才是好的建筑。从设计理念到细部完成是一件很难的事，而且很辛苦，这要有业主财力的支持才能做下去。

庄惟敏（清华大学建筑设计研究院院长）：

《建筑创作》开这个论坛，将大师的作品拿出来，让我们大家共同品评，这是非常有意义的事情。今天这个会无论结果如何，其意义将是非常重大的。

我更关心的是中银大厦的出现给我们造成什么影响。建筑评论是一方面，我更关心的是工程运行的方式和给我们的示范及启发。我有一个很深刻的感受：国内建筑师太把建筑师当回事儿，莫总刚才提到，每位建筑师都爱将自己的作品能更好地表达自己的特征，这实际表明国内建筑师当前的心态问题。在清华设计院或学院，我不怕别人拿不出东西来，而是害怕他拿出太有创意的东西。太有创意实质上是一种浮躁的表现。建筑师出来的东西是产品还是作品，如果真要将其当作产品，具有产品的所有属性，我们评判标准就要发生变化；如果说是作品，那现在有许多人太把它当成作品了。对模数的争执，可以说至少体现了产品的一个特征，高效、经济、浪费最少，模数就是现代工业化后的一个产品的东西。所以说，吸收这一点我是非常信服的。至于当成一个作品在一个网格中予以表现出有创意的东西，那是建筑师的本事。

我倒认为不怕平淡、不怕模数，关键的是如何在大框架中，在模数下面能出来不同凡响的作品。国外事务所在国内运作的模式特别值得我们研究。几家单位进行联合，我认为是个方向，至少可以尝试，可我现在没办法跳出来。安德鲁做剧院不是强项，许多细节、舞台、声学等众多难题要解决，但他说要请法国一流的专家来合作完成。现在的问题是国内的单位很少能这样进行合作，这实际上是一个机制的问题。

中银大厦对我们的影响是如何在三年内解决我们的机制问题，三年内将完成我们的机构改革，我认为这是最大的问题。到那时候，我院再是一个综合院，就一点优势都没有了。

现在的市场很大，机会也很多，国外的专项事务所找我们的也很多，主动要求与我们合作，这种配合、这种机会很多，关键是我们目前体制的问题。国外事务所经过长期合作，彼此之间非常了解、熟悉，之间建立了信任，这种客户关系要维持住是非常难得的。而创作中的原创性、创作理性和表现手法，是与建筑师的修养、品位、追求有很大关系的。

胡越（北京市建筑设计研究院副总建筑师）：

我与庄院长及很多建筑师有同感，中国银行大厦从建筑设计上讲可能存在很多争议。许多人认为其不能反映贝老先生原来的水平，现在下降了，与小贝的水平有关系。但在一些具体的处理方式上，从设想到完成的过程、设计的手法，无论如何都是一个成功的建筑。模数是一个方式，在西方已经很普遍，但在中国这是一个薄弱环节。

我当初找人来参加论坛时，许多人问我：为什么谈贝聿铭啊？就觉得贝聿铭过时了，他不如当前一些欧洲的建筑师时髦。我认为，我们今天不只是在读一幢房子的设计理念，而最实际的是如何提高中国建筑师的设计水平。这幢房子特别切中要害地反映了这方面的东西，也就是中国建筑师当前最缺的东西。一个是管理机制，一个是专业传统还没有与国际接轨。进入WTO后，有人不服，但我们当前的基准线与一个国际性的高水平的大事务所的的确确还存在相当大的差距，我们还不是很了解这个东西。原来上学时我不太喜欢贝聿铭的设计风格，1997年我去美国时看了他做的很多建筑，之后再与其他的建筑师进行横向比较后，我心里就比较佩服他了，因为不是所有的在杂志上看到的明星建筑师事务所能够做到他的那种水平，因为通过图片和表现图看到的与实地看到的效果是不一样的；去亲自看，到这个建筑里面去亲自感受一番，他能够通过各种方法和手段让人感受到他的思想和创意，这与时髦的建筑师完全不一样，给我的感觉是非常的好，无论里、外的立面都很好。其他一些欧洲明星建筑师们的建筑倒很令人失望，因为他们做得很复杂，没有很具体的技术来保证它。而贝先生的作品能够做到立面给人感觉很舒服，许多看似不理性的东西通过计算机等其他先进的技术和方法也表现得很有理性，这几个方面都值得我们学习。

给我印象特别深的是，如何将专业的设计传统实现，是通过模数化或是通过其他方法一步步地将它实现，这个专业传统在中国目前欠缺得特别厉害，可能是体制问题，也可能是大的社会环境问题，以致我们建筑师做出来的作品都是简单的轴线，再有很强的关系，然后外面就做好了。这其实很难控制某些细节的东西，这是很尖锐的问题。

我认为，建筑最后给人的感觉应是视觉上的，反映在两个面上，就是内外两层立面。我们现在的设计程序似乎是本末倒置，刚开始让结构先合理，内外墙光找了一个和轴线相关的尺寸，窗洞也是按此设计，到了最后就不是减法而是加法了，以致到最后就很随意。真正的建筑数字最后是一个碎数，而结构却是一个整数，这是程序倒置的表现。我认为，贝聿铭或是其他国外公司的模数是先让最外面的"皮"最理性，然后再去推里面的数字，就如同现在楼梯设计一样。

莫平（贝氏建筑事务所建筑师）：

在做中银大厦的屋顶时，贝先生考虑用什么结构，开始时用柱子在中间以球形节点方式做空间架，当时他就站在那里，想了一会儿说，节点没法处理。后又抬头看了看，说这个可不行。他这时不考虑屋顶造型是什么样的。这说明，设计中概念处理完全是与细部呼应在一起的，从大到小，再从小到大。这说明，大师对细部的处理是时刻都想着的。一些有名的建筑事务所是以做方案而出名的，如果走近了看他们的细部，是会让人很失望的。

胡越（北京市建筑设计研究院副总建筑师）：

中国现在不止是机制、体制、运转方式等方面的问题，还有社会的配合问题。从这个问题上看，中银的设计能让我感受到专业的习惯。对于材料和技术支撑的运作方式，在中国显得很幼稚，很不成熟。这种精致的设计，中国现在还没有能够保证其正常运转的体制将它做出来。比如贝聿铭在为中银用石材时做了各种各样、全方位的测试，仅是试验用过的石材就在试验室堆了一大堆，这可是保证他达到设计标准而必须要有的环节。中国建筑师很难做到这一点，这方面的技术支持是很欠缺的。

我觉得在城市设计中有许多问题不是建筑师能控制住的问题，而是规划部门，这种尺度、这种建筑与街道的关系都非常值得商榷。

现在的交通越来越紧张，道路越来越宽，建筑与道路越来越不亲善，这种状况是有很大问题的。

在城市设计中，美学占有相当大的比重。城市设计中要更多考虑的是人，而人的行为规范会对空间造成影响。在纽约的电报大楼底层就是一个空廊，行人可以从中穿过，但后来发现一到晚上就有好多流浪汉又在这个地方过夜。本来是一个很高档的场所，一个给人提供的城市空间，可一到晚上就成了问题的空间。所以说，城市设计当中有许多人的影响因素，而不是建筑师的自作多情。

莫平（贝氏建筑事务所建筑师）：

中银大厦刚开始设计时，业主希望在大堂有椅子。贝先生表示不能加椅子，希望来人是站着的，是走动的，不希望坐下来。

胡越（北京市建筑设计研究院副总建筑师）：

大家都认为模数是一个手段，而建筑的两层皮需要用材料来表现出来。在古代没有现在这样进行装修。那时的建筑比现在真实一些，那是因为结构、材料和装修就是一种东西，不存在诸如分格等问题，现在变得不真实了，因为支撑房子的结构与房子的外表没什么关系。

柳亦春（大舍建筑工作室主持建筑师）：

我觉得模数与审美、与逻辑是有关系的，这就要问模数是从哪来的。有的将模数作为工具，有的将模数作为一个出发点，作为构思的一个主要手段，等形成一个手法后，大家都将其当成一个游戏规则，这对今后工作会有很大的好处。

就如同模数一样，建筑本身不同尺度、不同材料的质感可以产生不同的作用和效果，但可以通过模数表达出来。位于上海的中国工商管理学院，它实际上就是通过一条青砖，就让人感到中国建筑的意味在里面。这也是控制整个建筑的唯一元素，进到门口就有如同进到修道院的感觉。建筑师在设计时就希望有一种意味在里面，从而将自己的理念贯彻到其中。因为每个建筑师有着不同的感悟，如同认识贝聿铭也是走过一个过程，而真正认识他要到他的建筑中去亲身感受，而这时才明白照片是没办法表达的，也只有有了这个感悟后，才会在自己的作品中将自己的感悟表达出来，这肯定是真实的。

建筑师的这种感悟是要告诉大众的，不要因为老认为不美而放弃自己的感悟，这是不对的。这种感悟长期以来是客观存在的。为什么人们站在古罗马时期的建筑旁能够有所感悟，也就是说这种感悟是长期存在的。相信许多群众站在中国银行的大堂中时也能感悟到美，这不仅是因为它的高大，也包括宏观世界内装饰，包括竹子、石头、月亮门所带给人的联想。这就是建筑师带给人们的内容。我认为，模数对审美很有用处，真正将其作为手段是可以带来建筑美感的，你会感觉到这种魅力存在的。

我认为国内最缺乏的是模数，也就是细部问题，如何处理细部，建筑师、工程师对待细部到底是个什么样的态度，细部处理在建筑创作中是个什么地位，都值得研究和探讨。国外一些大事务所在定方案时用了多长时间，而在研究细部时确实费了很大的精力。我的几个同学也曾建议，中国能否出一本专门讨论细部的杂志，这可能对中国建筑更有意义。《建筑创作》由北京院主办可能会办得更有价值，更富于意义，办得会更好。希望杂志能更倾向于工程方面，倾向于工程运作，倾向于细部节点，这种细部节点的表现除了能够给工程实践有很强的指导、参考意义外，同时也能带来很好的美感。

崔彤（中国科学院北京建筑设计研究院总建筑师）：

刚开始听说中银大厦是贝聿铭的设计，感觉也没什么意思。后来听说是他儿子的作品，终于也嘘了一口气。总归是儿子的东西，与老子的就是不一样。

后来到建筑中看过，联想到这是否有一种城市肌理和城市概念在里面，感觉不错。在我们国家来说，做起欧洲那种只限于美学基础上、模数化的东西，这不仅是视觉上的，包括梁、柱、斗拱的形式，它还要从建造角度、等级角度、结构角度等进行整体的模数化考虑。同时在其实质上不止是一种形态上的，也有建造上的问题，经济上的问题，还有美学的概念在里面。

我首先惊叹的是它的成熟，一旦建筑成熟的时候，势必有一种手法、一种逻辑化的内涵、一种技巧的完成。我觉得这是一种值得我们学习的经验和技巧，值得研究。把它推行，让它成为我们建筑师的一门必修课。同时引发一种思考：中国的设计院要想完成一个好的设计，除了模数之外，还要有好多种运作方式。一个方案确定之前，设计师要拿出好几种方案进行比较，包括结构、电气、设备各个专业，这对中国建筑设计队伍的成长都是有很大帮助的。一个设计的完成不仅仅是一个方案，它还有许多在工程过程中要改造的内容，许多尺度的确定仍要到现场去感受。同样，中国建筑师会有相当的时间是在现场去完成自己的设计。我认为，《建筑创作》有能力、有高度为中国建筑师真正进入国际化市场的精品打造出一个高度来。《建筑创作》可以成为完成一个精品创造的过程中不可缺少的东西。我非常希望能看到这样一本刊物。

张宇（北京市建筑设计研究院院长助理）：

以前有过对金融街、对八一大楼等建筑进

行评析，大家全是哄哄然，没有听到什么反对的意见；今天则是“百花齐放、百家争鸣”，各种观点都有，这非常好。《建筑创作》现在已有了一定的影响，但朝哪个方面走、如何定位也想听大家的意见。杂志中的论坛能否就定位于对建筑的评析，可否加强建筑批评方面的内容。

国内现在还没有一个比较完整的对建筑的评析体系和标准，我认为有几个条件，分几个层次来评析建筑。一是必要条件，就是原来说的经济、适用、美观，还有是模数的概念；二是充分条件，要随着时代的变化，有一种符合当地、当时流派的取向；三是支持条件，就是要有经济的、环境的条件给予支持。

建筑师今后既要有经济发展责任，又要有社会责任感，要是权衡下来说不太容易。现在的建筑师心态比较浮躁，都想当大师，又都想出东西。现在缺乏正确的创作理念和理论予以指导，一些设计方法也不太科学。此外，建筑设计环境也不太好，一些领导意图让建筑师无所适从。如何建立正确的价值观，对建筑的思想有很大的影响。中国现在有头脑、能进行抽象思维的建筑师还是很少，与国外建筑师相比还是有一定的差距。建筑评论同时对业主也有很好的作用，可使他们从正反两个方面认识建筑。建筑评论中反叛的东西还是应该有，正反面的内容都要有才好。

莫平（贝氏建筑事务所建筑师）：

国外搞建筑评论的不是职业建筑师，他不是就某个学派、某个观点发表意见，而是从历史、从艺术的角度发表看法，提出自己的观点。

邵韦平（北京市建筑设计研究院总建筑师）：

听了大家的发言后很受启发，我认为，现在是到了构建我们中国建筑新体系的时候了。因为现在这种运作模式都是在计划经济时期建立起来的，许多创作方法也是模仿式的，有许多只可意会，不可言传的东西在里面，很随意的，所以造成不成熟、深度不够。通过对中国银行大厦的评析可以看出我们的差距是多方面的。我认为中国建筑师出精品比国外建筑师难上加难，这不仅是建筑师自身的问题，还是一种机制的问题。通过我们的分析，可以找到我们前进的方向，像模式化的概念、像工程设计分包的做法等，都对我们有很大的帮助。可以说，这种讨论确实达到了目的。

另外，我个人认为，中国银行虽然不是贝氏最高水平的代表，但仍可为我们起到示范作用。榜样的力量是无穷的，我们可以通过贝氏的工作模式找到自己的差距。从这点上说，中国建筑师应反思的东西就更多一点。

（原载2003年1期《建筑创作》）

如何理解地方特色

郭明卓

自从党的十一届三中全会决定在我国实行改革开放政策以来，中国的经济蓬勃发展，举世瞩目。中国的城乡发生了翻天覆地的变化，在各大城市，乃至中小城市和乡镇，各种建筑物如雨后春笋般拔地而起一片生机。中国建筑在经历了这22年的大发展之后，仿佛仍然停在十字路口，使人感到困惑和迷惘。建筑创作的主导思想是什么？众说纷纭，莫衷一是。开展这方面的研讨，使认识渐趋明朗，有助于我国建筑创作水平的提高。为了这个目的，在这里也谈谈个人不成熟的看法。

一、我国建筑发展的现状

1.我国经济的蓬勃发展，对各类建筑物的需求十分大，商业写字楼、酒店、购物中心、住宅、别墅、学校及各种公共建筑大量建设，已形成了世界上最大的建筑设计市场，给我国建筑师带来了空前未有的机遇。中国建筑师在开放政策中得到的好处是了解了世界建筑，大量设计作品和理论被介绍到中国，过去羡慕外国建筑师可以随心所欲地应用的先进材料和技术，现在也充斥着我们的建筑材料市场。许多地方的主管部门也放松了对建筑创作的诸多限制，逐渐把建筑创作和一些敏感的意识形态问题分开对待。建筑师有了一个比较宽松的创作环境。中国建筑开始了一个学习和融入世界建筑潮流的过程。一些杰出的建筑师和优秀建筑设计作品也出现了。当然，世界建筑界在意的，还不是在中国涌现的新建筑和它们的作者，而是中国这个世界最大的充满商机的建筑设计市场。

22年来，我国逐渐形成了一支庞大的建筑师队伍，出现了许多设计单位，市场上的竞争，特别是在中国经济由过热转入理性的正常的发展轨道之后，正在变得日趋激烈。行业协会徒有虚名，根本无法保护同业的利益，压价竞争愈演愈烈，简直是自相残杀。在这种情况下，建筑师又如何能潜心创作，做出精品。加上近年各大城市的政府官员，一有大型建设项目，必搞国际竞赛，外国建筑师乘机杀入中国市场。上海大剧院、浦东国际机场、广州新机场、广州新体育馆、广东奥林匹克体育场、广州会展中心、北京国家大剧院……都被外国建筑师夺标。我国建筑师的日子真是越来越不好过了。

2.我国虽有一支庞大的建筑师队伍，但素质参差不齐，整体水平还比较低，多数的建筑师对现代建筑设计还处于学习模仿的阶段，受世界上各种建筑思潮的影响，思想比较混乱，存在着很大的盲目性。许多建筑生吞活剥地照搬照抄外国一些著名建筑的设计手法，高层建筑的体形变化过多，顶部过分堆砌，琐碎零乱，似东施效颦。

3.建筑师从事建筑设计，应以业主的信任为基础，不少业主和个别地方领导人文化素质低，对建筑艺术知之甚少，但财大气粗，或依仗权势，对设计横加干预，你不接受我的意见就不给你做，建筑师只好忍气吞声。有人说，房地产公司的老板和一个城市管城建的副市长，是总建筑师的总建筑师，就是说的这种情况。

4.为数不少的建筑师，缺乏道德操守和敬业精神。为金钱和复兴所驱使，他们大搞无证设计，做出大量不负责任、粗制滥造的作品。就是在单位做的工程，也是为了创"产值"而粗制滥造。一个大型工程设计，只有基本图纸，加上楼梯间和厕所大样，就算完成。我很钦佩日本建筑师的敬业精神，有些建筑看似平淡，但你细看就会发现建筑的细部都做了精心设计，室内空间处理得当，室内外环境的设计也恰到好处，使你觉得这个建筑非常耐看，像品茶一样，令人回味。我想，如果我们的建筑师也能像日本的同行那样，认真设计建筑的细部和环境，效果就会好得多，这并不是设计水平问题，而是职业道德问题。

二、如何理解"民族性"、"地域性"和"地方特色"

我认为，"民族性"、"地域性"和"地方特色"只是在个别建筑设计面临这类的特定主题时所要考虑的问题。今天，不可能，也不应作为我国建筑设计的主导思想来加以强调。当我们在某一历史文化遗址设计一个陈列馆，我们会考虑"民族性"；而我们在风景名胜地区设计旅游观光建筑，我们一定会考虑建筑的"地域性"和"地方特色"。这是每一个建筑师都会这样做的，根本不需要多说。反过来，如果我们在广州市中心的金融区设计一座甲级写字楼，我们会尽量设计得现代和雍容大度，它与纽约和东京的高级写字楼应该没有什么区别。这时，我们要考虑的就不是什么"民族性"和"地域性"了。上海浦东陆家嘴金融区，现代化的高级写字楼群已成为中国现代化的象征，是上海人乃至中国人的骄傲。这些建筑，几乎都是外国建筑师设计的，设计者一般并没有强调什么"民族性"、"地域性"，而我们并不感到它们屹立在中国的土地上有什么不好。事实上，建筑文化的发展早已突破了国界，成为世界性的潮流。现代资讯技术的迅猛发展，加速了各国建筑风格的融合。建筑艺术的精品，应是全人类共同的精神财富。建筑是有很多可能性的，建筑师根据各个设计任务的不同情况，在民族性、地域性、环保、智能、高科技等各种不同主题的多方面引申，都可以成为建筑创作的出发点，应由建筑师设计时酌情处理。对一般的建筑设计都要求强调"民族性"、"地域性"，只会束缚建筑师的思想，不利于繁荣创作。

“民族性”应如何理解呢？我认为“民族性”不是仿古或复古，不是戴帽子，如果这样，就把“民族性”简单化、庸俗化了。北京的所谓“古都风貌”、西客站，就是这方面的例子。上海金茂大厦挺拔高耸，超现代的金属外墙熠熠生辉，是现代化大上海的标志性建筑。其塔楼的收分和水平划分、顶部的处理却成功表现中国重檐古塔的神韵。它的出现足以使那些标榜“民族性”实质是仿古或复古的中国建筑相形见绌。

我认为，“民族性”是要把民族的精神在现代的建筑作品中表现出来。在这里，我要强调，不管如何体现“民族性”，建筑首先应该是现代建筑，而不是仿古或复古建筑。如果建筑师没有深厚的中国文化修养，又如何把握到中华民族的民族精神？所以我主张建筑师要读书，读中国文学、历史和哲学著作。建筑师有了深厚的中国文化修养，还必须熟练掌握现代建筑设计技巧，才可以在某些特定的项目作些“民族性的”探索，这是阳春白雪式的精品创作，不是翻开一本《营造法式》，拼凑几个天井，盖上几个大屋顶就可以做到的。在这个题目面前，由于自己学识浅薄，我是知难而退的，至今未敢搞过一个“民族性”的设计。国内“民族性”口号喊了这么多年，我觉得南越王墓博物馆是其中一个成功的作品，它很现代，没有大屋顶和庭院式的平面，却渗透出浓厚的民族精神。我们应该欢迎有心有力的建筑师去探讨“民族性”，同时又希望那些庸俗的大屋顶建筑不要再冒出来。

再谈谈“地域性”和“地方特色”。一提到“地域性”，许多人会提到广东的“岭南建筑”。但是除了一些带骑楼的竹筒屋，莫伯治先生早年设计的白云山庄施舍、北园酒家和他近年设计的风景旅游建筑，我们可以看到一些“岭南建筑”的特点之外，广东22年来建成的建筑物有几栋可以算得上是岭南建筑呢？与广州地区许多同行谈起这个问题，大家都有同感。我认为保留某些有代表性的古旧建筑是必要的。如广州的西关大屋、竹筒屋、骑楼，北京的四合院，新加坡的牛车水等，可让人们看到建筑文化的历史沉淀，了解当地的历史和民俗。但这些建筑形式并不适合现代生活需要。设计当然要考虑建筑物所在地的气候条件，当地居民的生活习惯、文化传统，也会选用一些地方材料。

但今天的广州人已进入信息时代，有着“率先实现现代化”的雄心，在住宅的设计方面，他们向往的是“生态小区”和“智能小区”。虽然广州的天气还是一样炎热，但他们宁愿要江景、园景、山景，而不一定要东南向穿堂风，因为家家都有冷气。各种档次的居住小区，设计合理、环境优美、设施配套，谁还愿意住在阴暗潮湿的西关大屋或竹筒屋里？广州街道也不是过去那么狭窄，在宽阔的大道上建那种压到路边线盖住人行道路的骑楼合不合适？“现代化”是我们这个时代的特征，是社会生活的主流，那些不适应现代生活需要的建筑形式，我们不应再生搬硬套。相反，在当今的生活里，是否会出现一些新的“地域性”或“地方特色”呢？新加坡的住宅设计没有再依照牛车水的住宅形式，而创造了首层架空，作为绿化和居民活动场所的形式，这就是新的“地方特色”。而今天，这种形式亦为广州的住宅经常采用，很受居民的欢迎。从这里，我们是否会得到一些启示呢？

三、建筑当随时代

明末清初时的画家石涛和尚针对当时四王把持画坛，复古主义盛行，提出了“笔墨当随时代”的口号。我很喜欢石涛的画，他是清初与陈陈相因、“泥古不化”的画风作斗争，反映出特定的时代气息，表现出强烈的个性特征的艺术大师。“笔墨当随时代”这句话使我很受启发。艺术的本质在于独创，建筑又何尝不是如此？建筑应反映社会，反映社会在经济、科学技术和文化艺术的发展和进步。表达人民对未来生活的向往和憧憬。建筑师不应墨守成规，“建筑当随时代”。建筑，更多的是向前看而不是怀旧。

建筑师应该目光远大，不能只看到自己居住的地域，要放眼全国、全世界。世界很大，世界很精彩，但在现代资讯技术飞速发展、日新月异的今天，世界又很小，你在电脑前既可看到全世界。

中国今天的建筑师是幸福的，我们要珍惜现在的条件，打破民族、地方的界限，学习、分析、博采众长。把握时代的脉搏，表现时代的精神，把最新、最美、最现代的建筑奉献给人民。我们要打破各种人为设置的壁垒，让中国建筑融入世界建筑发展的潮流之中，只有融入潮流，才能跟上潮流，只有跟上潮流，中国建筑才能在短时间内赶上世界水平，真正出现百花齐放的繁荣局面。

“建筑当随时代”——这就是我们在建筑创作中应该明确的主导思想。

（原载2003年3期《建筑学报》）

建筑表现什么

关肇邺

建筑表现什么？绝大多数建筑师会想，或者明确地说，他追求的是表现“时代精神”。我们只需看看近年的新建筑，特别是如果翻翻建筑杂志中那些尚未建成的方案，就会很清楚，那是设计者憧憬的方向。当然，“时代精神”对不同的人来说，是不同的。如近年来对房地产商来说，“时代精神”就是所谓“欧陆风情”；对许多军政领导来说，“时代精神”就是小一号的“八一大楼”。建筑师不一定那样想，但是可能不得不照那样做。绝大多数建筑师想的“时代精神”则可能是充分地表现新技术。

一个时代的精神本是在各个方面都有表现的。哲学思想就会有一个时代的特征。文学、艺术、音乐、社会观念——在不同时代都有不同的表现形式，但是最为明显的、直观的、无处不在的表现，则是那日新月异的技术。所以人们一想到新时代或一想到未来，就会联想到新技术。20世纪初期的各种《科学画报》所描绘的“未来世界”如果要以一张画来表现，那画中所表现的，就和今天的高技派建筑差不多。何况在包豪斯所建立的现代派建筑，更明确地规定了现代建筑的主要原则之一是艺术和技术的统一；建筑外形只应当表现内部空间和所使用的材料和技术。这样，就在近一个世纪以来，建筑形象表现技术，就成就了其无比的认知地位。本来这也是历史上一切成熟的建筑体系共有的原则，发展起来的共同规律。现代主义这样提倡，更促使建筑只需耗费相对低廉的造价，因而它简洁明快、真实坦诚、合乎逻辑的体形和细部等所表达的新时代精神逐渐为人们所广泛认同就是理所当然的了。

但是，凡事不能太绝对。技术原是取得建筑内部空间和外部形象的手段，然而为了达到形象与技术相统一的教条，技术却变成了必须表现的目的。这就促使事物向着它的反向转化。实际上在理性思维正渐上升之初，非理性思维已经开始萌生发展了。密斯·凡·得·罗在纽约的西格拉姆大厦，这座他在美国最重要的建筑上，为了应付美国防火规范钢结构不得外露的规定而又不失把钢结构表现出来的原则，他将工字形的铜质杆件挂在柱的外面，以起到其象征真结构构件的作用。现代主义是不赞成建筑上加装饰的，然而这种表现技术的做法在原则上与挂装饰品有什么不同吗？福斯特为了达到将香港汇丰银行的所有结构及设备全部精确暴露的目的，像许多后来的高技派建筑一样，把一切构件都以高级材料施以精加工后展出，令建筑造价上升为当时世界之最。这和现代主义兴起时的初衷——尽可能降低造价，为劳苦群众服务的原则，还有什么共同之处吗？

悉尼歌剧院开创了另外一类违反现代主义原则的先例：外形和内部空间的完全脱节。在1956年的一次国际竞赛中，伍重的方案先是由于现代主义理念不合，理所当然地被评委会所淘汰，但迟到的评委主席埃若·萨里宁却从废纸堆里把它捡了回来。不知是靠了他的说服，还是靠他的权威，最终评委会还是接受了它。按伍重的想法，那船帆似的外形，原是要与三维的空间整体结构相结合的，然而当时的设计却未能解决这一难题，经过了10年的折腾，才以二维的平面拱券方法加以解决。这致使他在1960年开始时所做的700万美元预算拖到1973年却以实际花了1亿美元之高价得以竣工，竟超出原预算10余倍。当然几十年来它享尽了各国人士的赞誉，甚至可能因它而对悉尼争得了2000年奥运会主办权起到了决定性作用，可是建筑业内人都明白这只能是个特殊环境下的特例，决不是方向。但是谁也没想到，这种空间与外形全不搭界，又所费不赀的手法，到了世纪之交的时候竟也成了一种时尚，这无非是为了显示现代技术可以做那么大的跨度，从而夸耀权力和财富而已。

这种将技术手段变为目的的思潮，已经发展到了极致，它已不只是自然的表露，而是为了表现而夸张，而加大、加高，增加其复杂程度，完全不顾后果。许多情况是具备技术经济条件的建筑要表现，不具备条件的也要装出貌似高技的形式来表现。对表现技术已到崇拜、痴迷的地步，成了不折不扣的技术拜物教。

新近被选定的北京中央电视台新楼方案以违反结构合理性的方法来显示其技术之万能，好像是一场令演员肢体伤残的方法以博得观者称奇的杂技表演，人们得到的是在大厦将倾时的恐怖和刺激。并无任何美感可言却要付出沉重的经济代价（据说为此要多费1/3的投资）。然而，把显示技术作为目的的时尚带给我们的绝不仅是物质上的浪费，还应看到其不可以数量计算的影响。建筑艺术作为造型艺术的一个领域，对居者、观者具有影响其思想情绪的作用。这点，两千多年前中国的萧何，几十年前西方的丘吉尔都有过大家所熟知的论述。他们是政治家中的智者，能从凝固的建筑上，看到活着的社会、看到人和人的思想。建筑师其实每天都在自觉或不自觉地通过自己手中的笔在对人们起着教化作用。当然，建筑不可与一篇文学作品、哲学或历史著作、一篇政治论文、一场戏剧或电影一样的直接、明白、迅速地影响读者、观者的思想，但它可能以更广泛、更含蓄、更深层而持久的方式起到潜移默化的作用。

在一所大学校园里，有新旧两个区。旧区建于20世纪二三十年代，建筑都不很高大，形态朴素而庄重，掩映在绿树青草之中，素雅而幽静。新区是近些年建的，成群的高楼大厦座座都是壮观气派、争奇斗胜。一位去国外多年的老校友回来看了几天之后，说："在老区令人想读书，在新区令人想赚钱。"这种类似的情况在全国的大学校园中多得很。

技术表现的过热化，在人们的意识中可能有什么影响呢?

我们习惯将科学和技术连起来读成科技。

虽然技术总是以科学的进展为基础才得以发展的，但是科学和技术是两个完全不同的概念。科学的任务是对世界（自然的、社会的）的探索和理解。这是一项永远不能说是完成了的任务。因而科学的方法总是实事求是、严格认真的。严肃的科学工作者的态度总是谦虚的。科学家总是说“如果我望得更远些，是由于我站在巨人肩上的缘故”，或“我的成就只是在无际的海滩上偶尔拾到了几颗晶莹的贝壳”。而技术的任务则是干预、控制、改造事物，影响事物的进程并制造新的物品。技术的成就常是有意无意地被夸张了。这里特引一段巴西著名环保主义者、诺贝尔奖获得者何塞·卢岑贝格的一段很值得玩味的话：“在对自然界进行观察以及在与自然对话的过程中，科学总是表现得谦恭、深沉，同时又是令人满怀敬意的。而技术总是高高在上，做出主宰一切的姿态。在大多数技术官僚的手中，技术变得野心勃勃，并且是常常带有破坏性的。科学是不容许谎言存在的。当一个说谎、虚构或采用欺骗的行为方式时，那么从定义上说，这个人就已经不再是科学家。而技术却是充溢了谎言的。”当今绝大部分技术和基础设施的使用的技术以及相当数量的实用技术，都是为进一步集中权力这个目标服务的[1]。技术的发展，从其本源之动力来看，它总是为了使其主体（个人、团体、集团乃至国家）在与对方的竞争中压倒对方，从而取得最大利益；或是在向自然的索取中取得最大值。从技术发展源起和过程中，其所关注的始终是效能、效率；在市场经济环境中，技术总是服务于“积累最大化”这个市场经济目标。技术总是极端功利的。

“当前人类已经具有极大的能力，却不具有正确使用这种能力的智慧”。这已差不多成为人们的共识。今天谁都知道人类已深陷生态危机之中，这正是人类滥用技术的结果。技术之所以表现出愚蠢的骄傲和可怕的破坏性，就因为它的使用已失去智慧的指引。就因为它在市场的整合之下，一味服务于人类的权力欲和贪欲[1]。发展技术的思维方式总是只关心最基本的逻辑问题。它既不像科学那样谦虚深沉，也不像一切人文学科那样关注诸如“人类的最终目的是什么？什么东西能够培养‘人的美德’或者‘一个人应该怎样活着’这类伦理、道德问题”。如果说在20世纪之初的技术专家们具有为了改变自然、征服自然而全身心投入，完全不顾其他的品格应当被赞颂的话，那么在20世纪之末，它已经越来越被看成是愚蠢的、错误的甚至可能是不道德的了。也许最富于象征意味的是，掌握了最新技术的专家，在全球的质疑和谴责之下，为了其“辉煌”的技术成就，已经克隆诞生了第一位无性生殖的女婴“夏娃”。它集中地表现了技术从其发展之目的、源头来看，是不关注伦理问题的，甚至可能与伦理道德发生尖锐矛盾。

当前在建筑学领域，情况正是极其相似。人们拼命地利用新技术的可能性，夸张地显示技术的权威，以此来体现“时代精神”。它傲慢地俯视着解放了它的“渺小”的人类，正如打开瓶盖的渔人看着瓶中冒出来越来越大的魔王，还没想出办法来骗它回到瓶中去。或者说，海滩上的两个封着口的瓶子，其中一个是可供人驱使的金刚力士，一个是吃人的魔王，渔人还不具有识别它们的智慧，一下子把两个瓶盖都打开了。现在人类正为了“取得最大的利益”，也为了好奇，加速利用手中掌握的技术来向自然界索取。我们有些建设规模越来越大，大到没有必要。它们占用了过量的土地，今后还要无穷尽地消耗资源，破坏生态。它们的超大尺度令制造它们的人不像是它的主人，倒像是在它们气势汹汹的高压之下供它们驱使的奴仆。更谈不上“诗意的栖息于大地之上”了。有些建筑形象奇诡，完全割断了人们对历史的记忆，也完全令人和自然母亲隔绝。由于它们缺少维系感情的根系，过不了多久，就又遭淘汰而被拆除，另辟蹊径。反正有强大的技术可以利用，拆和建都容易做到，从而反复地、加倍地浪费资源，加速自然资源的枯竭。同时这样的环境，也在塑造着人们的思想、观念、情绪。人们急功近利，心情浮躁，人们认为技术万能，金钱万能，人们在炫耀权力、炫耀财富。这一切都在建筑上表现出来。

当然，技术是把双刃剑，它在建筑上的不同表现，对于人的精神亦有不同影响。有的设计者也在努力赋予现代技术以人文的内涵。奥托1972年所做慕尼黑奥运场馆群，其顶盖是以小块变色玻璃组成的帐篷，在强光下可以略略变暗，而其起伏的轮廓则与远处的阿尔卑斯山遥相呼应，体现了与自然的和谐。努威尔所做巴黎阿拉伯文化中心所用的相机快门式幕墙，既可根据外界光线强弱变化的自动调节开放大小、控制光量，同时形成了阿拉伯常见的装饰图案，从而点出建筑的主题。贝聿铭所做日本美智美术馆以钢和玻璃建成东方传统风格的大门也极得体，和谐地站立在绿色山谷之中。这些都与被讥为“把肚肠全翻出来给人看”的蓬皮杜中心之给人的感受，自然是大不相同的了。

决定建筑的因素是复杂的，并不全取决于建筑师。然而建筑师在这方面绝非完全无能为力。在设计里多一些为了实际需要而利用的技术，不要那些花架子，多一些真诚和实事求是，多一些人文精神和人文关怀，多一些和谐、谦虚和情感，是可以做到的，因而对人们的思想情绪产生一些积极影响，应该也是可以做到的，虽然那绝不是一件容易的事。

（原载2003年第4期《建筑学报》）

参考文献：

[1] 卢风，费平．技术、经济学、科学、哲学．清华大学学报（哲学社会科学版），2002，4.

“合作设计”的自省

朱小地

目前，工程设计采用国际招投标方式已是司空见惯的事，而且在很多重大项目的国际招标中所邀请的境外设计公司数量明显多于国内设计单位，有些项目根本不邀请国内设计单位参加，如果要参加也得和一家境外设计公司合作。当然在这样的前提条件下，境外单位中标的可能性大大提高了，因此国内外建筑设计公司的合作设计也就越来越普遍。

对于业内人士来讲，“合作设计”的概念是因为境外设计公司对当地的各方面情况不了解、相关的政府部门又无法管理等原因而形成的一种国内外设计公司合作的方式；但是其他方面对“合作设计”的理解则倾向于改革开放初期“合资”的概念。合资完全是资金的引进和利用，而合作设计则可提升到文化层面的“合作”。对于国内的设计人员来讲，到国外留学、参观、交流与合作设计不同，因为在合作设计中我们往往处在文化的弱势，你必须首先认同别人的文化，认同感越强，合作也就越受到“好评”，这一点，参加过合作设计的建筑师都会有同感。合作设计学到的东西固然很多，但最重要的围绕建筑设计的整个思维过程却被打乱了，独立思考能力与思维连贯性在不知不觉中下降，甚至会导致自信心的缺失，而嫁接于他人文化干系上的新支可否被认为是我们本土文化的发展呢？毫无疑问，在中国加入WTO的缓冲期结束、全球统一市场形成之后，不同地域文化背景下的建筑创作仍将会呈现出极大的差异。有人提出，无论国内还是国外的建筑师，在中国做设计都会考虑当地的文化传统和自然环境，这样的见解未免太天真了，国内20年合作设计的历程就是一个很好的佐证。

我曾经与很多国外设计公司的建筑师就项目的合作设计有所接触，每每在方案讨论的时候，年青一代的中国建筑师完全能够与国外建筑师共同工作，并没有明显的差距。甚至有些时候方案的立意是由处于配合角色的中国建筑师来完成的。在一次与德国法兰克福OWP设计公司的Thomas Obbeck先生一起参加过某一方案讨论会之后，他对组织者提到与会的国内建筑师时说：你们中国有这样好的建筑师还要我们来干什么？后来我听到此说法，一点都没有因受到好评而欣喜，反而心中泛起一片苦涩。改革开放后的中国建筑师至少向发达国家学习了

20余年，但这样的努力最终的结果竟不被国人所理解。合作设计的途径原本可使我们更好地学习国外先进的建筑技术、构造、材料和团队工作方法，而当前合作设计的发展趋势是国外建筑师做方案创意，国内的设计公司以原有的工作状态完成施工图设计，这是有悖合作设计的初衷的。如今大凡工程设计如不出自国外建筑师之手、不通过合作设计来完成，似乎就建造不起来似的。由此，合作设计也就很自然地成为一种形式，一种时髦。既然是形式，内容如何导演那就“各显神通”了。有的花2 000元一天的价格雇一名老外为介绍方案撑门面，亦称之为合作设计；有的在本国实为名不见经传的下三流设计公司，也能够通过合作设计依靠国内大型设计公司的技术支撑捞得一碗饭吃；更有甚者迎合国内业主急于标榜自己的“开放胸怀和超常魄力”，送来在目前世界范围内都极具挑战性的方案以达到中标的目的，并以不平等的条件与国内设计公司签订合作设计合同，尽可能多地包揽设计工作，赚取超值利润，同时达到为自己品牌增值的目的。这样一来，倒弄得国外真正有着较长历史和丰富工程设计经验的公司无所适从，逐步退出了国内方案竞争的层面。因此，通过合作设计迅速提高国内建筑师的整体水平，特别是国际竞争力的提高，只能是一种美好的愿望，至少是一个不全面的解决方案。

当然，我们并不拒绝合作，相反我们应该更加清醒、主动地参与合作。在广泛的合作过程中我们必须时刻保持文化自觉的意识，将我们所学到的东西牢牢地植根于自己的文化脉络之上，丰富我国建筑文化的内涵，以保持我们自身文化的完整性和特征。20世纪90年代落成的上海金茂大厦可谓是合作设计中尊重中国建筑文化传统的代表作，受到国内外同行的一致好评，并成为广泛开展合作设计的理由。但形式上的模仿即或成功也只能是一次性的，中国不可能出现第二个金茂大厦，而中国自东汉以来近2 000年的历史、集多少能工巧匠之聪明才智逐步形成的楼阁式塔造型的“财富”顷刻间被“消费”掉了，因此传统文化所表现出来的“形式”可以比作一种不可再生的资源。与之相反，文化内涵对于当今现代化来讲是一个取之不尽、用之不竭的宝藏，我们对文化传统不断地认知与发掘、继承与发展的过程，也是文化被不断地赋予新的内涵的过程，是一种可持续发展的精神资源。所以，基于对文化内涵理解的建筑创作才能使中国建筑不断发展并得到世界范围的认可。

值不值得合作必须意识到建筑产品的文化层面对于社会、对于城市的意义，建筑是一座城市文化延续的现实，也是这座城市未来文化的历史。建筑绝不是“时装”类的东西。人生百年，建筑亦百年，以期用建筑来标新立异，迟早会落后。不懂得这一点，就是缺乏文化的表现。认识到这一点，合作设计的目的和意义才真正会清晰起来。

国际合作能否健康发展有赖于中国建筑师，特别是青年建筑师对中国文化传统的研究深度，除了对建筑外在表征的学习之外，还需深入理解建筑传统形式的社会、经济、文化环境以及建筑所传达的理念。我们不仅要从书本上对中国建筑历史有一个全面的了解，而且一定要通过考察实例亲身体验。因此，这绝不是短时间内所能达到的境界。不能理解和把握传统文化的内涵，在合作设计过程中只能用诸如龙形、太极图、生肖图等肤浅的形式去“配合”别人的设计也就不足为怪了。

当前中国建筑师群体还处于不成熟的状况，建筑师在很多情况下是不敢直面建筑产品所特有的社会性，从国情出发而又面向21世纪的对策研究还停留在自发状态和起步阶段，其中包括建筑领域的地域生态建筑对策、环境保护对策、人口老龄化对策、历史文化名城与风景区保护与发展对策、小城镇发展对策等。这些关系我国社会可持续发展的重大问题都需要建筑专业人士的积极参与，这些问题的解决是通过合作设计所学到的知识不能覆盖的。

多年来中国建筑界的各种争论都随着时间的推移烟消云散了，近一段时间面对国外设计公司送来的对于我们已经薄弱的文化环境以“摧枯拉朽”般冲击的设计方案虽议论鹊起，但声音却是杂乱无章的，倒让“洋人”看了中国建筑师的笑话。究其原因，就是我们建筑师还没有真正的勇气进入“社会体系”讨论问题，完全从个人在学术上的理解和好恶去参与争论。争论越多，项目越“夺人眼球”，越具轰动效应，这绝不是我们所期待的。那么，在这种情形下参与这些项目的合作设计是否有点被殖民化的感觉？

在社会经济转型期，建筑文化的发展召唤着大型国有设计院必须自觉担负起传承中国建筑文化的重担，而不是不负责任地一味追求市场效益。合作设计也使我们能够有更多的机会深入了解国外设计公司的组织架构和管理方法，最近上海现代建筑设计集团翻译的《美国顶尖建筑设计公司成功的秘诀》一书即是我们努力学习国际知名品牌成功经验的表现。一个不争的事实提醒着我们，国外很多极富竞争力的设计公司只开展建筑设计业务，而不是发展成开拓相关业务领域的集团公司。但是我们国内的大型设计公司由于原单位大而全的体制所限，不约而同地走上了以建筑设计与多种经营并举的集团发展之路，建筑设计虽仍然是主业，但它类似于下属公司的地位必然受到经济效益指标的控制，此种状况如何与境外专门化的建筑设计公司去抗衡呢？

文化发展是需要投入的，绝不是仅仅依靠市场竞争即可以完成文化的延续，况且我们的竞争环境并不理想。要做到这一点，必须依靠市场的秩序与导向才能实现。当前最重要的是行业的联合，为我们的生存环境呼喊，为我们的建筑文化的生存环境呼喊。试想，一个不能被社会正确理解和认识的行业能够在社会中健康地发展吗？所以，面对激烈的市场竞争，设计行业应有统一的声音，以促进各级政府和市场管理机构从国家建筑文化战略的高度提出解决问题的整体方案，否则一切围绕设计企业改革的研究与尝试都将回到原点，只不过多挣了几年钱而已。长此以往，待国内设计市场完全开放之后，从国有体制转型过来的、经过50年的发展积累了国内各方面优势资源和丰富的工程设计经验的大型设计公司不但无法寻找到立足之地，而且祖国灿烂的建筑文化传统将彻底断送在我们这代人手中。

（原载2003年9期《建筑学报》）

说说“空儿”和“绿色”

杨永生

我想在这儿跟着老舍和郁达夫两位先贤说说咱北京城的“空儿”和“绿色”。

1936年，老舍先生在《宇宙风》杂志第10期上发表了一篇文章，叫《想北平》。他写道：“北平的好处不在处处设备得完全，而在它处处有空儿，可以使人自由地喘气；不在有好些美丽的建筑，而在建筑的四周都有空闲的地方，使它们成为美景，每一个城楼，每一个牌楼，都可以从老远就看见。况且在街上还可以看见北山和西山呢！”

我也说，在城市建设上，也不光是北京城，不论哪座城市都不应该密密麻麻地堆满建筑，都应该有点“空儿”，疏密得当，不要使人们走在街上感到压抑，透不过气儿来。

1936年的北平净是些平房，最高的也不过三四层楼房，而且又都建在商业繁华的街道上。那会儿，走在街上往上瞧，可以看见在瓦蓝瓦蓝的天上飘着一片片白云；再留神一下前后左右，在好多地方都可以看见一座座各式各样的牌楼，还有宏伟的城门楼子。尤其是那些跨于街道上的二十多座牌楼，正如建筑学家刘敦桢先生所说：“故都街衢之起点与中段，及数道交汇之所，每有牌楼点缀其间，令人睹绰楔飞檐之美，忘市街平直呆板之弊。”五十多年前，我还是个孩子，就不止一次地站在阜成门内大街上往西望，透过帝王庙前那两座牌楼欣赏西山的景象。那一间间牌楼恰似一个个大小不同的画框。人站的位置变化，那画框里的西山风景也随之变换，这或许就是造园学家说的步移景异吧！后来，1954年这座建于明嘉靖十年（公元1531）的景德坊同市内许多牌楼一样遭到厄运，都被拆光了。如今，马路修宽了，也笔直了，唯独缺少了一道道具有中国特色的街衢风景线，难道还不后悔！

今天，城市人口多了，城市规模大了，不得不盖些高大的楼房。但是，不管怎样，不管是为显示业绩也好，还是为了获取最大的利润也罢，可千千万万别忘了给老百姓留些“空儿”，别再把临街的什么大厦，什么“广场”（这儿说的是那些并非广场而诡称“广场”的商厦）之类的庞然大物弄成上百米甚至百多米的面宽，一眼望不到尽头。如今，有些新建的高楼大厦完全不顾建筑高度与街道宽度的适当比例关系，在二三十米宽的街道两侧矗起高达十多层的面宽百余米的庞然大物，弄得人们在这样的街道上走路总感觉自己好似在“死胡同”里像蚂蚁一样成群地爬行，这里说的“死胡同”不是那种走进去走不出来的死胡同，而是过于狭窄令人感到死气沉沉的胡同。城市规划部门的决策者们，手下留情，给人们留下些能够自由地喘气的“空儿”吧！都像纽约一样，有什么好呢？

郁达夫先生在1936年第20期《宇宙风》杂志上发表了《北平的四季》。他在文中说：“北京城，本来就是一个只见树木不见屋顶的绿色的都会。”

我也跟着说说。北京人一向讲究用树来绿化四合院、小胡同。四十多年前，我国著名建筑师华揽洪先生用了一年多时间，徒步调查过北京东城、西城每个胡同大部分院里院外的绿化状况，把各种树林都标在一张大比例尺的详图上，有槐树、柿子树、榆树、枣树、海棠树、桑树、还有香椿树。他说：“每条胡同都种着树，每一堵围墙上都有从院子里伸展出来的繁茂的树枝。北京老城就像一片绿色的地毯！”那时，除了公园之外，很少见到草坪，也许是因为气候的原因！没准儿，也是因为太穷了。要知道，种草坪，除了种植之外，平时养护也是一笔不小的开支。可近年，北京市却忽然“阔”了起来，到处都在铺草坪，甚至拔了树铺草坪。草坪的面积越来越大，似乎又要以大取胜。问题是别光顾着铺草坪、种花草而忘了种树养林。好些新开的大马路，花花草草不少，小树却稀稀拉拉，煞是好看不中用。这里说的“用”，无非是除了改善环境之外，给人们一些可以遮阳的阴凉地儿。连树都没有，哪来的阴凉。而那些种在交通隔离带里满身挂土的花儿，隔着四五条车道，人们怎能欣赏到？即使是种在路边的花花草草，大热的天儿，没遮没拦的，还有谁会去驻足欣赏？北京西单的文化广场不难看，尤其是坐在空调车里欣赏，倒也惬意，就是留不住人，无论冬夏都不宜久留，原因是没有树。那是一处冬冷夏热的广场，同天安门广场差不多。近年来，北京市的规划部门似乎还在追求大广场，大概是以为广场越大才越显得气派。像北京展览馆前面的广场，宁肯把道路修得十分别扭，也要把广场做大，以致在广场旁边经常发生交通事故。那广场除了适合放风筝，委实看不出还能有什么功能。

老舍、郁达夫都是文学家，肯定不懂城市建设。但是，他们都是文学家的洞察力，老舍久住北京，郁达夫也多次小住北京，他们都善于观察，能够确切地发现北京城的特色和魅力所在。不是要夺回北京的传统风貌吗？不妨也听听他们说了些什么，也许对我们今天北京的城市建设会有些启迪的。

还有，老北京作家张恨水也说过：“能够代表东方建筑美的城市，在世界是除了北平，恐怕难找到第二处了。”描写北京的文字，从国文到外国文，由元代至今日，那是太多了，要把这些文字抄下来，随便也可以写出百万言的专著……如果有谁能够翻阅一下这上百万字的历史资料，那就不难发现北京的传统风貌都是些啥，然后再去研究哪些要夺回，哪些要舍弃。

《建筑意》主编萧默写的编后记：

手头有两张照片，一张是北京展览馆的原貌，一张是最近拍的，建筑本身基本上也还是原貌，背后却高高耸起了一大片高楼，把她的美丽的轮廓线全给破坏了。什么叫“轮廓线”，拿人作比方吧，就好比是人的身材，是人呈现在人们眼前的第一印象，也是人体最重要的要素，五官端正倒还在其次。

可在展览馆前面，广场却大大扩大了，不说造成了交通的不便，与建筑的尺度显然也不协调，而且没有绿地，干巴巴的。

北京展览馆建于1956年，原名中苏友好展览馆，可以说是建国以后北京第一座最大最有名的建筑了，是由苏联专家做出的方案。它的形象，就主要得益于轮廓线的推敲；高高的塔楼，一左一右各有八座空券，围成一座半圆形广场，中间是喷水池。两端各以体型较实的大厅结束。除了北京，当时在上海、广州和武汉也各建有一座，都是苏联设计的，式样不太相同，风格差不多。武汉的那座前些年被无端拆掉了。尽管现在的人们可以说那不过都是些苏式复古，或者甚而是苏联大国沙文主义的表现，但它的美却是否认不了的，这几座建筑建成也快50年了，至少也还有一些当代历史或建筑史的文物价值。不管是从这些方面还是从北京市不久前颁布的“保护规划”关于礼堂走廊或街道对景的规定精神，维护这座建筑的轮廓线总还是应该考虑的吧！就像把那么美的一幅画贴到一堵脏墙上一样，为什么非要在她的后面耸立起这些巨人呢？这些巨人的旁边还有五塔寺，里面的金刚宝座塔怕要变成一盘蛋糕了。

不过北京展览馆的命运还要算是好的。听说曾经一度有整个拆掉她的动议，还有人建议把她抬高，底下建多层商场，把她放到商场屋顶上去，以便提高经济效益，幸亏都没有付诸实行。

杨先生这篇文章不长，提出的问题——“空儿”和“绿色”——到不小，北京展览馆的处境，正好都与这两个话题有关。

（原载《建筑意》第2辑）

新疆国际大巴扎设计的原创性生命力

彭培根

2002年11月我参观了乌鲁木齐正在施工中的"新疆国际大巴扎"建筑群。参观之后很受启发，也很感动。因为我的第一反应是国内外的建筑界同行大声疾呼了20多年，强调区域性的文化特色，结果在这个边际的地方发现了一个很好的实践。同时，也很清楚地看到这是当代中国建筑健康自然发展的方向之一。这个星星之火激发了我要写篇文章的初衷。

带着好奇和敬慕之心，我去拜访了只会过一两次面的乌鲁木齐的两位建筑大师孙国诚和王小东。在二道桥的国际大巴扎的设计上，我看到了现代建筑和地区文化特色优生优美的结合，我还看到了非常优美丰富但仍然简洁有力的建筑语汇。它给我带来的总的印象是：它是一个有相当的震撼力又有相当的优美和愉悦气质的后现代建筑。

中国人说："字如其人。"法国人也说："文如其人。"(Le style,c' est l' homme.) 要了解一个如此美好和令人震撼的建筑，当然必须要从了解它的设计建筑师入手。经过细心阅读学习王小东自己写的《民族性、地域性与二道桥国际大巴扎创作札记》以及其他相关材料后，我了解到他的确是一位基本功扎实，文化和艺术功底深厚而又勤奋敬业的建筑大师，只是他的知名度远远不及他的真功夫和创作业绩，其原因除了他工作所在的城市离沿海三千公里外，可能还与他的典型中国专家学者的谦虚和内向个性有一定的关系。从王小东的水彩画上看不到一般建筑师有时难免要带的一点匠气或要表现的一些技巧。他的画中体现的是一个有能力从大自然或人的神态中捕捉到主题的艺术家的手法。几乎每张画上，他都像凡·高一样，很生动地抓住了画中所在地的亮或不太亮的阳光光线。其他画的内容中，也都赋予了各种特有的温馨的生命力。只能用"大手笔"写意或写实来形容他的画。他和陈其宽大师一样，他们的建筑和画是"双子星"，互补互成，两者都不逊色。

对大自然和人物有这样的能力去观察、捕捉和表现的艺术家，当然对建筑、城市、社会、文化及人的行为能有入微的洞察力，并且能有机有理地表现到他的建筑设计中来。

到今年9月王小东以第一志愿到新疆服务就40年了，在他几十年的创作生涯中有一个想法始终没有断过，那就是："既然我自愿来疆，就得尊重新疆的民族、传统、地域和文化，我所创作的建筑就必然和这些有关系。"

大巴扎的一、二号商业楼为三层，面积

分别是一号楼20 879 m^2，二号楼11 538 m^2。二号楼的二层半露天巴扎为6 312 m^2，连廊2 336 m^2，地下车库5 002 m^2。三号楼为四层（局部五层）29 052 m^2。这座商业楼主要是大巴扎的摊位式的商铺，沿街面长800 m，大部分商店的门都直接开向人行道。这块基地上还有一座拆迁后再返回的清真寺，面积2 312 m^2。前面提到有一个近80 m高的观光塔，它是这个建筑群最提神的Focal Point。三号楼的四、五层是6 200 m^2的餐饮娱乐中心，有1 500个就餐座位，表演的内容将是地方的丰富多彩的民族歌舞。

这个建筑的设计风格和骨架是如何综合和创作的，我想最好还是循着王小东自述的哲学思想和创作思路来走，才最能了解他的设计。

首先，王小东一再强调“大巴扎建筑群基本上是座现代建筑”，我的理解他所谓的“现代”是他掌握了也表现了简捷大方而有力度感的现代建筑风格，将之作为建筑群的骨架，以现代建筑中“形随功能而生”的经典原则来做造型。其中，现代科技社会和现代生活中，必要的功能和设备以及建筑法规中的规定，在此建筑设计中一个不漏。但这个设计最重要的是建筑师用原创性的生命力把现代建筑的优美构成骨架，再用这种生命力再生的理念吸收了并表现了地域文化的特色。王小东没有说过他的设计就是后现代建筑，那只是我自己的洞察和诠释。现在最好是听听王小东自己来说他的灵感是从哪里来的。

新疆自古以来是必经丝绸之路。所以，王小东认为它既是“国际大巴扎”，就一定要以此为主题。但是他强调在以上这个主题中还有一个“一切以新疆为构思中心”的主题。因此，虽然我们可以看到一些古希腊、罗马、西亚以及中原文化的Motif，但他们都是点到为止，深浅适度。80 m高的圆形观光塔的建筑师参考了古埃及、罗马和巴比伦的样式；还有布哈拉的卡梁塔以及新疆的额敏塔、鄯善的鲁克沁宣礼塔等。设计人刻意淡化了以上这些塔的宗教含义，以原创再生的理念和手法设计了一个“和古今中外的任何一个塔都不一样”的一座新塔，其中有客货电梯。此塔的外墙材料的设计和选用，体现出设计人炉火纯青的功力，那是一种土红色的耐火砖，用这种砖砌成的花饰（砖雕）非常简洁，不同于乌鲁木齐地区常见的伊斯兰风格建筑上的传统的形式或符号。王小东采用这种砖筑是他从空间（地理文脉）上和时间（历史沿革）上得到的研究心得。他考察过阿拉伯半岛、中西亚的古建筑，他细心地观察到“一块块普通黏土砖在艺术家的工匠手中都变成了仿佛有生命之物”。他用心地造访过新疆喀什的艾提卡清真寺、库车大寺和吐鲁番的额敏塔，这些建筑的砖筑艺术对王小东产生了强烈的震撼。但王小东并没有就此照猫画虎。这些丰富的创造艺术的营养被他吸收消化后，赋予它们生命力。王小东看到：“一千多年的伊斯兰建筑史，上承古希腊、罗马，生根于阿拉伯半岛，再向世界传播，形成以麦加、巴格达、开罗、西班牙、印度及中亚土耳其为中心的，缤纷多彩的伊斯兰建筑文化”。王小东说：“面对着如此丰富的人类文化遗产时，我只能严格地遵循‘减法原则’……仅仅以‘中国的新疆’为中心来取舍。”这就是王小东的原创性生命力的核心所在。在建筑设计中往上加各种造型，如楼、台、亭、阁等比较容易，要减去建筑构件反而很难。因为减不好就变成了残疾建筑或四不像。“Less is More”本是现代建筑的金科玉律，但如果你勉强减错了，那就成了“Less is Torch（美俚语的纵火犯）”。除非你真正能掌握了一种造型或风格的最核心的骨架，才能像庄子《养生主》篇中，庖丁为文惠君解牛一样“奏刀騞然莫不中音”，将一整牛的皮肉都解剥了，只剩下骨架，而丝毫没伤及到刀刃。还有庄子《齐物论》篇文章中说到“天下莫大于秋毫之末”。这就是《老子》的哲学和美学的相对论的进一步发展的理念。

王小东将伊斯兰建筑空间构成的特点中的拱、圆顶、长廊和有很强的几何效果的完整的简洁有力的墙面得心应手地运用在大巴扎中。大巴扎的设计效果也表达了王小东所理解的、中国汉唐建筑的简述、苍劲的那种魅力。这就是中西文化和建筑艺术的融会贯通之处。

如果一定要把大巴扎的设计归类到后现代中或哪个流派中去，也很困难。因为后现代的基本设计意识和典型手法是用通俗和多元的拼贴与偶然来对抗现代主义的独一形式：有组织的和使用主义；用扭曲与变形的复杂性来对抗现代主义的完整性、简化性；用矛盾对比和折中来对抗现代主义的极端的统一、重复和绝对；用历史的、区域的和隐喻的或嘲讽的手法来对抗现代主义的理性的、国际性的（全球化的）反隐喻和反历史原则。这里没有一条可以完全地套用。大巴扎就是它自己的风格；它既是现代和后现代的，又是中国新疆和穆斯林文化的优生建筑艺术。

此外，我想提一点这个设计的不足之处，那就是在平面上商店排得太密，缺乏分段休息和儿童游戏的室内广场或空间，这将会造成Shopping Fatigue。当然，这肯定是经营者的经济效益要求所造成的，但从长期利益和商业、企业文化来看，这是对国际上同类购物中心经营管理的机制还不到位的原因。但我听说建筑师已建议经营者做出了改进，增加了休息空间和加了玻璃拱顶的长廊。这样，就成了完整的Shopping Mall了。

中国在国际上闻名的一些大儒家和大艺术家，如辜鸿铭、方东美、贝聿铭、吴冠中、赵无极、谭盾、陈逸飞等，还有著名的几位电影导演等，都是以中国文化为本，再融汇西方文化，或者直接抓住中西文化之最古最新的两极端而融汇之。这才是代表一个民族的特色的生命力，这也是在国际上能有一席之地的规律之一。总之，不要过度地去追国际上流行的设计、除非你能超越它们，否则还是做一些现代文明的有中国内涵的设计为好。鲁迅说过："只有民族的，才是世界的。"中共中央1996年十四届六中全会的决议中也要求文化事业："要深深植根于人民群众的历史创造活动，继承发扬民族优秀文化和革命文化传统，积极吸收世界文化优秀成果"。

近20年来UIA(国际建协)，每四年开一次大会，每次大会宣言中都要呼吁和强调Regional Culture Identity,但没有得到较多的业主们的共鸣，而他们希望的是做一个"愈现代愈洋气的愈好"的建筑。当时我失去了执笔的积极性，于是就由"大地"其他的建筑师去"完成了任务"。建成之后，去年，我看到了乌鲁木齐十多年的城市建筑，大部分走的就是"愈现代、愈洋气愈好"建筑，它们和沿海几乎"全盘西化"的形象（还谈不到"风格"或"面貌"）都很类似。多数是"哪里有路哪里就有丰田车"，没有自己的空间和时间的特色。走了十多年的弯路。

现在，看到国际大巴扎，使人感到非常欣慰。新疆建筑风格终于回到了一个有前途、有生命力的道路上。当然，大巴扎并不是样板戏，王小东自己也一再强调："如果再有一个新的大巴扎时，我希望绝对不要和这个大巴扎相似，而应具有另一种独特的风格。"我去参观大巴扎时，有记者问我："高空王子阿迪力是维吾尔族人，但他说那些在二道桥一带，很多花里胡哨的建筑并不是维吾尔风格，也不是伊斯兰风格，他们只是披上了一层所谓'地方特色'的外衣。大巴扎的建筑才体现了伊斯兰风格的本质。所以，才能让我震撼。请你分析一下，这是什么原因？"我不假思索地回答道："那是因为大巴扎的建筑师将中国的（包括维吾尔的）、西方的和伊斯兰的文化都吃了几大口，经自己消化后，才将他们综合在一起，给予一个再生的新生命。它是属于现代文明的，它是新疆的，但又有以上这些文化的文脉，所以才会让这位'王子'震撼。"

最后，我要请建筑界的同人们一起思考一个问题，为什么我们要整本书、整本杂志地去推崇欧美大师们的作品、哲学思想、设计理念呢？我们在写文章时，对这些洋大师到底有多少是真正发自内心的了解？我在美国工作时曾在Helmut John的手下当了两年的助手，他是1991年AIA 选出的"Ten Most Influential Living American Architects"之一。有的人说他现在在美国是排名第一。但是，如果你现在要我写我的师傅的设计理念，就不如像写王小东这样心里有谱，从真心地理解到文思泉涌，大多数写洋大师的文章，除了生态科技、风格、流派、结构体系及新型建材有他山之石的意义外，写这些大师的心路历程，如果不是多年同事或徒弟，写起来尤如隔靴瘙痒。

韩国人从1988年奥运会，就把该届奥运会的总建筑师柳春秀等建筑师逐步地栽培推崇出来，成为国际知名的大师。柳的膜结构体育建筑在国际上得过很多大奖。他是韩国人唯一获得牛津大学院士头衔的人。2002年世界杯足球赛会场国际设计竞赛，他又夺魁。韩国人像培养他们自己的大宇、现代汽车、三星电子产品一样，培养和保护他们自己的建筑师。我们中国除了贝聿铭前辈以外，真的没有能和国际大师们平起平坐、动手做设计的建筑师吗？戴念慈老前辈之后就不想再肯定一些大师吗？能不能有系统地、有组织地举办几个学术座谈会，专题研究一下关肇邺（我在海峡两岸的杂志上都推介过他的作品）、蔡德道、张锦秋、程泰宁、魏大中、马国馨，何镜堂、何玉如、陈世民，还有孙国诚、王小东等老、中年一辈（我的主观印象中的十几位）大师的作品。再开几个会研讨一下崔彤（我已在《建筑学报》2001年第4期推介过他的作品——中科院图书馆）、崔恺、庄惟敏及周凯等十多位年青一代、已有大师级的作品或潜力的优秀建筑师的作品。我们不是要再回到闭关自守的时代，而是要在建筑市场对国际开放的同时，向掌握着工程项目的政府官员或业主呼吁，请不要把外国月亮的风刮得太过头了。中国的建筑师们也不要忘了和业主们好好合作，给中国自己的建筑师们规划出应有的、符合实际的国际上的名声和位置。

（原载2003年12期《建筑学报》）

万般艰难集一顶

刘心武

房屋要有屋顶。中国过去除了高塔，绝大部分房屋层数都不多，一般只是一层。例如，北京紫禁城建筑群，其中只有极少数两三层的楼阁，连最恢弘的太和殿也只有一层，虽然它有高大的多层月台，而且顶部巨大，但里面的空间并不横切为两层以上。外国古典建筑中楼房似乎多些，但层数一般也不太多，像哥特式教堂建筑，尽管非常高，里面的主空间却由尖拱形肋柱一托到顶，仍是一层。顶部处理，是房屋建筑中最重要的环节之一。过去中外的宫室建筑、贵族富人住宅以及宗教神坛庙宇，对顶部的形式追求往往大大超越了功能需求，而是令其构成一种权威、荣耀乃至意识形态的象征性符码，像意大利佛罗伦萨修造了140年才告竣的圣母之花大教堂，中国北京颐和园万寿山上的佛香阁，前者那巨大的半蛋圆形顶，后者那八角形的攒尖顶，其投资量和施工难度都大大超过顶下部分，可谓两个"唯顶主义"的代表作。

近现代建筑，尤其是城市建筑，普遍向高层发展，不仅大型公众建筑如是，居民住宅也蹿高不懈。这一方面固然是人口增加导致空间需求量暴涨所至，另外也是科技工艺提升后一种群体心理的外化——仿佛在向大自然炫耀"瞧瞧我们人类能蹿得多高"。高楼大厦改变了古老城市的天际轮廓线，消解着旧有的审美意识，从视觉到心灵对现代人产生着强烈的冲击。但高楼大厦的顶部处理，却成为像北京这样的古老城市的群体焦虑。焦虑什么？——如何使高楼大厦的顶部与传统建筑的顶部和谐，也就是如何"保护古都风貌"，如何把古典的屋顶与现代化的高楼融合为一个合理的整体。化解这一焦虑的捷径，一度被认为就是给现代化西洋式塔楼或板楼"穿靴戴帽"，"穿靴"这里暂不论，单说"戴帽"，那就是戴"亭子顶"的琉璃帽或类琉璃帽；但这样的"亭子顶"遍地开花的结果，是焦虑未见减轻，反而加剧——就仿佛在咖啡里添加芝麻酱一样，越品越不是味儿。

也不是说北京近二十多年的新建高楼里，所有的"亭子顶"都"戴"失败了，但可以这样说：凡"戴"得好的，与其说是"戴帽"，不如说是在设计过程里早已打破"鞋"、"裤"、"衫"、"帽"的刻板界限，而是通盘考虑的一种结果。高楼大厦本身具有反传统的第一属性，因此，关于北京该盖什么样的高楼大厦的规划与设计，也就必须面对这个无可奈何的属性。在认知了这一属性的前提下，思路反而可以大为畅通，与其坚持"保护古都面貌"的提法，莫若采用"使古都有机更新”的提法。这样，传统与现代就不是绝对龃龉的关系，而可以构成“子承父业，锐意革新，更上层楼”的温情接续关系。在这个宽容而又丰富的思路里，高楼大厦的顶部处理也就不会再有“万般艰难集一顶”的喟叹了。

北京的高楼可以有把传统的攒尖顶、庑殿顶、歇山顶、卷棚顶……的元素化解到总体构思中的处理方式，也可以坦然地借鉴西方从古典到现代、后现代的种种收顶方式，更可以另辟蹊径，完全独创，关键是设计师一定要把握住北京新老市民那贯通的脉搏。在这方面，我建议好生借鉴一下某些中东国家的做法，如阿联酋迪拜的阿拉若卜大饭店，它高达1 050英尺（约320 m），建造在离岸边900英尺（约274 m）的人工岛上，非常地“摩天”，它如何与阿拉伯民族的传统相融合呢？设计师完全没有一点生硬采用伊斯兰古典建筑语汇的做法，而是令其通体浑然构成一张天方夜谭式的海船巨帆，令人一望而知这是最现代的，也是最具阿拉伯、伊斯兰风味的梦幻般的地标。迪拜类似的成功建筑还有很多，基督教文明体现在提升人的生活品质方面的科技精华，与伊斯兰固有精神追求和生活习俗的坚守，得到了非常优美的通盘处理。从迪拜新建筑，联想到这样两句歌词：“洋装虽然穿在身，我心依然是中国心。”北京以及全中国的建筑设计师应该不怕高楼大厦“身穿洋装”，只要能充分体现出融汇于其中的“中国心”，意到神现，就能造出好房子来。

（原载《材质之美》）

中国当代建筑几种设计倾向

徐卫国

经济发展和城市大量建设，给建筑师提供了无穷的设计机会。改革开放以来，虽不能说中国建筑界形成了设计流派，但近20年的建筑实践，建筑设计思想的倾向性还是明显的，出现了这样几种倾向。

1.民族形式的设计不是新生事物，它是历史上传统复兴思想的延续，由于建造的不经济性和施工的不合理性以及新建筑规模的扩大，建筑体量的剧增等因素，“民族形式”的设计显现出不适应性。

2.改革开放，打开国门，“现代主义”设计像开闸的洪水，迅猛发展，遍地生根，许多建筑几乎都按“形式服从功能”的思想设计，这一实用经济的设计思想仍将作为今后相当长时期内大量建筑设计的基础。

3.受西方后现代主义、解构主义以及建筑符号学、建筑类型学、建筑心理行为科学等交叉科学理论的影响，建筑设计表现一种“前卫设计”倾向。这一倾向的特点表现为形式构成模仿西方设计，追求奇特与动感，具有广告性及标志性，建筑类型集中于娱乐、商业及服务业建筑，具有商业化表现。

4.新西洋建筑开始出现，运用西洋古典建筑片段形式作为建筑的造型手段，这些局部西洋古典形式就像商品包装，或是一种商业标志，若去掉这些附着物，完全是一副现代建筑的面目，出现这一设计倾向的社会根源或许在于人们的崇洋 心理。

5.“乡土设计”指在中国特定的地域文化圈中，运用自然生长的乡土建筑的形式、空间，建造满足现代生活功能的新建筑，这一倾向试图留住地域文化的 根，但在追寻地方性的同时逐渐失去地方性。

6.智能化设计已有萌芽。随着高科技成果的不断出现，人们将完全进入全信息社会，高科技智能化设计将成为21世纪建筑的主流。

20世纪末的建筑界表现出浓重的怀旧情绪，被普遍认为影响美国设计领域的四大设计思潮，包括后现代主义、解构主义、过程设计及智能化设计，其中前三者都带有不同程度的怀旧倾向。中国建筑尽管处在方兴未艾向成熟阶段发展时期，但20世纪末这一特定的历史时期，建筑设计同样在较大程度上表现出对历史传统情有独钟。

21世纪的建筑革命将以与高科技成果密切相关的建筑材料、建筑结构技术、建筑施工技术、建筑智能化管理以及建筑设计等技术手段为基础，彻底否定20世纪末开始并发展的怀旧倾向；建筑设计思想向宏观及微观延伸，建筑师不仅更多地重视建筑的社会影响，建筑对生态的保护以及建筑对人类生存的制约，而且更多地注重与人尺度相关的园林及室内环境的设计；建筑形式走向怪诞及平庸两个极端，形式的平庸是因为人们更多地重视建筑的软体和空间，形式可能像微机壳一样简单，形式的怪诞是因为建筑艺术为寻求存在的理由而故意创造神秘性，试图通过怪异的造型引起社会和公众的注目。因而这种以高科技为基础的智能化设计将成为21世纪的必然。

（原载2004年4月15日《中国房地产报》）

“城”的诱惑

刘心武

十几年前，商品楼盘多喜欢称“花园”、“广场”，那时还引出不少讥评，说你那不过是些楼房，怎么能这样叫呢？其实那称谓是从garden和plaza译转过来的，一度在香港非常流行，在香港市民文化语境里，那就是商品楼盘的意思，没人会产生疑惑。内地人十几年前在商品文化方面多以香港为马首是瞻，把商品楼盘命名为“花园”、“广场”，能满足许多消费者内心的欲求。但后来内地人眼里愈加开阔，“香港风情”逐渐势微，“欧陆风情”愈演愈烈，商品楼盘的命名也就向“欧陆”倾斜，以至于不仅罗马、哥德堡、莱蒙湖、香榭丽舍、维也纳森林……人们耳熟能详的符码被广泛挪用，甚至还出现了比如“加莱小镇”这样的命名。加莱是法国西北部的海滨小城，历史上曾多次成为英法两国战争的交战地，法国雕塑大师罗丹有著名的群雕《加莱义民》，表现的是加莱被英军占领后，一些加莱的居民自愿做人质让英军押走的悲苦一幕。按说以此而引世人注目的法国小城绝非“欧陆风情”的典范，但在中国房地产开发的“欧陆风情”热里，连“加莱”都足以作为楼盘符码，可见国人在高速发展的经济进程中，“欧陆”作为优雅文化与高品质生活象征，在消费心理中已浓酽到了何等程度。

不过近两年各地商品楼盘的命名确实已经趋向于多元，看上去真有点乱花迷眼了。我手头有张2003年9月26日的《北京晨报》，整个对开版面上是北京的大地图，作为“十一黄金周看房指南”，上面密密麻麻标出了许多楼盘，细看那些名称，“广场”、“花园”都已寥寥，标榜“欧陆风情”的虽然还多，但意在强调民族传统风情的也出现了不少，如“馨香茗园”、“菊园盛景”、“绿茵芳邻”、“蝶翠华庭”等，另外更涌现了许多标新立异的名目，如“硅谷先锋”、“知本时代”、“阳光星期八”、“耕天下”、“雅龙·骑士”、“炫特区”等等；而“珠江骏景”、“上海沙龙”的出现，更说明人们不再一味地向往欧、美和澳、港地区，以内地的经济、文化领先地作为商品楼盘的符码，也一样能让不少消费者怦然心动。

但有一个现象引起了我的注意，那就是眼下以“城”命名商品楼盘的做法似乎方兴未艾。上面提及的那张《北京晨报》上就非常之多：东有“万国城”、“凤凰城”、“富力城”、“翠城”、“康城”、“BOBO自由城”……西有“世纪城”、“大苑·恬城”、“长安新城”、“京汉旭城”……北有“北京青年城”、“东方城”、“和平新城”、“嘉铭·桐城”……南有“翡翠城”、“彩虹城”、“星河城”、“万年花城”……也不光北京时兴以“城”命楼，随手一翻9月25日上海《新民晚报》的“楼市”版，“新梅共和城”的广告便跃入眼中，再顺手一翻9月26日天津《今晚报》，则有“华苑新城”广告落入眼底。

把自己开发的商品楼盘称“城”，说明了一个趋向，那就是随着楼市的发展，虽然消费者的欲求越来越多样化，但其中也有某些恒定的因素，因此开发商必须迎面微笑而上，去让自己的楼盘在体现特色的同时，又更充分地去满足那些消费者绝难割舍的基本需求。在命名的语码组合里，不管前面的一个以上的字眼是什么，最后必以“城”来定位，就是这些开发商面对消费群体的一种自觉迎合意识的体现。“城”首先意味着相当的规模，特别是那些地理位置距离原市中心较远的楼盘，规模气势呈现出“卫星”的态势，就比较让消费者放心。“城”虽然是一个点，但既称“城”，那它与其他点勾连的线必是通畅的，或有很好的公路，或有地铁或高架线路穿过，见“城”如见路，让消费者闻名心舒。“城”与“园”、“苑”、“阁”、“馆”之别，就是它不单一，有包罗万象的含义。实际上若干开发商确实是从这样的理念出发来设计“城”的：它应该构成一个自足的生活空间，不仅有居室，有停车位，有会所，有园林庭院，有运动场，而且还应该有超市、诊所、幼儿园、小学、中学、快餐厅等完善的配套设施。“城”又是与“乡”相对应的概念，在人居审美追求上，喜“乡”是一个越来越时髦的流派，也有一些商品楼盘瞄准了这块市场，从房屋造型、功能需求、景观配置一直到命名符码上，都尽量突出乡野情趣，如“长岛·澜桥”、“原生墅”，等等。但说实在的，更多的消费者，特别是经济上还不具备在城里已有住房还要到乡野别辟静所另置幽舍的一般市民，往往还是恋“城”派，他们还是希望所购买的楼盘能具有“城”的繁华与情调，具体而言就是出则可方便取“闹”，退则可方便取“静”。对于他们来说，原生态的“诗意”毕竟还是不如红尘的“锣鼓”，这也不好指摘为“虚荣”，就像我们在尊重素食者的同时不好随便去嘲笑嗜荤者一样。

一座城市的建筑面貌，实际是由生活在这个空间里的生命群体的现实欲望所决定的。当然，强势生命的欲望在更大程度上发生着作用，有时甚至是决定性作用。比如明成祖个人以及依附他的强势生命集团，就决定了一直传承到今天的北京旧城的面貌。这种欲望有时会通过明确的意识形态来推行，比如20世纪从前苏联挪移过来的“社会主义内容、民族形式”建筑方针，就在北京留下了不少体量庞巨、亭子顶巍然的办公楼。改革开放以后，与国际接轨，奔小康生活，这两个愿望的经纬线织出了中国大地上新的城乡图案。近十几年来各个城市里的商品楼盘更是比春笋还蹿升得迅疾，持币待购新房的市民们的欲望，自觉的不自觉的，凸显的潜意识里的，刺激推动着开发商，并通过设计师们的落实，正春蚕食叶般修改着昔日的城市地图。我曾应邀参加过北京一批以“城”命名的房地产商的研讨会。他们聚在一起，从一般的联谊角度升华到共同思考：究竟我们为什么要把自己的项目命名为“城”？“城”的诱惑力究竟是什么？他们已经初步意识到，有一种既有形又无形的力量在他们背后产生着能量，那其实就是城市人居消费群中的一批活泼泼的生命在“发功”，而消费者与他们的互动关系，也就成为巨大的彩笔，把镶嵌在时代中的人生欲望，添绘在了我们祖居的这片大地上。

如何理解、把握、满足同时又引领、疏导、矫正眼下房市消费者的欲望，是决定着城市未来面貌的大事。对“城”这一商品楼盘符码渐次增多的初步思考，只是一个小引，我希望有更多的人士能投入这个领域的理性探究，庶几可以多少起到促进城市楼市健康发展的作用。

（原载《材质之美》）

适用 经济 美观：一个都不能少

刘 伟

编者按：近来，建筑设计似乎从象牙塔里逐渐走了出来，从"小众"们闭门经营慢慢变成了大众关心的社会话题，于是关于建筑设计的是非评判，更多的人有了话语权。特别是最近，关于建筑设计界为了迎合某些决策者和市场的需求，置建筑的经济性、功能性和适用性于不顾，片面追求"新、奇、特"现象的讨论不绝于耳。本报从今天起，将发表一组相关报道，期望通过对当前现象的综述、分析，将目前关于这场讨论的声音传递给广大受众，令业界相关人士重新将目光聚焦在"适用、经济、美观"的建筑设计准则上来。

无庸讳言，近年来，一些建筑设计出现了片面地追求形式上创新求异的趋向，片面地将"新、奇、特"作为建筑创作的方向，不顾使用功能，不管环境关系，更不论技术经济条件，将建筑创新流俗于简单的感官冲击，将技术进步蜕化为单纯的材料、符号堆砌。更有甚者，生搬硬套地将国外一些新建筑的形象片段当作时髦的流行符号拼贴在建筑中，全然不去理解蕴含在形式内部的理念背景、技术背景，导致了大量单纯追求豪华、新奇，忽略经济、适用的建筑作品的出现。

随着城市化进程的快速推进，中华大地拉开了城市建设的大战场。大量建筑一拥而上造成了建筑业的"过热"现象，反映在建筑设计方面就形成了为片面地追求新奇、速度、数量、广告效应、卖点，忽视建筑内在功能的各种形式主义的泛滥，以及粗放型的建筑设计及建造方式的流行。建筑设计行业近年来表面的"繁荣"并没有带来多少真正意义上的建筑设计精品，更少有具世界性影响的建筑设计大师出现。这种现状固然有体制上的问题，但也有建筑设计指导思想上的"过热"、"浮躁"心态作怪，所以，在观念上如何使"速度型"向"效益型"转换、"数量型"向"内涵型"转换、"粗放型"向"精致型"转换，是建筑业必须面对的现实问题。

老主题新焦点：适用、经济、美观

早在2 000多年前，古罗马杰出的建筑师维特鲁威就提出建筑要符合"坚固、适用、愉悦"的原则，被后来的建筑师们奉为建筑学上的"六字箴言"。新中国建国之初大规模经济建设时期，我们提出了"适用、经济、在可能条件下注意美观"的方针。在当代，建筑的概念得到延展，内涵得以丰富。建筑已经从单纯、狭义的房子扩展到包括建筑群体，城市的街路、地段，乃至整个城市，所有这些都离不开“适用、经济、美观”这一标准。进入现代社会，特别是在我们这个消解既往准则的时代，“适用”和“美观”的内涵变得愈来愈多元化、多样化了，同一座建筑可以有多种用途，也可能出现南辕北辙的美学评价，但“经济”、“坚固”却不容置疑，应该始终坚持没商量。

跨入21世纪，我国经济快速发展，综合国力在迅速地增强；加入世贸组织后，设计市场在逐步开放；最近，中央提出了树立和落实科学发展观的问题，就是在社会、经济、文化的发展中要坚持以人为本，全面、协调、可持续发展的原则；紧接着国务院又提出来在全国开展资源节约活动。在这样的大背景下，审视快速推进的城市化和总量巨大的建筑活动，不难发现，很多横在路上绕不过去的新问题和新难题成为进一步发展的滞障：如何搞好城市规划建设和建筑设计与招标评标？如何评价和选择规划设计方案？如何正确处理“适用、经济、美观”等问题？有社会责任感的建筑师和社会有识之士，不约而同地把视线聚焦在“适用、经济、美观”上，如此，“老主题”变成了“新焦点”。

所谓“适用”，是对建筑最基本的功能要求，也是最本质的要求，不同的建筑功能适用于不同人的各种基本功能需求，同时也要考虑到未来人们需求的发展变化对建筑的灵活适应性要求，特别是随着社会经济水平的逐步发展，人们的生活方式、工作方式与消费方式也有了很大的变化，随之而来的对建筑功能的要求也越来越多样，越来越细化，满足由此带来的不断发展变化的功能要求是“适用”的真正内涵。

“经济”在现阶段已经不能简单地理解为追求低造价、简易房式的经济不能狭隘地理解为投入少就是经济，而要追求全寿命的经济、高性价比的经济。此外，经济也涉及到资源观的问题，在造房时少投入资源，在用房时少消耗资源，才符合中国的国情，而且要有高舒适度，这才体现出建筑师的“手艺”。那种以牺牲功能、牺牲舒适度为代价，片面讲求经济和节约资源的做法是非常短视的。

也因此有专家提出，用“效益”来代替原来的“经济”提法将更为全面和精确。我国人多地少，人均资源少，所以对效益的追求是“可持续发展”思想的重要体现。反映在建筑设计上，就是要追求建筑的空间使用效益，充分考虑土地的使用效率，注重建筑的节能，注重建筑与环境之间的生态协调关系，注重建筑的环境效益、经济效益和社会效益的统一。

更多的专家主张在“适用、经济、美观”之中增添一条“舒适”。因为“舒适”是对建筑内在使用价值的更高要求，随着人们生活水平的不断提高，对建筑舒适度的要求也越高，人们需要健康舒适的住宅、健康舒适的公共建筑，过于重视建筑表面与外观的倾向则有可能导致对建筑内在品质的忽视，应该将规划、建筑设计、构造、结构、设备、材料、信息等方面进行综合考虑，全面提高建筑的内在品质。

专家提醒应从文化层面上理解“美观”在建筑上的作用。中国当代的建筑应反映中国文化和中国人的审美情趣，反映社会经济进步而带来的对建筑审美的新要求，反映中华民族的多样性及地域性特征，这也会自然反映出建筑空间与外观形态上的美学特征。

走入歧途的形象工程

时下，有些政府管理官员、房地产开发商和建筑师、规划师违背“适用、经济、美观”这一建筑方针和其本质属性，思想“浮躁”，其原因就在于，管理官员想立见政绩，开发商想立即赚钱，技术人员想立起“纪念碑”作品，在这种思想指导下，建筑作品就必然会背离“适用、经济、美观”的原则。

设计大师张锦秋认为，首先，要端正领导的建设指导思想。现在许多有争议的建筑设计，虽由建筑师绘制，但其设计要求来源于领导思想。什么“新、奇、特”，什么“一百年不落后”，这些提法大都出自各级领导之口。建筑设计单位的服务信条中多有“业主就是上帝”之类的语言。建筑师一个基本的职业素质就是“要善于领会与贯彻领导意图”。设计国家大剧院的安德鲁在回答记者质问时说“他们喜欢这个方案，他们要这个方案”正是此理。这方面从业建筑师均有同感。所以，要制止建筑实践中的不良现象，必须从有权提要求、有资格决策的人做起。

第二，要严格按基建程序办事。一些建筑设计超标准、超规模、超投资，在很大程度上是没有按基建程序办事。一些重大工程未经立项、没有可行性研究报告就仓促上马；设计任务书本身缺乏科学的依据。考题就出错了，答卷自然难以正确；或设计任务书一再突破，形同虚设，规模和标准一超再超，以致投资失控。

从国际范围看，真正优秀的建筑设计是没有国界的，依法对重要建设项目的设计进行公开招投标或邀标，也是无可厚非的国际惯例。但我们的“泛国际化”的倾向也绝非正常。现在的情况是，不但省市县区镇的各级“标志性建筑”、街区、镇区时兴由外国事务所来设计，就是远非“标志性建筑”的东西也搞所谓“国际招投标”，甚至连一些历史风貌地带也交给非其所长的外来者摆布。这里规划设计的问题尤为突出。例如一些大型规划设计的邀标，选择了在策划和规划上非其所长的境内外建筑师事务所，在极短的时间内，仅靠走马观花和有限的感性材料及数据，便做出了一个个“大手笔”的规划，其实际效果和长远效益显然是不可靠的。

“实验场”与“玩建筑”

近年来有两个说法在建筑界比较盛行，一曰“实验场”，二曰“玩建筑”。外国建筑师将中国当作实验场，而中国建筑师又有相当一批在“玩建筑”。

WTO之后国门的洞开使全球的建筑师发现了中国这样一块大蛋糕，蜂拥而至的淘金者无疑也给中国的建筑市场带来了空前的繁荣和激烈的竞争。从国家级的工程到私人投资的房地产项目，无论大小，几乎都来一个国际竞赛。一年之中大中型以上竞赛项目不下几十个，使得若干国外事务所在竞赛圈子里都“混了个脸熟”，他们以不变应万变，往往在短时间内征战南北，纵横东西。

中国建筑师则陷入了一个两难的困境，一方面想做关乎社会、人类、文化的大项目，但迫于竞赛比选的某些令人沮丧的现状和风险，知难而退；另一方面既苦于没人来请自己，又有沦为发展商御用建筑师之虞，而踌躇不前。于是一种新的创作机制产生了，即圈内人所说的“扎堆”。找个项目找块地，一群建筑师在上面“秀”一把，或许这是一种孵化国人建筑师的极好方法，既可避开激烈残酷的竞争，又有相对宽松的创作氛围，一时间也成了一种国人建筑创作的“理想模式”。但在此模式下，何谈“适用、经济、美观”的原则？

从本义来讲，建筑是为人类提供一个最适宜创业和生活的空间，它的功能实用性仍然是建筑的第一性。建筑作为一种文化的载体，也必然通过建筑体型和空间形态给人以艺术的享受，自然这一切都与国情和物质经济条件相关，如何全面协调可持续发展，处理好建筑的安全适用、经济和美观，一直是建筑的永恒主题。一些建筑设计脱离建筑的本质，忽视建筑的具体功能和使用要求，不结合地形地貌和环境条件，不考虑与传统地域文化的沟通，片面追求所谓造型，这是对建筑本质的一种误解。更有一些建筑设计跟着市场导向走，决定方案取舍的领导或业主盲目追求大气魄、高标准、新奇特，使一些设计忽视甚至牺牲功能去追求所谓标新立异的形式，一些建筑不顾国情，不谈经济，超标准建设。有些地方大搞形象工程视为业绩，追求“前所未有”的形象，而不顾技术的可行性和经济的可能性，为了建筑的“新、奇、特”，花钱不在乎，用想像去挑战技术，导致一些外国建筑师也认为，有什么“前卫”的构想和方案均可以在中国付诸实现，而其他国家是不允许的。难怪业内有建筑师称“中国已成了外国建筑师的试验场”，而试验的费用得由国人来承担。

建筑设计是一项创造性的劳动，每个建筑师都希望自己的作品能有所创新，有个性，有特色。建筑创新首先体现在设计理念和理论上，建筑创新还体现在影响设计的各个因素上。例如总体布局如何与城市和环境的协调融合，在功能上如何以人为本满足使用的要求，在文化上如何承前启后表达建筑的内涵和文化品味，以及材料、结构、技术的创新。它涉及到环境、功能、文化、技术、经济的各个方面，常常是诸因素的综合，并在某一环节形成突出的创新点。

其实建筑设计师们都明白，建筑设计既需要独唱，又需要大合唱。

（原载2004年9月20日《中国建设报》）

角色的错位与破坏性的颠覆

郑　极

银川贺兰山脚下，12幢奇形怪状的建筑被其策划者解释为“体现艺术家意志”的房子，意在给“普遍平庸的中国当代建筑”注入艺术家的想象力。一段时间以来，“贺兰山房”引来了社会各界的广泛争议：一方面，有人认为以艺术家的意志全程参控贺兰山房的建设，为建筑界全面注入了艺术的元素和新鲜的活力；另有一部分人则认为这只是一件不能称其为建筑的“建筑”，艺术家将严肃的人类建筑当作雕塑作品一般随意地颠了几个个儿。但无论如何，随着12幢建筑的落成，有关贺兰山房的争论似乎已尘埃落定。近日，北京五合副总经理严滔就此接受了本报记者的采访，并从建筑设计的艺术性与功能性方面进行了深入浅出的剖析。

艺术家从事建筑设计的历史渊源

“没有建筑专业知识的艺术家从事建筑设计明显有悖于建筑发展的自然规律”。严滔说：“在古今中外的建筑历史长河中，建筑与艺术具有很深的渊源，建筑也是其他艺术作品集中表现的载体。特别是在建筑细部设计中，融入了雕刻、绘画、文学等表现形式。一座优秀的建筑物，往往是多种门类艺术的博物馆。而艺术家在建筑设计中也承担了重要的角色。如众所周知的意大利文艺复兴时期的米开朗琪罗，既是伟大的画家，也是优秀的建筑师。我国古代的园林建筑中，更不乏文人骚客的影子。很多人会误认为，那时的建筑是由艺术家来设计建造的，其实并非如此。其中原因中外各不相同。在我国古代，建筑师的地位不高，属于工匠一类，其不为人知也就不足为奇了；而在欧洲，建筑师很久以来就是一种具有较高社会地位的职业。如米开朗琪罗等人，都有相当深厚的建筑设计专业知识，且经过专业化的训练和教育。一个从来没有接触过建筑设计的艺术家，是很难有机会主持建筑工程设计的。因此说，建筑史上虽然不乏艺术家们活跃的身影，但建筑设计本身，从古至今就是一门专业化程度极高的工作。特别是随着科学技术的发展，技术所占的比重越来越大，建筑设计对技术的要求也越来越高。”

中国目前出现艺术家进入建筑设计领域的原因

当前中国建筑设计水平较低是一个不可否认的客观事实，其中社会经济发展水平、普通人群对建筑的理解力和审美能力以及相关材料、设备及施工工艺、施工人员素质等都是不容忽视的重要影响因素。严滔分析认为，当前中国建筑表现出的不仅是艺术品位偏低，更重要的是技术含量的缺乏。人们对前者显而易见，但对后者却知之甚少。基于这种现状，很多艺术家打着以振兴建筑设计为己任的旗号，大量进入建筑设计领域，好像如此这般，建筑设计水平就提高了。在建筑技术本身还比较落后，以至于建筑物难以达到较高的舒适度要求的情况下，妄谈艺术性的宣泄，无异于治标不治本，是典型的"跨越式发展"。正如汽车工业一样，我们在生产汽车的同时，需要概念汽车，所有概念车都应以可批量产出作为设计的前提，汽车毕竟不是用来供少数人观赏的，况且概念车的设计人也是专业汽车设计师，而不是某某音乐家或某某画家。中国艺术家进入建筑设计领域，作为个别现象尚可理解，一旦形成一股风潮，对今后建筑设计业的健康发展必将是弊大于利。

如何理解建筑的艺术性与功能性

建筑作为同时具有艺术性与功能性的综合产物，关于其功能服从艺术、还是艺术服从功能的讨论由来已久。从建筑设计的发展来看，推动其进步的内因主要是技术和艺术两大方面。而技术是具象的、理性的；艺术是抽象的、感性的。前者有一系列客观严谨的评判标准，而后者则更容易众说纷纭。建筑更是一个包容生活的容器，它直接反映人们对居住、工作、学习场所更加舒适的需求。因此，在推动建筑设计发展的两大因素中，无疑应以技术为本。而且建筑艺术作为特殊的艺术形式，也有其自身的发展规律和表现形式，是外部造型、空间效果与其他诸如建筑材料、结构体系、设备体系等多种技术、工艺的有机结合。而且，在不同类型的建筑中，所体现的艺术表现力也有所不同，工业厂房、住宅、医院等等建筑具有更多的表现功能需求，只有少数建筑如博物馆、美术馆等有时需要着重表现其艺术特质。严滔认为，"建筑作为同时具有艺术性与功能性的综合产物，应以技术为本。"

艺术家不是提高建筑艺术性的救世主

"艺术家不是提高建筑艺术性的救世主。"针对这一观点，严滔从三个方面进行了分析。他认为：

一，艺术家往往把建筑当成一种自我宣泄的载体。由于艺术界特殊的环境因素，艺术家对现实世界和传统观念普遍具有强烈的批判意识，个性比较偏激。仿佛不颠覆点什么就不足以抒发内心的情绪和感受。而这种情绪和感受对大众而言，又不免怪僻陌生。

二，艺术家无法保证最终的成果是真正的建筑物而非具有某些建筑概念的构筑物。艺术作品的创作，往往是个人意志的表达，缺乏与他人的分工合作。而建筑作为一件庞大而功能复杂的有形产品，其设计必须与很多相关人员进行密切配合，比如各工种的设计人员、施工单位、政府规划管理部门、业主等等。如果没有对建筑设计的整体控制、协调能力和必要的专业技术知识，将无法解决建筑从方案构思到实施建设、直至竣工验收全过程中有可能出现的方方面面的技术与非技术问题，也就无法保证最终的成果是真正的建筑物而非具有某些建筑概念的构筑物。

三，艺术家在建筑艺术性的表达方面不一定比优秀建筑师具备更多优势。建筑是为人服务的，只要最终的使用者不是艺术家本身，那么其设计初衷就应该充分考虑使用者的生活习惯、审美习惯。建筑设计所要创造的建筑形象和内部空间是一个有一定艺术价值的实用商品，而不是专供展览和收藏的纯艺术品。建筑要取得他人的共鸣，既要顺应人的审美习惯，又要给人以意外和惊喜。在这个过程中，引导和提升公众的审美水平，而不是挖空心思追求另类。因而在建筑设计中，对纯感性的艺术诉求的成分和比例的控制需要一种合理的方法和尺度以及相应的取舍原则。建筑艺术是一种最为大众化的艺术，它不仅需要艺术家的自我肯定，更需要广大民众的广泛认可，才能有存在的可能性和必要性。而由于艺术家们天马行空的自我表达受到理性的约束，因此，艺术家在建筑艺术性的表达方面，也不一定会比优秀建筑师具备更多优势。

艺术家参与建筑设计的合理方式

严滔说："建筑是一个国家或地区历史、文化、民风、民俗的长期沉淀的产物和见证。建筑艺术也受到其他艺术门类的强烈影响，比如音乐、雕刻、绘画、文学等等。但建筑艺术相对具有明显的滞后性，虽然由于科技的进步使这种滞后性逐渐减弱。因为建筑物的产生需要一定的周期，少则一两年、多则数十年甚至上百年。从艺术角度来说，其他门类艺术对建筑艺术通常具有一定的指导意义。因而，建筑设计不排斥艺术家的参与，但对其介入的程度和在整个设计过程中的位置应该合理认识。对大多数功能性和实用性极强的建筑而言，艺术家的刻意参与并非必要。只有在一些特定项目，如博物馆、艺术馆、文化中心等建筑的设计中，艺术家的特殊技能才能更容易发挥作用。在这个过程中，建筑师应成为建筑设计的主体，艺术家则以艺术策划或艺术顾问的身份，提出相应的艺术性建议，这样可以充分发挥两者的优势，即建筑师的宏观掌控能力和专业技术知识，艺术家的艺术领悟力和创意能力。"鉴于此，严滔认为，艺术家应以艺术策划或艺术顾问的身份合理地参与到建筑设计中来。

"艺术家的建筑设计尝试会以另类的取向带来意外的'惊喜'，但这种'惊喜'更多地体现在表象上。从建筑的本质上来说，它不应该也不可能就此而改变建筑设计的主流价值取向。否则，社会上恐怕会出现一股除了建筑师谁都可以进行建筑设计的风潮。可以设想，如果艺术家引领建筑设计潮流的话，那将是一种建筑设计的倒退，甚至引发灾难性后果。”严滔在结束采访时告诫人们。

新闻链接：贺兰山房：艺术与现实相差多远？

据悉，以四川艺术家何多苓和周春芽为首的12位当代艺术家设计的别墅集群“贺兰山房——艺术家的意志”，由于资金短缺，正面临停工和荒芜的尴尬——“贺兰山房”完成了外部工程之后，由于工程严重超支，目前投资方老总已经暂停了资金注入。整个“贺兰山房”全面停工，仅留下个空壳。

据目击者称，每个作品都只有一个空壳，一靠近就能够看见室内堆放的建筑垃圾。设计者之一的四川画家周春芽的作品已全部生锈，在建筑群最边缘的何多苓的作品连一扇门都还没有安装。

艺术家耿建翌的作品修建出来之后依然保持了其外观的特色，不过半径约2米的球体是无法利用的——由于要支撑这个大球，里面的空间被几条柱子占据，能够利用的空间仅剩下旁边的长方体。

艺术家曾浩设计的“它屋”是改动设计最大的一件作品。“它屋”最初的设计是一个六面体透明的玻璃房，但是由于银川的建筑都必须考虑供暖系统，全玻璃的话，没有供暖系统没有人会住这样的房子。从这一点来看，艺术家天马行空的设计，被建筑的实用性严重地打击着。对此，设计者却表示，艺术家设计房子作为一种颠覆性的尝试，房子能够建出来，就已经很满足了。

据悉，“贺兰山房”投资方日前表示，由于投资严重超支，希望能找到更好的经营模式，目前暂不会复工。投资方同时表示不会将这些作品卖掉或者废弃，“只要找到了合理的经营思路，将会马上复工，因此贺兰山房的停工只是暂时的”。

（原载2004年10月25日《中国房地产报》）

建筑师患上失语症?

董　灏

建筑设计,作为一门综合学科,要求建筑师个体对科学技术、人文背景和美学等多方面进行综合判断。因此其最终设计的表现手法——建筑语言也应是综合上述因素而形成的。这样,它才是有根基和生命力的。没有在深层次上理解和提炼而形成的表达方式,加上盲目的"引用"和"借鉴",其最终结果或是哑口无言,或是胡言乱语。

现在很多建筑师的语言操作能力像一个在中国过去20年内各种英语补习班中混战过的学生,到现在,还是说不利落。

建筑语言应该是建筑师在自己的职业领域内选择和决定的一种表达方式,是建筑师人格个性或职业个性的体现和提炼。在实践中,不是不可以借鉴他人的语言以丰富自己,但如果一个建筑师一生中始终在用别人的语言、表达方式来表达自己,或者没有什么原因地使用时髦的语言,那就是不自信,其状态与失语症患者没有太大的区别。

语言是一种工具,我们可以讲不同的语言,中文或者英文,但至少在讲的时候,我们应该知道自己在讲什么,否则是在浪费时间和生命。不仅浪费自己的,也浪费听者的。也有人只是为了说,或不得不说,那样语言就变成了累赘。我有一个会讲7种语言的好朋友,他的魅力仍在于他自己特有的智慧和幽默。况且有的人为了时髦而讲一种自己并不熟悉的语言,以显示身份或时代性,那就更是无聊了。

最近,中国关于新建筑、先锋建筑师的各种峰会和论坛在大江南北频频召开。

展览的项目中,各种新的建筑手法、语言被丰富地展示出来,也很大程度地显示了我们与世界水平的接近。

但近看这些酷似北欧风格的透空细木檩条墙,或荷兰风格的异型涂色积木块,或简约风格的大片墙和玻璃地板后,我质疑以上是否是我们那些六七十年代出生,甚至更早的建筑师自己的语言。他们的生长、实践背景是不是产生这种语言的真实环境和土壤。这种语言、手法上的更新是否真正代表了我们建筑设计水平的提高。

这让我回想起我们学习英语的经历。身边的人,恐怕动辄都是有五六年以上普及化英语教育经历的人。不光是普及化教育，还有托福、许国璋英语、英语九百句等各个时代的恶补科目。但最终的结果呢？可能在某一阶段正在学习的人嘴上可以熟练地讲上几句英语。但多年以后，或即使学习时，大多数人也未能真正地掌握这门语言，就更不要提语言背后的文化了。语言作为日常中交流的工具起着重要的作用；但语言后面的文化背景，其实才是最重要的。这也就是为什么即使英语不好的欧洲人与美国人打起交道，在某种程度上也比一个英文较好的亚洲人要轻松。

我们中国建筑师某种程度上有些像国人学外语。回想我上学的90年代，恐怕更早，建筑师就开始学习，一直到今天。最早的英语有《英语900句》，我们建筑师学习后现代主义；后来有了许国璋英语，我们学习解构主义；再后来是TOFEL，我们又开始学习SOM和KPF；到今天，好像是雅思了吧，我们已是面向MVRDV了。可是坐下来讲，我们建筑师的语言操作能力更像一个在中国过去20年内各种英语补习班中混战过的学生，到现在，还是说不利落。但这个学生又生性倔强，非要在正式场合用英文表达自己较深层次的理念，以至于忘了自己每天早上在早点铺是用中文说："一碗馄饨、两根儿油条"的现实。

语言的精彩是其使用者世界观和智慧磨炼的结果，正如我们同样讲中文，但不同人之间因性格、爱好、表达方式、对事物的认知程度不同，最终使用语言的方法不同。文学上好的结合是用独特的语言表达其有个性的思维。

建筑语言应该是建筑师在自己职业领域内选择和决定的一种表达方式，是建筑师人格个性或职业个性的体现和精练。在实践中，不是不可以借鉴他人的语言以丰富自己，但如果一个建筑师一生中始终在用别人的语言、表达方式来表达自己或者没有什么原因地使用时髦的语言，那就是不自信，其状态与失语症患者没有太大区别。失语症病人通常能流利地讲述正常话语,时常夹杂一些无意义的语音,但病人对其意义与相互关系全无理解。结果是一堆杂乱的言语,或杂拌的言语色拉。失语症是一种言语信号的认识和表达障碍，理解和运用言语能力的丧失，它通常由打击和脑部伤害造成。杂乱性失语症更是由于其大脑输入了多种语言信号，以至于在这种杂乱的语言面前难以用一种纯粹的语言方式来表达，最后造成了失语症。

至于建筑语言的形成，中国建筑师更应该审视我们的文化，从自身的生活环境和文化背景中发掘、提取并精练出属于自己的语言，逐步成熟地使用以最终形成自己的风格。

（摘自2004年12月31日《北京青年报》）

“适用、经济、美观”
——全社会应当共守的建筑原则

邹德侬

中国的建筑创作进入了一个空前自由的时期，在规模举世无双的建筑设计市场上，几乎什么样式都可以设计，什么设计都可以盖得起来，什么话都可以在媒体上说。为数不算很少的一些建筑师，或因自身的原因，或因业主和长官业外指导的压力，正在滥用这种建筑创作自由，忽视适用，不管经济，异化美观，搞出一些既背离建筑创作基本理论，又伤害建筑经济和建筑文化的“作品”来；一些外国建筑师也看出了这个建筑设计市场的“门道”，弃置建筑设计的经济原则，把中国建筑设计市场当成在本土难以实现的先锋形式的域外试验场。

建筑创作需要自由，但自由应与法制相伴，在法制尚不健全的市场上，就用得着一个出自建筑基本理论的建筑原则，而且，它应当是建筑师、业主和长官（各级建筑管理者）乃至大众传播媒体都应当共守的建筑原则。

“适用、经济、美观”三要素三位一体的建筑原则，容易共识，接近理论，易于实践，是普及建筑文化的基石。

1955年第一次反浪费运动中确立的“适用，经济、在可能条件下注意美观”的十四字建筑方针，指导着中国建筑30余年，有它不可磨灭的历史作用，但它也存在着若干时代的局限。首先，它是“短缺经济”条件下的方针政策，对建筑中的经济要素有片面的强调；第二，它曾被误认为是建筑理论，它把“美观”在建筑中定位成“在可能条件下注意”，虽符合国情，却不符合基本建筑原理；第三，在不正常的“左倾”政治气氛中，这个方针还曾经成为政治批判的武器。

十四字建筑方针曾经做过一次没有结果的修正。1963年4月3日，时任建筑工程部副部长的杨春茂先生在《设计工作两年来的总结》的报告中，低调地修正过建筑方针。他说：“经验证明，过去我们在建筑工程设计上。采取适用，坚固、经济及适当注意美观的原则，在工业企业设计上，采取技术先进、经济合理的原则是完全必要的、正确的。”这个报告的用语，看似漫不经心，但它充分反映出“大跃进”后领导层对建筑质量问题的切实关注（加上了坚固），对建筑界最大的政策作深切的回顾（把“在可能条件下”取消，改为“适当”注意美观）。

改革开放初期，对“建筑方针”开始有了明白的修正。1985年11月，在中国建筑学会组织的繁荣建筑创作学术座谈会上，曾任建设部设计局长的龚德顺先生提出，“适用、经济、美观的建筑和观点是我们需要的，改一改这个提法更有利于繁荣创作"[1]。1990年时任建设部长的叶如棠先生在一篇文章中，表示同意龚德顺先生的主张[2]；1986年时任建设部设计局长的张钦楠先生，先后提出过一个在当时表述最为全面的提法："建筑设计的任务是全面贯彻适用、安全、经济、美观的方针。高质量、高效率地设计出具有时代性、民族性和地方性的建筑和建筑环境，不断提高工程的经济、社会和环境效益，为人民造福"。其中四个因素："适用、安全、经济、美观"，三个属性："时代性、民族性和地方性"，三个效益："经济效益、社会效益、环境效益"已经相当全面地概括了建筑创作的几乎所有因素，此后，制订新的建筑方针问题，已被接踵而来的建筑大潮冲得无影无踪，算来已有十余年。其间，自由开放的建筑设计市场在业主、长官和建筑师的共同操作下，几乎上演了古今中外的所有建筑剧目，现在，重建新的建筑原则已经成为急需。

"适用、经济、美观"三要素三位一体的建筑原则，要素简单、关系简单、表述简单，易于共识。维特鲁威的"坚固、适用、美观"的原则之所以有如此强大的生命力，就是因为把建筑中最基本的要素做了最简单的概括，尽管他在这个原则之后，对这三要素的产生有逐个的解释。可能有人会觉得"适用、经济、美观"的建筑原则还可以做出些补充，否则会失之片面。建筑的基本要素确乎不只三个，且建筑理论体系多样而开放，建筑本质（本体）所涉及的要素也会有所不同，时代的前进，必然有新因素可以加入。如果，"坚固、安全"应当加入，"环境"、"技术"、"可持续发展"等也应当列上。为追求这个原则的"全面"而争论、耗费时日，结果还是全面不了，此任务应当留给教科书。西方建筑大师说了许多片面的话，如"少就是多"、"建筑是住人的机器"、"形式跟随功能"等，不但没有破坏了基本建筑理论，相反，丰富了理论的时代内涵，鼓励了建筑师的创造精神。建筑要素的内涵是开放的，不同人的阅读可以赋予不同含义，保持要素内涵的开放性，也是这个原则的魅力所在。

"适用、经济、美观"三要素三位一体的建筑原则，可以令建筑原则回归基本建筑理论，十四字建筑方针曾经被说成是建筑理论，当年有许多建筑家，说它"是建筑理论上的一个伟大创造"、"是最根本的理论"、"中国最正确的建筑理论"是"第一次改变了这两千年的老提法"，这些说法虽然有当时发言氛围的影响，但说方针是理论，并不妥当。尽管那个方针大体合

1. 1980年10月18日～27日，中国建筑学会第五次代表大会在北京召开，会上有对建筑方针的批评意见。
2. 参见梁思成，从"适用、经济，在可能条件下注意美观"谈到传统与革新（建筑学报1959年6期）等在"住宅标准和建筑艺术座谈会上的发言"等文献。

乎基本建筑理论，但它是服务于计划经济（也是短缺经济）的政府方针政策，并不是具有普适性的理论，它与建筑理论相抵触的对“美观”的定位，导致了建筑界几十年间的学术争论几乎总是围绕着“美观”这一主题。在市场经济的条件下，政府应当有“设计局”那样的部门，推出的是相关法律、法规以及违规后的惩处，以体现某个时期的国家政策。由学会或行会提出的符合国家政策的建筑原则，政府的大力赞许或予推动产生巨大的贯彻推力，建筑方针应当是建筑科学原理，而不是方针政策。

建筑师十分熟悉“适用、经济、美观”的原则，它继承并扬弃了十四字建筑方针，在现实中容易执行。“适用、经济、美观”三个要素，从来就不是平起平坐的。不同性质的项目，不同风格的建筑师，不同时期的风气，都会影响到这些要素在设计活动中的权重。问题在于，绝对不可为突出其中的某个要素而取消别个，比如为适用而取消经济，为经济而取消美观等等。我们说“适用、经济、美观”是“三要素三位一体的建筑原则”，强调的是三个要素一个也不能少。

我们强烈主张，把“适用、经济、美观”这个建筑原则，大力推向业主和长官，因为在市场经济条件下，他们已经成为直接影响建筑方案的“业外指导层”。业主代表个人或集体利益，长官代表国家利益，而建筑是这些利益的载体，建筑师按照基于建筑科学原理的建筑原则行事，在建筑中平衡这些利益。尽管业主握有雄厚的资金，长官执掌审批大权，而建筑师拥有设计技巧，但他们应共同面对“适用、经济、美观”的建筑原则。这个原则，甚至应当成为包括建筑师、业主和长官在内的建设者们的建筑道德底线，在它面前，不容许个人利益异化成暴利，不容许国家利益异化成个人利益，也不容许建筑师把建筑当成谋取不当名利的工具。

建筑从来也没有像今天这样被社会大众和大众媒体所关注，在建筑日益融入文化生活的日子里，媒体猎奇式地报道中外建筑明星及其作品，广告捡些建筑词句拼凑点，它们以相当高的强度，影响着大众。尽管人们因为买房而天然懂得“适用”和“经济”，但引导他们认知建筑“美观”的，几乎唯有大众媒体和广告，在各种“主义”和“时尚”的交响声中，人们几乎已经弄不清，建筑到底是个啥东西。”“适用、经济、美观”三要素三位一体的建筑原则，应当成为当今社会正确认识建筑文化的基石，不论谁说建筑，谁评建筑，都要首先说到建筑“适用、经济、美观”三要素三位一体。看似这是个很低的平台，但建筑的最高境界也要请到这个平台上示众，这时，我们再来谈风格、流派、时尚或先锋，那才有可能是先进的建筑文化。

（原载2004年12期《建筑学报》）

参考文献

[1] 龚德顺．繁荣创作与对中国现代建筑史的再认识．建筑学报，1986（3）：7.

[2] 叶如棠．多元共存 兼收并蓄 古今中外 皆为我用——关于繁荣建筑创作的再思考．建筑学报，1990（1）：3.

[3] 维特鲁威．建筑十书．高履泰，译．北京：中国建筑工业出版社，1986，14.

建筑师要端正心态

周卫华

看惯了好莱坞大片的观众，接触到欧洲的艺术电影大多会感觉不适应。因为好莱坞式的商业影片是按市场的需求、大众的取向来量身定做的，或赏心悦目，或惊恐悬异，令人感官得到刺激，而艺术片则主要体现导演对人类社会与外在自然的感受与思考，主观个性色彩浓郁，观赏此类影片需要一定的知识内涵与思考习惯，自然受众不会太多。

如今的中国建筑界是"梦工厂"繁荣的年代，众多设计机构都从市场出发，向甲方的要求看齐，满足社会大众的各种视觉刺激需求。许多建筑设计师初出道时的个人理想在利益的滚滚车轮下化成虚幻的泡沫，如同翅膀上绑上了"设计费"的小鸟，再也飞不高了。于是有人感叹当代中国缺乏西方建筑界个性化洋溢的事务所，它们为艺术信念执著不屈，最终修得正果，扬名四海。

不过现象的存在都有它内在的必然，中国的快速发展也就是近二三十的时间，现代化与城市化的过程刚刚展开，整个国家的人均GDP水平才达到1 000美金，即使发达的上海地区也不到6 000美金，反映到建筑界就是房屋建设仍处于追求"量"的阶段，而西方国家的人均GDP水平动辄达到了两三万美元，它们已度过了战后的建设高潮，自然在建筑的"质"上狠下工夫。追求"量"的表现就是"效率"，所谓时间就是金钱，在"多、快、好、省"的前提下，"慢工出细活"、"巧妇难为无米之炊"等等俗语显现出其真理性。

在这样的社会发展背景下，从市场出发，树立正确的服务意识，更好地站在使用者的角度去思考问题，成为时代的需要，历史的必然。

中国的建筑师已踏上市场化的行程，市场竞争讲求的是服务：从态度到质量，卒姆托也好、KPF也罢，没了市场，再好的理念也只能停留在纸面，无法付诸实践。无可否认这是个痛苦的转变过程，尤其是那些自视甚高的设计精英们，他们担心一旦落入媚俗的圈套，能否自拔成了疑问，然而建筑师不同于其他艺术家、画家，可以躲进小楼成一统，建筑师则必须做出选择。

前途看起来也并不是一片昏暗，看看江浙一带的民营服装厂家，先从来样加工做起，逐步积累资金与经验，待到时机成熟时，再创立自己的品牌，走企业精品之路。这样的产业发展模式仿佛也给建筑师指出了一种发展方向，可能还有其他的道路，不过看看张艺谋、冯小刚、白先勇等人，转变中的建筑师并不是寂寞的一群。

市场是个熔炉，没有经过它的锻炼，出不来扎实的好钢。市场可以培养人的敬业精神，去掉浮躁之气，呈现更多务实之举；市场可以改变人的行业定位，拓展极限，开阔视野，丰富阅历与经验；市场可以去伪存真，优胜劣汰，真正培养出一批脚踏实地的设计师。

中国经济的持续发展，给建筑设计人员提供了施展才华的大好时机，设计机构的体制改革，将建筑师推向市场运作的前沿，如何在机遇和挑战面前调整好心态，发挥自身的潜能，实现个人理想和价值，值得建筑师们做些理性的思索。

（原载2005年1月13日《中国建设报》）

是什么在让建筑论坛走形?

吴单华

时下,与建筑有关的各类大小讲座、研讨会、学术报告会、论坛、峰会,可谓琳琅满目,让人目不暇接。在北京、上海、广州、深圳等经济较为发达的城市,这类活动更是风起云涌,大有燎原之势,泛滥之态,三天两头就有业内名人登台作秀,诲人不倦。在这些活动形式中,尤以开办建筑论坛最为流行。办建筑论坛,传播新理论,展示新实践,解析新技术,介绍新经验,这当然好!这似乎也是快速发展的中国建筑行业所迫切需要的,迷茫中的中国职业建筑师所渴望了解的,实在是好事一桩。然而,如今的建筑论坛,越来越偏离这个方向,鱼目混珠,良莠不齐,挂羊头卖狗肉,商业利益的味道弥漫着整个会场,也由此而弥漫着中国的建筑界。

论·谈

论坛是什么?是一个平台,是对公众发表议论、与听众交流探讨的地方。现在的论坛往往是论而不谈,更或者不论也不谈。主办者请来的一些所谓的专家、学者、名人,常常是高高在上,或高谈阔论,或拿一些陈年资料,用幻灯一一放过,并不作深入的阐述,匆匆讲完,敷衍了事,很少有跟台下听众交流的,就算有,也是走走形式,常常是象征性的让听众提一两个问题,然后插科打诨式地回答一下,往往是答非所问,毫无针对性,实在让人失望至极。建筑的本身的特性决定了其实践性成分较高的特点。因此,建筑论坛不同于经济理论报告,讲者的实践经验是对听众最具借鉴意义的,这就需要讲者和听者有充分的交流,而不是讲者在台上的自我表演,这有违建筑论坛的初衷。不可否认,依然有少数论坛办得有声有色,讲者尽力,听者有益。然而更多的是,利益至上,形式大于内容。

相同·不同

笔者在这个行业混得久了,参加建筑论坛的次数也多了,可是每次听完论坛回来失望的感觉也越来越强烈。为什么?尽管各类建筑论坛泛滥成灾,但是演讲专家常常就那么几个人,还是那几副老面孔,不同的场合,同样的人。当然,专家是行业的权威,被多个论坛主办方邀请也无可厚非,然而令人不解的是,他们演讲的内容,常常是大同小异,甚至毫无二致。这几年,多次听业内某院士级大师的演讲、报告,无论论坛的主题是什么,讲得东西基本没有变化,可谓几年如一日,当然,另一种解释更加耐人寻味:相同的内容,但却是不同的听众嘛。真不知道这解释是在嘲人,还是在自嘲。

万金油·境外

有一批老专家已经成为建筑行业的“万金油”，无论什么建筑论坛、研讨会都会看到他们的身影，不管论坛、会议的内容是否属于这些专家“所专的领域”，他们都来。记者曾在建筑设计、城市规划、地产开发、园林景观、室内设计等多种论坛会议上看到这些人，均以专家的身份参加发言，或在主席台就座，或发表即兴讲话。然而，就是这样的频频曝光，又没有新的东西可以带给听众，使得建筑论坛开始走形，使得虔诚的听众感到了“疲劳”。也因为这样的“疲劳”，建筑论坛的主办者开始了另辟蹊径，把目光瞄准了境外专家。近年来，受邀参加论坛演讲的境外建筑师也是乐此不疲。当然主办者的商业手段也是变本加厉，入场券更是天价，某些大师的论坛甚至出现了“一票难求”的情况。当然，有些境外著名专家以其新颖的观点、超前的理论和实践，丰富的经验，为中国的城市和建筑把脉，直指中国城市和建筑的陈弊，提出了不少真知灼见，也开了一些有益的“药方”，使得建筑论坛有了一些新的起色。但是浑水摸鱼、胡言乱语、乱开药方、误人子弟的境外建筑师也不少。日本某著名建筑师在中国的阔论空谈，甚至口出狂言就遭到了中国一些业内人士的质疑和抨击。

不择手段

过于强悍的商业操作扭曲了建筑论坛自由、平等、开放的精神。本来，建筑论坛这一个形式，对于建筑发展的交流探讨非常有益。当论坛发展到以商业为目的时，动辄二、三千，甚至上万元的入场券，使得建筑论坛自由、开放的大门开始要虚掩着了，只有一小部分人可以从其狭小的门缝中鱼贯而入，更多的人只能转身而去。主办者忘记了社会责任，部分专家也有意无意地成了他们谋取利益的“工具”。他们在不断渔利中逐渐迷失了方向，甚至不择手段。在某个建筑论坛主办方先前狂轰滥炸式的广告宣传中，专家的照片和演讲的论题赫然在目，但是到了论坛举行之时，却不见专家的人影。于是，主办者表示道歉，或者干脆让这些专家的学生、助手等代表专家宣读专家的论文，以此走过场。然而据相关人士透露，这些专家的缺席，有些是真的，但有些根本就没有准备让这些专家演讲，或许他们在那个时间根本就有了其他安排，为了吸引虔诚的听众来购买昂贵的入场券，他们还是在广告上打出了专家的“旗号”。

记者还记得，去年北京的某个大型国际展览，办了很多建筑论坛，打了不少广告，也确实来了很多中外专家，然而单场次的门票价格就要数千，套票要上万。花一万元听几个论坛，有多少人可以承受？如此恶劣的商业味道，其动机也难怪别人要怀疑、质疑了。结果如何，记者在北京看到，因为很少有人买得起如此昂贵的入场券，有几个论坛，可以容纳数百人的会场，只有聊聊数十人，听众无趣，讲者尴尬，最后不得不从学校里面拉来一批学生以充观众，甚至个别论坛实在是门可罗雀，被迫取消。真可谓，搬石头砸自己的脚。回来后同事评曰：早知如此，何必当初？

（原载2005年5月30日《建筑时报》）

长官意志：建筑师的厄运和幸运

贺承军

据说：当人均年收入到1 000美元时，建筑师一定会红运当头。这么说，我国的建筑师们黄金时代还未到来。

自20世纪80年代中国仿照美国等发达国家的经验，将重心转到经济建设上来，建筑业作为国家经济的三大支柱之一受到了前所未有的重视。但80年代的中国建筑师经历了一个非常痛苦的时代，对建筑师创造力的最大威胁是“长官意志”。到了20世纪90年代，经济飞跃到一个新的水平，通过体制改革，原来的长官，一部分人变成了商人、企业家、掣肘建筑师的人依旧是这些换了脸孔的长官。但是，在商海中随波逐流的建筑师就像染上毒瘾一样，内心既对商人的意志抱有极度反感，但又不得不事事逢迎，卑躬屈膝。一直到个别的建筑师混出点名堂，成为像模像样的设计界大佬，建筑界才出现了对商人说“不”的声音。

由于建筑师这一门职业的根子上与艺术家相连，所以其命运有点类似于艺术家。有一个定律：商业社会中成功的艺术家，一定不是一流的，建筑师也是这样。世界上二、三流的建筑师并不多，一流的更少，大多数是平庸的，这似乎也是一般的社会规则。所以，我们一般并不过分拘泥于将这个职业的从业者来分类分层。哪怕是一个平凡的螺丝钉，也要充分发挥其作用。

说句不恭敬的话，鼎鼎大名的美籍华裔建筑师贝聿铭能算一流建筑师，确是个成功范例，但不是顶尖级的伟大人物。他的建筑生涯中，罗浮宫扩建设计是最艰难也最富于戏剧性的。高傲的罗浮宫总建筑师瞧不起东方人，所以极力阻挠贝氏承担此项世人瞩目的伟大工程的设计。由于密特朗总统的意志，力排众议而支持贝聿铭，最终，总统的权力成了此项杰出的作品。在这种特殊的情况下，长官意志竟然是建筑师成功的基石。

而在中国，由于长官意志参与而导致的失败设计几乎比比皆是。最有名的例子，莫过于北京西客站和十里长安街上的一串建筑：妇联大厦、海关大楼等。其外貌之丑陋，居然经过无数资深建筑师之手，最终由行政长官敲定了。尤其可惜的是，北京西客站前几轮方案竞赛中，曾出现过非常优秀的构思，但中国建筑界特有的劣胜优汰法则将它们排挤掉了。

一方面，建筑师诅咒那些主宰设计命运的长官意志，另一方面，建筑师心中又常常需要长官意志作主心骨。尤其是几种方案各有千秋时，建筑师们往往将期待决定的目光转向长官。在这种情况下，长官们也乐得个“勉为其难”。中国的建筑师们继承了传统工匠行业的奴性。我曾参加过国家大剧院的国际招标方案专家论坛，有一位大师就温馨地回忆起20世纪50年代在周总理亲自过问下为北京十大建筑做设计的情景。周总理是一个绝代无双的伟人，但是他对建筑设计肯定是个外行，在一个外行领导下搞建筑设计而倍感温馨，这不能不说是奇迹。

中国建筑师对长官是百依百顺的，便对国外同行的设计则充分显示出泱泱大国的霸气，横挑鼻子竖挑眼。国家大剧院方案，国外建筑师的参赛方案中，没有特别优秀的，但也有比较优秀的。但最终的结果是“一个也不能要”，并且，不顾竞赛规则的约定，临时搞出一个平衡方法，即在国内挑四家、国外挑两家再作新一轮竞标。国内四家中的两家，就是靠长官说项，平衡进阶的。

相较而言，深圳市开展的几次建筑方案国际招标活动，自始至终遵守公平、公正的竞赛规则，选出来的方案，就很有说服力。但是，也有人说风凉话，深圳有那么多建筑师，为什么要引进那么多国外设计力量，他们把重要的设计任务都抢走了。好在深圳的长官意志是坚定地采取重大项目实行国际招标的路子。这一事例又充分说明建筑群与长官意志的关系，真是剪不断、理还乱的爱恨交加。

（原载2005年5月30日《建筑时报》）

该建的没建，不该建的就别建了
——有感“议会大楼”和新CCTV建筑

吴　晨

中国有个“该来的没来，不该走的却走了”的笑话。

用在现在的建筑上，不妨改为：该建的没建，不该建的就别建了。全国人大常委会办公楼和中央电视台新办公楼正是这句话最典型的例子。据凤凰卫视7月16日报道，受国家宏观调控政策的影响，全国人大常委会办公楼暂停建设；同样是出于对经济过热的治理以及对建筑安全和城市整体规划的考虑，新CCTV大楼前途未卜，颇不乐观……

在一番沸沸扬扬之后，因非资金的原因而仍能遭此变故的大型公共建筑，这两年在北京实属罕见。在这些“建筑事件”的背后，我们应当看到的是更积极的意义：科学和务实。关于意义，在这篇文章里，不再赘述。只想就建筑本身的意义谈一点想法，虽然这些看法不能影响所提及建筑的命运。

特殊优势带来巨额财富

新CCTV自然属于那不该建的。以前，我曾从建筑安全、建筑形式、建筑文化等角度反对过库哈斯为新CCTV所做的方案。这一次，我则要从社会的角度来反对新CCTV目前的建设方案——不能花这么多钱，也不能在目前的选址上建造这样“令人震撼”的建筑。

据报道，新CCTV的建设预算超过50亿元人民币，而要实现库哈斯的这个悬挑70 m的方案，造价至少增加一半，甚至有消息说要过百亿。即使是预算内的50亿（这是不可能的），就现在国情来说，这也是一笔令人咋舌的金额。作为万众瞩目的北京奥运会主体育场——“鸟巢”，才不过被审批了31亿的工程预算。一个电视台却要花费几十亿造办公大楼！对此，有一些人提出所谓“人家有钱，想怎么盖是人家的事，这才是市场体制”的观点。我觉得，这其实是一种不负责任的说法，是一种脱离了事实的认识。

事实是，中国实际的国情，使得中央电视台具有强烈的象征色彩，它本身处于独特的垄断地位，在信息传播中具备其他媒体所不具有的权威性和渗透性，因此中央电视台是属于“独家性”和“唯一性”集于一身的特殊媒介。也正因为如此，它凭借其自身独特的优势，特别是全国性的收视份额以及长期形成的信息相对权威性，使之成为高端传媒的品牌形象，使得央视能够在广告经营中也成为具有唯一性、垄断性的媒体，所以它的广告收入让其他地方电视台望尘莫及。

很明显，央视的巨额利润是通过它特殊的地位获得的。由此，虽然它是以企业化经营管理的方式参与到市场活动中的，但是，它不能称之为一个真正的市场经济主体。这一点，在央视的媒体管理体制和节目制作运营中就有很明显和典型的体现。比如，各地方台要求必须转播央视的新闻联播，而每年天价“标王”的广告很大程度上就是看重这种收视率优势，为央视带来很大收入。再如，一些重要新闻或重要活动的独家授权发布或转播也都是地方电视台所不具备的。

所以，作为主体，央视不能算是完全的市场经济主体，那么怎么能完全用市场手段对它的一些行为进行解释和宽容呢。因此CCTV没有权力随心所欲地处置其财产，没有权力想用多少钱就用多少钱。

经济辐射与示范作用不可忽视

正是由于CCTV特殊的媒体身份，使它具有别人所不能及的强烈政治色彩和对社会的示范作用以及对经济的凝聚与辐射作用。央视的声音和央视的形象所代表的是一种导向，它的影响力具有极大的扩散效应。今天，如果央视花几十亿盖起了一个用金钱实现非先进技术的建筑，那么明天，沪视、粤视可能都会按照这种思路进行建设，波及的还有许多其他的建筑。

所以，对央视盖楼，人们不能只从建筑本身的形式、功能、商业利用价值去评判，而应该考虑到社会的示范作用和对社会价值体系的影响。也许，就这个建筑来说，如果最终央视不能获得批准，确实会对央视这个个体造成经济上的、形象上的损失，但是如果对央视纵容，给央视开绿灯，所引发的一系列连锁效仿，其后果就是社会对城市与建筑的畸形片面认识和理解的蔓延。

重大活动如何面对日常商务

从社会统筹的角度讲，新CCTV就更不应该落户在北京CBD中央商务区内了。CCTV是一个具有相当影响和区域带动能力的机构，数千上万员工、广告公司、厂家、配套节目制作机构以及外省市电视台及媒体在与CCTV联系中的消费、生活、居住需求，可以带动整个周边地区餐饮、娱乐、宾馆、房地产等产业的发展，而目前已经形成了这样的局面，CCTV现址旁边的梅地亚中心生意火暴，东迁的消息才一传出，新址旁边的一些房地产项目立即被相关的一些机构捷足先登。而作为央视新址的CBD，这个区域应该是目前北京发展最为迅速和良好的区域，地价最高，城市基础设施最完善。CCTV的建设对于这个区域来说，不过是锦上添花，而“雪中送炭”不是更好吗?

在CBD这个已经是建设过热的区域里，CCTV的建设无疑会加重这里的负担。每天，数千上万员工、众多节目制作单位、广告公司以及相关产业人员来来往往，对已不堪重负的CBD交通更是雪上加霜。而对正常的商务活动也将产生不利影响。CCTV的强烈的政治色彩是不容忽视的。当CCTV举行一些大型活动，在电视台进行一些重要节目的直播，经常会采取范围扩大到电视台之外附近地区的安全保卫和交通管制，这无疑会与CBD地区正常的商务活动及交通需求产生矛盾，而这种矛盾长期存在下去就会对区域的发展产生不利的影响。由此，从城市整体规划角度上讲，新CCTV建设在此，必须慎重和重新进行全面的审视。

作为政府，面对这些问题，对CCTV的建设进行干预，应该说是政府权责所在，政府有责任，也应该在社会资源的分配上有所作为，而社会资源的分配直接关系到社会的安定，直接与社会生存和健康发展息息相关。

所以，对于新CCTV，“不该建的就别建了”。

而原定于建设天安门广场东侧的全国人大常委会办公楼，则是属于该建的却没建。

据报道说，全国人大曾计划修建一座新办公楼，以解决全国人大常委会工作人员办公问题，并成立了包括建设部一名副部长及北京市一名副市长在内的项目领导小组。该工程由中央政府投资，工程预算约13亿元，选址在北京西交民巷50号。办公楼暂停的一个原因是中央政府的宏观调控。

新闻在报道这一消息的时候，将全国人大常委会办公楼形象地说成“议会大厦”停建。确实，全国人大常委会具有国家最高权力机关常设机构的性质，因此，在这个建筑的建或不建的抉择上，我们更要从有形建筑的象征作用去考虑。

形式是民主的重要内容

形式是民主的重要组成部分。从法律上讲，我们看到，在法律条文的制定上，不仅有像民法、刑法这样的实体内容法来界定什么是侵权，什么是犯罪，同时还有民事诉讼法这样的程序法律，来规定如何才能认定侵权什么是犯罪，同时还有民事诉讼法刑事诉讼法这样的程序法律，来规定如何才能认定侵权，认定犯罪，即使某人的行为在实质上成了罪犯，也要通过法律程序进行认定，才是罪犯。法官依法办事，很重要的一点就是按照法律程序办理，在民主上，程序就是民主。

全国人大在出台一部法律的时候，不仅法律条文本身不与宪相违背，在立法的程序上也是一个步骤都不能少，否则出台的法规要一样不具有法律效力。

所以，一座独立的，有充足房间的办公楼就是一种民主的形式。如果都不能保障在国家最高权力机关常设机构工作的常委们有一个独立和足够的办公场所，又有什么说服力证明他们所行使的民主权利有所保障呢？

据称，目前全国人大常委会的办公地点除在人民大会堂有少量办公面积外，还在大会堂南边有四五处办公地点，从1954年第一届全国人大召开至今五十余年，全国人大常委会还没自己专用的办公场所，人大的局级干部非常多，但只有正局长和部分副局长才有自己五六平方米独立的办公室，20多平方米的大办公室要挤下三四个一般工作人员。因为没有办公场所，都无法规定常委每个月必须几天在全国人大上班，而上班的含义，不是一般的“出勤”的概念，它所体现的是人大制度化建设、专业化建设以及委员专职化。所以，一间办公室，一个办公楼的意义不仅是空间上的，更重要的是它所体现的民主含义。

殿堂感体现民主尊严

此外，无论是法律的尊严还是民主的威严都必须通过形式来体现，所以我们看到，法官审理案件要穿法袍、敲法槌，要在固定的、悬挂国徽的法庭里审理案件，而不能着便装在办公室审案件，其原因就在于体现法律的神圣感和法官的可信度。人们试想，如果法官就在居民院里对邻里纠纷宣判，所做出的判决能令人信服地被执行吗?

从古至今，无论中外，形式感都是非常重要的社会内容，即使我们的很多生活经历，也需要形式来体现重要性和神圣感，比如毕业典礼等等。

民主也是这样，人们行使民主权利必须是通过一定形式感的程度来进行——包括行使的场所、表达的方式……在电话会议、网络视频已经普及的现在，无论是我们的人大代表，还是其他国家的议员，依旧要聚合在一个场所里，在现场表达自己的意思，当这些形式不复存在，民主的尊严也就不复存在，这也就是古今中外权力机构大兴建设，要通过殿堂感所表现权力威望的原因。殿堂作为一种有形的建筑物，所体现的一种理念是权力机构在国家政权中的突出地位。所以，全国人大常委会应该有自己专门的工作空间，既是解决工作问题，也是体现很重要的象征意义。

建筑记录时代历史

从建筑在历史中承载的功能来说，全国人大常委会办公楼也应该进行建设。

建筑除了使用上的功能，很大程度上它是记录一个时代政治、文化、经济的载体。任何一个国家任何一个年代，权力机构的建筑都是最引人关注的。全国人大常委会在我国是担当如此重要职责的机构，它的办公场所更是具有记录历史的作用。

作为出台全国性法律文件、召集会议、决定国家人事任免的全国人大常委会，也需要有一个与其重要身份形象相符的办公场所，而且，这个形象也是代表了国家的形象。因此，在目前国家经济已具有一定实力的条件下，对于全国人大常委会来说，需要一个宏伟的建筑来阐释全国人民代表大会民主制度的重要性与至高无上的尊严，需要用一个建筑来记录下这个时代。

（原载工程科技论坛——我国大型建筑工程设计的发展方向《论文集》）

中国建筑的矛盾性——建筑的苦恼

王明贤

在文化人的聚会中，一听说你是建筑界人士，马上有人会问：中国现在的建筑怎么这么难看？遇此场合，我只能报以尴尬的一笑。

中国现在的建筑真是那么难看吗？应当说明的是，近10年是中国建筑数量发展最快的10年，也是经济上投资最多的10年。然而种瓜不一定得瓜，这期间也生产了大量建筑垃圾。当下中国城市建筑发展盲目追求个性，原来建筑的问题是千篇一律，如今的弊病则是千奇百怪。整个城市就像满嘴镶金牙的小商人，虽然金光闪闪，实际上非常没有文化。

影响中国城市和建筑发展的一个致命问题不是经济，不是金钱，而是观念。什么是城市现代化？对这个问题许多人有很深的误解，以现代化的名义来破坏城市的现象非常普遍。拆掉旧城历史建筑，是很多城市的做法，令人扼腕叹息。在城市开发热潮中，推土机的话语霸权正在进一步扩张。我们常常听到某个城市的文物建筑又在告急，甚至已被拆毁，留下永远的遗憾。

在拆毁许多历史建筑的同时，我们又建了许多很蠢的新建筑。大街上流行花枝招展、涂脂抹粉的建筑，这些建筑具有很高的历史学意义，它将证明这个时代的审美意趣和文化需求。追求气派豪华、珠光宝气，创造出的却是恶俗。

比如北京西客站，缺乏现代交通建筑的高效、便利、流畅的特点，戴着世界上最大的屋顶，活像个官衙门。

北京东方广场在方案设计时，大厦东西宽约480米，建筑面积70余万平方米，建筑高度70米。此高度比经国务院批复的1991年至2010年《北京城市总体规划》的规定要求超高三四十米。我国著名的建筑学家和文物专家曾联名上书，认为该方案将改变北京旧城的传统空间格局和风貌特色，对近在咫尺的天安门广场和故宫造成很大影响，要求东方广场方案在高度和体量上做出调整，以保护天安门的庄严景观。1995年初，由于各种原因，东方广场终于停工，方案也做了一些修改。但是现已基本建成的东方广场究竟做了哪些修改？与城市的关系如何？建筑设计上是否有特色？但愿不是只有一个令人遗憾的答案。

然而，城市建筑存在的种种问题如果由建筑师来负责，未免不太公平。城市建筑是长官、开发商、建筑师和市民合谋的产物。美国城市规划学家沙里宁（Eero Saarinen）说过："城市是一本打开的书，从中可以看到它的抱负。"他还说："让我看看你的城市，我就能说出这个城市居民在文化上追求的是什么。"

有什么样的城市居民，才会有什么样的城市建筑。建筑忠实地反映出我们时代的总体文化水平。建筑是石头的史书，确实来不得半点虚假。

建筑的苦恼，实际上是建筑师的苦恼，也是城市居民的苦恼。法国年鉴学派曾指出城市特征不仅来源于制定城市政策的知名人物、城市管理者或学者所采取的行动，同时也来源于普通市民和他们的团体的自发行为。现在是建筑师和市民共同搞好自己的城市的时候了。

（原载2005年第5期《重庆建筑》）

中国的钱多得没处花了吗?

丛亚平

中国目前如此大规模的建设量在世界范围内都是少有的。专家指出,对拥有如此庞大建设量的建筑领域,其存在的问题更加不能忽视。建筑行业耗资巨大,而建筑产品和建设工程一旦建成,将作为城市景观甚至历史的一部分长久存在并发生影响,解决不好会让整个社会支付代价。

贪大求洋造成巨大浪费

不少建筑家指出,许多大工程和建筑项目爱搞国际招标,但现在不少领导者和评委在选择方案时,不顾国家的现有实力,不考虑建筑的当地特色和经济水平、有效的使用功能、合理的造价、建成后的运行成本等,而是出于虚荣心和面子光鲜。北京、上海和其他地方最重大的建筑设计项目几乎都被外国人囊括。

招标中的中外不公平,还表现在外国设计师的设计费用常常是中国设计师的几倍甚至十几倍,且是用外币支付,招标单位还绝不敢拖欠。而对国内的设计单位,不仅费用压得很低,而且还常常不兑付,连在招标中支付标底费也是中外不同对待。而且,国外设计师报出的设计费都是天价,未来的运行费用巨大。许多专家批评说,与支付这样高昂的代价相反,这些建筑的使用功能(有效面积)、安全性却大打折扣。

而承受如此昂贵的设计费用、建造费用、运行费用的中国,仅是一个发展中的国家,不是钱多得没有地方用,而是广大农村、城市的众多领域都极度缺乏资金!专家们诘问:难道我们不该选择更节能环保、更有中国特色、费用更适当、使用面积更合理的建筑吗?

几位了解国际建筑市场的专家指出,国外的建筑师的设计水准和职业操守也有好差之分,我们要学习和采纳国外建筑技术(艺术)优良的部分,但这不意味着"是洋必佳"。尤其还应看到,欧美国家由于建筑市场进入稳定期和饱和期,建筑设计市场萎缩,许多建筑师并没有多少创作机会,实践既衰,学术也虚。因此以为外来的就必然是好的,这种心态十分不妥。

政绩工程导致粗制滥造成风

中国目前的建设高潮有很大一部分并不是经济规律在起作用,而是人为地掀起来的,这就是各级地方领导的所谓"政绩工程"。这种仓促的"政绩工程"其恶果为:大拆大建,城市面貌大改观的同时失去特色,失去文化,代之以毫无特色的千篇一律的建筑或"假古董"和模仿的洋楼。一个城市和街道建筑的特色是在几十年、几百年甚至上千年中慢慢形成的，而现在仅在几年间便被毫无特色的建筑和商厦、广场所代替。许多专家疾呼，近20年来文物建筑受到的破坏，已经超过了过去200年。

更严重的是，“政绩工程”都是有时间限制的，长官们必须在自己的任期内达到目标，才会对自身“进步”有帮助，因此这种时间限制使他们不是按照科学的规律来制订计划，而往往是违反规律的强迫命令，限定在很短时间内建成，于是从项目的论证到设计到建造全部过程都十分仓促，而仓促又带来粗制滥造，粗制滥造又导致无数建筑劣品的产生。

建筑方案呼唤“阳光评审”

建筑方案评选的质量的高低，直接决定了建筑品质的优劣。记者在采访中发现，目前在建筑方案评审制度方面存在不少问题：

建筑方案评审专家委员会的组成不合理，造成方案评审素质无保证。发达国家方案评审组的组成人员范围较广，往往专家组里有政府官员、建筑师、工程师、历史学家、法律人士，还有管规划的、艺术的、环境的人士，而且是“一票否决权”，任何一方面不通过都不行。这就保证了方案在通过时不会遗漏和忽略任何重要的方面。而我国评审组的成员大多是搞建筑设计的本行人，而其他相关领域的专家较少，使建筑设计只放在一个小天平上称分量，考虑的范围狭窄。另一个不正常的现象是，许多不是专家的本地官员也挤进专家评审组，甚至占到一半，而这往往造成评审质量的偏差。

评审过程也有不合理之处。有些大的项目工程量很大，几个方案看下来往往需要较长时间，但许多评审组给评委们看方案的时间很短，根本没有时间仔细研读方案，难以做出科学评审。对此，一位北京市参加评审方案的建筑专家建议，评审大的建筑项目和小的建筑项目应有所不同，但现在的评审方法和步骤却是一样的，这显然不科学。对大的建筑项目，最好分成两步走，第一轮先是定性设计的评选，第二轮再按细定的原则评审，可避免把过多的时间平均浪费在淘汰的方案上。

来自台湾的一位建筑师谈到“阳光评审”，他介绍在台湾任何一个重要的公共工程，所有设计方案的评审过程都全部公开，所有的方案、评委名单、评审意见、投标过程都在建筑专业杂志上登出，在专门的网页上公布，甚至一个大的工程案子还出专集。在相对透明的环境下，参评的人会更负责任，更加检点自己的行为，更加注重评审意见的水准和公正性。许多建筑师都认为这种方法值得国内建设领域借鉴。

（原载2005年6月1日《建筑时报》）

温故知新话“798”

费　麟

一、旧工业建筑面临更新改造的大课题

我国工业建设经历了56年的努力，已形成了一个大中小企业相结合、品种齐全、地区分布合理、完整的工业体系。工业建筑设计无论在理论还是实践上都取得世人瞩目的成就。加入WTO以后，迎来了新世纪的新挑战。许多曾为国防建设、经济建设、文化建设立下汗马功劳的大型企业和工业基地随着改革开放的深入，将要更新改造，旧貌换新颜，继续发挥更大的作用。许多老厂、旧建筑都面临了拆迁、改扩建或转产、更新改造的局面。各个地区，不同的企业都在寻求一条适合自身条件的发展道路。

例如，沈阳市某区，过去大量产煤，煤矸石成为大量的副产品。现在就提出节能省地的可行性研究报告：一方面要开发煤矸石为原料的节能建筑材料制品；另一方面要将煤矸石堆场成城市用地，进行开发利用。再如，北京为了改善首都环境、调整工业的合理布局，首都钢铁厂将要搬迁。首钢的原址腾出来以后将为城市做出新的贡献，这就是一个大课题。北京为了建设CBD，在大北窑的北京金属结构厂整体拆迁了。原来在东部的许多机床厂、纺织厂等都纷纷拆迁，形成大拆大建的新的商业、居住、办公综合地区。总之，为了发展，城市中旧建筑不断要拆建。但是拆迁并不是唯一的途径，旧厂利用也是一种行之有效的办法。例如国际LOFT的出现，就是充分利用废弃或闲置的大量工业厂房，改造成无污染的生产厂房、办公商业综合楼、SOHO或艺术家的文化活动场所。

例如纽约市从20世纪70年代的SOHO区到20世纪90年代中期兴起的Chelsea区，伦敦的East-End，以至西班牙巴赛罗那东郊的面粉厂改成名建筑师里卡夕·波菲的办公室，奥地利维也纳煤气储罐改建成大型商业综合楼，澳大利亚悉尼的电力站改造成动力博物馆，法国的奥赛火车站改为奥赛博物馆，德国鲁尔区钢铁厂旧址改造成文化娱乐场所和博物馆，等等，这些都是非常成功的实例。

二、从历史文化层面上看798厂的改造利用

建设部于2004年3月6日发了一个通知：《关于加强对城市优秀近现代建筑规划保护的指导意见》（建规[2004]36号）。通知中写到：“……当前，各地城市应当结合贯彻落实《城市紫线管理办法》（建设部120号令），按照‘统一规划，严格保护，合理利用，科学管理，利用服从保护’的要求，从全面普查、划定范围、建立档案、

编制规划、资金筹集、实施保护等方面做好工作。……”其中第一条就明确指出：“城市优秀近现代建筑一般是指从19世纪中期至20世纪50年代建设的，能够反映城市发展历史，具有较高历史文化价值的建筑物和构筑物。城市优秀近现代建筑应当包括反映一定时期城市建设历史与建筑风格、具有较高建筑艺术水平的建筑物和构筑物以及重要的名人故居和曾经作为城市优秀传统文化载体的建筑物。”

北京798厂能否属于“城市优秀近代建筑”的范围内呢？不妨先看看798厂的历史沿革和现状。

和“上海新天地”旧区改造有异曲同工之妙的是北京798厂。798的总厂718厂在19世纪50年代初是苏联对中国实施的一项援助，款项来自德国对苏联的战争赔款（另有一种说法：该厂不属于苏联援建的156项大型工程，是民主德国在中国的一项独立工程，资金全部由我国自己负担）。设计者来自东德德绍市（包豪斯Bauhaus的所在地）的100多位德国建筑师，其中有Scherner父子。718厂又称华北无线电器材联合厂，与酒仙桥地区北京电子管厂（774）遥遥相对。下设一个研究所以及一分厂（797）、二分厂（718）、三分厂（798）、四分厂（706）、五分厂（751）和七分厂（707）等6个分厂。总投资预算是900万卢布（折合当时人民币1.4亿元），占地88.6 hm^2。该厂始建于1952年，1957年10月举行工厂完工典礼。718厂是我国电子行业的骨干企业，对国民经济、国防建设、三线生产、“两弹一星”都做出过重大贡献。原来是保密厂，出于国防安全需要，均以数字代码作厂名。2001年末，根据北京市电子工业领导部门的决定，将五个厂并成“北京七星华电科技集团责任有限公司”，798厂为分公司。2002年末，原798厂重新进行整合，组建“北京七星飞行电子有限公司”，总公司占股51%，本企业员工占总股本49%。占地约12 hm^2，总建筑面积约9万m^2，拥有员工500多人，离退职工一万多人。

798厂厂区有一个3122号单层三跨框架厂房，是现浇钢筋混凝土结构，屋盖是朝北的锯形天窗。屋顶高约9.5 m，柱跨17.74 m，柱间距为7.5 m。德国建筑师根据“包豪斯”的设计理念，一反当时苏式建筑风格，采用现代先进工艺和现代主义的建筑设计手法设计厂房。外立面简洁、朴素，结构按8度抗震设防（当时苏联专家认为采用6～7度设防已够）。德国专家大量收集了北京历史上的地震资料，说服中方同意这一设防等级（现在看，这是很有科学远见的技术决策）。德国专家的理性、科学、严谨、认真的设计作风，给我们树立了很好的榜样。五十多年过去了，该厂厂房还很坚固。在局部改建时，工人们感到很难拆除钢筋混凝土和砖的构配件。因为当时建筑材料用了高标号的混凝土和砂浆。据称，像这种按“包豪斯”设计理念建成的工业建筑也仅在德国、美国和中国还少量存在，在中国更是微乎其微了。

1999年国家正式批准北京电子城为国家及高新技术产业开发实验区，成为中关村科技园区的重要组成部分。798大院也就面临了重组、改造、转产的新形势。自2003年起，一批艺术家和商业文化机构（中外都有）开始成规模地租用和改造这里的空置厂房，逐渐发展成为集画廊、艺术中心、艺术家工作室、设计公司、餐饮、酒吧等于一体的具有一定规模的艺术社区，称之为大山子艺术区（D.A.D）。这一现象引起了包括人大、政协在内的广泛社会关注。根据建设部36号文件精神，798厂是拆还是保护就成了人们关心的热点问题。

三、798厂的去留问题引起了社会的关注

租用这闲置的厂房车间，还比较适合艺术家的支付能力，租金为每平方米0.5~1.6元。由于有高大的空间，有天然采光和热力、水电供应，对于艺术家的绘画、雕塑都提供了良好的空间和物理条件。更有吸引力的是这个老厂的环境为艺术家带来了历史、人文的情结。有的就干脆将这场地变成集工作与居住为一体的SOHO地点。对于厂方来讲，由于离退职工、下岗职工的压力大，每年开支很大。出租了闲置厂房也可大大减轻整个厂每年的经济负担。

随着房地产开发的升温，就有外商（如香港）的房地产商看中这块闲置的工厂用地。厂方也愿意趁此机会将该厂区作为房地产开发来发展经济。798厂房面临全部推倒拆光的厄运。于是，拆还是留的矛盾就日益尖锐。

798厂，不夸张地说，可以算是一本中国工业建筑的历史教科书。它不仅具有包豪斯现代主义的建筑印记，而且还具有中国工业化建设的印记，更具有文化革命的印记（墙上始终保留了文化革命时期的标准口号和绘画）。这个工业建筑载体反映了半个世纪以来中国政治、经济、技术、设备材料、文化、思想的历史发展过程。难怪这块"798"或称"D.A.D"的特殊区域引起了国内外人士的注意。法国名建筑师努维尔、屈来都曾为798厂的改造利用提出了构想方案。中央美术学院建筑院的师生们也提出了建议性的改造设计方案。据称，德国、法国的总统、总理来北京还点名要来这块"宝地"。原北京市建筑设计院的法籍华人总建筑师华揽洪先生的女儿也大声疾呼地为保留798厂而到处奔走。某人大代表也受"艺术区的艺术家、原联合厂部分离退休老干部、社会其他有识之士"的正式委托，拟出了有15名代表签名的提案——《保留一个老工业的建筑遗产、保留一个正在发展的艺术区的提案》。他明确提出了保留798具有建筑价值、历史价值、艺术价值、经济价值和奥运价值。

2005年3月16日，由北京市规委和市委宣传部联合召开了一个座谈会，听取有关人士对798厂的技术鉴定意见，以便为798厂的去留决策提供客观的评价。出席会议的有原电子部曾参加过718建厂的老专家，还有北京市规划院及

其他设计院的建筑师和工程师。上学时曾参观过这厂的我有幸也参加了这一个很有意义的研讨会，在会上发表了我个人的意见。我赞成保留798厂主要的旧厂房，但要做一个总体规划的可行性研究，以便科学决策，民主决策，依法决策。一个好的决策必须兼顾产权方、租赁方、社会公益方的利益。

四、从“798”现象得到的启示

1. 从历史上看，中国建筑界由于众所周知的原因，长期对现代主义建筑缺少深入研究和大量实践，在工业建筑领域中也没能幸免。798厂的“包豪斯”设计理念、技术和风格是我国留下的为数不多的工业建筑之一。如能科学地保护下来，对后人确是一本很有典型意义的、石头的历史教科书。

2. 城市的保护与发展始终是城市建设中很难处理的问题。在北京也一直为古城改造、四合院保护所困扰。北京的工业建筑，过去按规划是布置在城市郊区。现在城市不断摊大饼，这些工业建筑已成为城中城了。对这些老厂采取什么办法来处理也成为当局很为难的问题了。从国内外实践经验看，不问青红皂白，一律大拆大建，绝不是聪明的办法。当前，北京市领导对于798厂采取慎重的态度，进行多方面的调查、分析、研究，听取各方面的意见。这表明政府对于重大问题采取科学决策、民主决策的务实决心，要全面综合考虑798厂的社会效益、经济效益和环境效益。

3. 建议对798厂的改造利用，开展一次可行性研究的征集活动。鉴于各界都很关心798厂的去留问题。能否设想，发动各方面的力量献计献策。由于这是一项系统工程，光是方案畅想是远远不够的。希望能根据规划条件、现状条件，从方针政策、规划理念、建筑设计、工程技术、经济估算、管理运营等全方位地进行可行性研究。798厂方、开发商、规划师、工程师、艺术家都可参与提出合理化建议。通过这一活动，在2008年奥运会的前夕，对建筑界和广大市民也是一次教育活动。希望有更多的有识之士，以人文奥运、科技奥运、生态奥运的精神来关心和参与城市建设和旧区改造的社会热点问题。

(原载中国中元兴华工程公司《科技论文集——2005》)

建筑师应该恪守职业道德

王荣顺

随着城市建设进程的不断前行，面对城市中不断出现的各种各样甚至千奇百怪的建筑，有的建筑师不禁在问，建筑师该做什么样的建筑？建筑师该如何尊重自己的职业，为城市设计适用、经济、美观的建筑呢？

1998年，国际建筑师协会职业实践委员会通过了《关于道德标准的推荐导则》，作为各会员的精神和行为约束。

《导则》中提出了职业建筑师的标准：职业建筑师是为改善建筑环境、社会福利及文化，具有专门和独特技能，并恪守职业精神、品质和能力的群体；对本职业的延续和发展、对公众造福负有责任，对业主、用户和形成建造环境的建筑业负有责任，对建筑艺术和科学负有责任。

《导则》中对建筑师总的义务作了约定：维持和提高自身的建筑艺术和科学知识，尊重建筑学的集体成就，在建筑艺术和科学的追求中首先保证以学术为基础，并对职业判断不妥协。建筑师要提高职业知识和技能，并维持职业能力；要不断提高美学、教育、研究、培训和实践的标准；要推进相关行业，为建筑业的知识和技能做出贡献。

建筑师对公众的义务：遵守法律，并全面地考虑到职业活动对社会和环境的影响。建筑师要尊重、保护自然与文化遗产，努力改善环境与生活质量，注意保护建筑产品的所有使用者的物质与文化权益；在职业活动中不能以欺骗或虚假的方式推销自己；营业风格不能扰乱他人；遵守法规和条例；遵守为其服务的国家的道德与行为规范；适当地参与公共活动，向公众解释建筑问题。

建筑师对业主的义务：忠诚地、自觉地执业，合理地考虑技术和标准，做出无成见和无偏见的判断；学术性和职业性的判断优先于其他任何动机。建筑师在承接业务前应有足以完成业主要求的经济和技术支持；要以全身心的技能、关注和勤奋工作；要在约定的合理时间内完成业务；要把工作进展及影响质量和成本的情况告知业主；要对自己做出的意见承担责任，并只从事自己技术领域内的职业工作；在接受业主委托前写明自己不能承担的工作，特别是工作范围、责任分工和限制、收费数量和方式、终止业务条件；对业主的事务保密；要向业主、承包商解释清楚可能产生利益冲突的问题，保证各方的合法利益和各方合同的正常实施。

建筑师对职业的义务：维护职业的尊严和品质，尊重他人的合法权利和利益。建筑师要诚实、公正地从事职业活动；已从注册名单中除名者或被公认的建筑师组织排除者不应吸收作合伙人或经理；要通过行动提高职业尊严和品质，雇员也应以此为标准，以免损害公众利益。

建筑师对同业（行）的义务：尊重同业，承认同业的职业期望、贡献和工作成果。建筑师不应有种族、宗教、健康、婚姻和性别上的歧视；不能采用未授权的设计概念，尊重知识产权；不能行贿；不能提前报价；不能以不正当的手段挖取别人已接受委托的项目；承认他人的工作成就，等等。

全社会在呼唤诚信、道德的时刻，国际建筑师的道德标准与各行业的标准是一致的，也是人类的共同愿望。国内建筑师在与国际建筑师接轨的过程中不应降低标准，敝帚自珍，更不应自暴自弃；应努力提高职业尊严和品质，改造自己的行为，剔除有损建筑师声誉的一切旧的框框。国内建筑师应有强烈的社会责任感，为大众呼吁；建筑师的技艺应是精到的，服务应是货真价实的。

（原载2005年6月16日《中国建设报》）

建筑师，妥协与无奈下的焦虑

佚　名

有没有焦虑，是一个智力劳动者是否经常处于广义思考和狭义思考的一种标志。建筑师职业在社会上一般被人们归类在工程师之列，而在执业过程中，建筑师的工作也确与工程师们有着不可分割的合作，从事每一项工程设计时，建筑师们往往很难独自完成一件常规的设计任务。

有些智力劳动者可以在象牙塔中工作。社会希望他们关注公共社会和公共事务，同样也会宽容他们"个人化"的思维，比如作家、画家，更有网络作家连印刷、装订和发行等工作都不用参与。

而建筑师则是最接近公共社会和公共事务的职业。相比较其他诸多工程师的工作来说，他们的工作不只是靠惯性和经验来维系，必须时刻伴着广义的思考和狭义的思考，前者可指为社会，后者可指为具体的被服务的人；也可分别指为更远、更大和更近、更细两个方向的问题。

一位日本著名建筑师说过，"建筑是权力的装置"。这不是贬语，因为有时建筑是必须为政治服务的。一幢建筑可能是无意识也可能是有意识地和政治挂上了钩，这都无妨。大家看的是结果和终结：这座建筑曾经或仍然被用来象征一个时代、一个盛世、一个国家的盛典或仅仅反映权力做出的判断。

天安门城楼的设计者绝对想不到几百年后他设计的建筑会变成了新中国和新政权的象征。近代建筑史上如美国华盛顿中心大草坪侧的越战纪念碑和韩战纪念园，无疑地表达了一种权力下的政治判断。

在我们城市中的不少当代建筑，也往往超越了其原本的物质功能，不仅建筑师，还有更大范围的学者和市民都将其视为一种象征和判断。如兴建于北京老中轴线上的两座建筑：巨蛋中的剧院和鸟巢中的竞技场，在引发的争论中很少见到关于演出和比赛相关的信息。也许若干年后，人们早已对它们视而不见，但是感兴趣的人却会联想到21世纪初的权力的判断、改革开放的状况和社会群体审美博弈中的PK。

人类历史上权力会更迭、会继承，建筑成了城市的珍藏，其中包括了建筑师的广义思考，他们理解政治和权力，他们的作品却有可能超越了政治。

能接触和参与上一类工程设计，也因此留名史册的建筑师是少数。大多数建筑师都在干着直接与民生相关的工程设计，中外皆然。于是可以说建筑师们的执业以最广泛最直接的形式影响着、干预着公共事务，他们的广义思考和狭义思考的质量太重要了。

套一句电影广告词：建筑师的一笔，平民生活的一辈子。大小城市里的社区开发、住宅兴建，大到成千上万人群的拆迁和迁徙，小到家庭主妇最关心的厨房格局和氛围，牵动的和影响的不是他们的一朝一夕，而是岁月长久。欣喜也好，无奈也罢，建筑师的影子似乎都在背后。早先人们不大懂，现在才知道，他满意而应当感谢的或不满意而想出口气咒骂的，都与一种叫做“建筑师”的人有关。有人说，你热爱生活，你去做一名建筑师吧。你热爱人们，你更应该做一名建筑师。这样的建筑师是有美好心灵的，那他们的心灵思考也应当是美好的。

建筑师又是一种经常无奈、经常遗憾、经常妥协的工作者。事实上在社会舆论上，当关系到社会的公正、公平或对弱势群体的关爱和冷漠的天平倾斜时，许多建筑师都受到了质疑。

建筑师会碰到不讲理的官员，也会遇到黑心的开发商，更有官商勾结下既违反法规更不讲道德的设计要求。

城市风景中的大树，它们依然靠阳光、空气和水的滋养，仍然像古老的童话一样纯美；但城市里的建筑却成了畅销书，翻过后不屑珍藏，可无奈的是除不掉、搬不动。

独善其身的建筑师可能无法在眼下生存。有位从外国学习回来的同行，他苦口婆心地向业主宣讲设计之道，结果业主根本听不进去，被他缠得不行，出于“尊重”买断了建筑师的方案。过了几年，建筑师偶然路过那记忆中的场地，进去一看，又气又好笑，呈现在他眼前的是完全走了样的一堆东西。

我还是宁可认为建筑师是一个不说高尚但也是凭良心干事的职业。最近读过一本书，名叫《医事》。作者作为一名医师，为病人和患者造福的天使，她的心灵思考让人感动。建筑师面对的人群远远多于医生所面对的，他们的思考会给更多人群带来幸福和享受。希望我们的社会能多一些有着心灵思考的建筑师。

（摘自2007年1月29日《建筑时报》）

建筑失忆与城市危局

朱　华

现代文明创造着现代城市，现代城市也在演绎着现代文明。

城市是人造的，也是为人服务的，它与现代人的生活和生命紧紧地连在一起。

50多年前，梁思成先生建议北京城的建设要保留北京的文化古都特点，再建中要妥善保留北京的文物古迹。

时任北京市长的吴晗对梁思成先生说：您是老保守，将来北京城到处建起高楼大厦，您这些牌坊、宫门在高楼的包围下都成了鸡笼、鸟舍，有什么文物鉴赏价值可言？梁先生当场失声痛哭。

以高楼大厦为标志的新北京，牌坊、宫门、城墙没有了，四合院一个接一个蒸发。还有一些"纪念碑"供人们追寻记忆，如元大都城垣遗址、皇城根遗址公园、东便门城墙公园、金中都遗址纪念阙、故宫博物院、北海公园、天坛公园、地坛公园……老北京就注定要成为今天的新北京，归国寻找老北京记忆的老华侨也注定会看到"失去的记忆"。

迷失记忆的不止一个北京：南京50平方公里老城已经拆迁改造完毕；济南投入22亿元资金拆迁了44万平方米、7 700户居民、43个片区，大量特色街道消失在推土机的车轮下；郑州新标志是"一路、一区、一城"，古城全部翻新；开封和洛阳古都已被现代化草坪覆盖；舟山定海一段老街区被毁，经媒体曝光后掀起大波；长沙福源巷37号"左公馆"一夜之间被铲平……

一拆一建，历史和文化的记忆戛然而止。

一位房地产业内人士说，现在具有京味儿特点的建筑，或者被圈起来收费观瞻，或者开发成豪宅供给最有钱的人，或者变成了高档消费场所。

据了解，北海公园周围的"水景住宅"曾火爆一时，一些老四合院被搬迁后也变成了豪宅，一套房子售价数百上千万元。

德国《明星》画刊在一篇报道中说："被誉为世界最美丽城市的北京，现在与亚洲其他大城市如曼谷和雅加达几乎没有什么区别。八车道的环形路，玻璃幕墙的办公大楼和饭店使整个城市改变了模样……在过去的几十年里，中国几千个村庄、小镇和大城市的老房子被夷为平地，随之消失的是独一无二的历史性建筑和古建筑、文化和生活方式的许多证物……现在，中国每一座城市看上去都是一个样。"

什么是城市化？钢筋水泥取代了土壤，玻璃幕墙取代了森林，沥青瓷砖取代了草地。氧气少了，二氧化碳、二氧化硫和光化学烟雾多了。

这就是我们建设城市、发展城市的目的吗?

城市的可识别性、地域标志性正在逐渐消失，城市的记忆正在被高涨的雷同化开发热情快速抹去，一些区域在繁荣的同时沦为浅薄和平庸。

英国广播公司(BBC)在一篇报道中称："世界上最为昂贵、也最有创新性的建筑师正在为中国打点各式各样的工程，中国城市形象正被改变得不同以往。"

中国城市未来的形象难道就是一群外国建筑大师设计展示和试验的样板间?

高楼大厦快速增长，特色建筑难觅踪影。城市面临危局，建筑失去记忆。

有关专家呼吁：抢救历史文化名城刻不容缓。国家历史文化名城保护专家委员会主任周干峙指出：目前国内正处在城市化高潮之中，对具有珍贵历史文化价值的街区任意拆毁，使历史文化名城保护事业面临严峻局面。现在对历史文化名城到了要抢救的程度了。"平遥、丽江通过开发新区保护了古城，苏州也是这样做的，我们必须通过立法来确定这种模式，采取强有力的措施，早一天解决这个问题。这样，历史文化名城就会少一些破坏，多一些保护。"

人们为寻找迷失的记忆，开始追寻文化与建筑的内在统一。

北大奥运场馆为古松让路，场馆建设为保护7棵古松而改变场馆设计。2008年以后，所有人将看到，在中国最古老的大学中，新建的奥运场馆和200年前的人文古迹和谐地站在一起。

世界最大水利基本建设工程——南水北调工程的文物保护工作，已成为中国考古界今后工作的重点。所有考古和文物保护力量，将联合起来进行一次大规模、多学科、高层次的文物抢救会战。

阮仪三，同济大学教授，全国历史文化名城保护专家委员会委员。他对古镇怀有深厚的感情，走遍了全国大大小小的城镇，坚持保护建筑应整旧如故，以存其真。20世纪80年代以来努力促成平遥、周庄、丽江等众多古城古镇的保护，被称为是中国古城镇的守护神。2003年，获得了联合国教科文组织颁发的"亚太地区文化遗产保护杰出成就奖"。人们感激他：我们庆幸，有他才得以看到美丽依旧的家乡。

为了找寻这份记忆，古迹旅游、自然风光旅游、乡村旅游蔚然成风。因此，旅游景点的门票虽然一涨再涨，愈来愈多的黄金周旅游，愈来愈火爆的各类项目旅游还是吸引了现代人冲出钢筋水泥森林走向唤起记忆的古迹、风景和古朴的乡村。

深思旅游业发达的原因：之所以贵，是因为物稀。

(摘自2007年4月16日《建筑时报》)

谁为建筑的未来买单

吴　晨

上个星期，清华的一些师生们参观了屋架已近完成的某剧院施工现场。回来后，我听到最多的一个词是：吓人！一个学生告诉我："虽然在表现图上它的体量并不张扬，但是看见实物和周围建筑比起来，它的尺度真是吓人。"

"鸟巢"就要动工了，CCTV的那个"扭曲之门"也正在不露声色地备战。再过两年，人们也许会麻木于这种"吓人"的感受了，这种冲击我们视线的建筑越来越多。所以，我很担心。

大家都认可这样的观点，建筑是一个城市记忆的载体。因此现在很多人担忧：北京这座古老城市，正在慢慢失去记忆。

而我担心的是，城市是不会失去记忆的，只是目前的这份记忆并不美好，并不能让我们引以为傲，也许若干年后，再看到这些所谓大师作品已经从空中楼阁成为现实景象时，我们的记忆将会像是被揭开的伤疤：多年之后方能体味的那种不痛不痒之阵痛。所谓大师，正是这些伤疤的作者。

所以，几个月前，我在接受记者采访时曾首先提出这样一种说法：不要让北京成了外国建筑师的试验场。

试验场的说法引起了很多争议，有人质问我：北京难道不能成为试验场？那么只有建四合院才能使北京不成为试验场？任何新风格的建筑都是对城市的试验？

我说，任何城市都是在建筑的试验中发展的，北京当然不能只拘泥于老祖宗留下的四合院，我们还要给后代留下一些新的好东西。

于是，又有人说了：那么，既然是试验场，让中国人试验与让外国人试验有什么不同呢？而且，外国建筑师的经验与成就比国内建筑师要大得多。

这种说法，正是让我觉得把北京变成外国建筑师的试验场的最可怕之处。我们为外国建筑师创造了可以如此肆无忌惮的条件，让他们拿着我们的土地去做试验。而中国的建筑师，谁能具备这样的条件：用想象去挑战技术，用花钱的手段来解决技术？

这几乎已经成了北京标志性建筑的一种潮流：用建筑去挑战技术，似乎这就是好的建筑了。而其实质是：花钱。CCTV悬挑70米啊，确实，只有库哈斯想到了。确实，中国建筑师没有想到，但是哪一个中国建筑师敢于这么想呢？谁敢于用空想来说服业主挑战技术？

当技术被挑战之后，再把一个哲学的标签贴上，便成了大师的杰作。甚至，这个标签都不用大师自己去贴，我们可以代他想象。从"鸟巢"中看到故宫神韵的其实是我们中国人。然后，我们解释，民族传统与现代的完美融合。

这就是试验场的现实：外国建筑师试验起来更加大胆、更加肆无忌惮。这样的条件是我们给他们的。

外国建筑师自己也很明白这点。套用库哈斯的两句话：一是建筑的全部含义在于与别人打交道，二是这座建筑也许中国人无法想象，但是，确实只有中国人才能建造。

所以，安德鲁来了，库哈斯来了，赫尔佐格与德梅隆也来了。他们带来的是他们的文化，他们自以为先进的建筑理念。确实，他们是满怀着激情与冲动将他们的价值与文化观念强加于我们的，但是这种活动，也正是文化殖民主义的最初的自然动机。

我用了建筑文化的殖民性这样的说法，并不是危言耸听。很多在建筑文化上属于弱势，或者曾经属于弱势的国家或者城市，在腾飞时期进行大规模城市建设的时候，大多会经历这样的阶段。印度著名建筑师查尔斯·柯里亚就曾提出，警惕在建筑文化层面的殖民化倾向。日本、韩国也都曾有被“大师”们留下过阵痛的回忆。而在这种带有强迫意味的观念输出中，我们失去的是什么？是民族的文化。

我不认为民族文化就是封闭的，我也不认为东西方文化有优劣差异。但是，文化是一个民族最为珍贵、最为本质的灵魂点。所以，民族文化的进步不仅要受外部影响，更要在自我更新中保持特色。任何一个局外人，他不可能对异族文化有着切肤之情，更不可能深入精髓。对民族文化的理解是渗透在血液里、骨子里的。皮层上的理解，只能造成水土不服。

因为建筑不是孤立的，他们要融合于环境，融合于城市，融合于我们的生活。很多中国人会不喜欢某个设计，因为在中国，只有墓地才会建得要下台阶进入。还有鸟巢，施工图都没有做出来，政府部门已经组织专家研讨未来的清洗费用了。

为水土不服付出代价的，因水土不服而感不适的，只有我们这些要笑纳这些建筑的土生土长的人民。

如果说，大师们的试验是一种建筑文化的殖民，那么我们的俯首帖耳不能不说是一种自觉殖民主义。其结果是，慢慢地我们用外来的观念来观赏建筑，用外来的思维方式来思考建筑。而北京，最怕满身是法国的影子、瑞士的影子、德国的影子……唯独没有了北京的味道。所以，我为北京的记忆担忧，为现在建筑的风气担忧。

最后，借用柯里亚的告诫，我想喊出这样口号：

我们不反对国外先进的技术、理论在这里进行创造，但是我们要反对建筑的殖民文化；我们不反对向国外的卓越大师们虚心学习，但是我们要反对建筑文化中的自觉殖民主义。

（原载《想起唐朝——〈建筑时报〉中国建筑文化文萃》）

"短命建筑"与"破窗理论"

华　哲

最近有消息称：江苏无锡市要将一座高98米、建成仅7年的高楼炸掉，在原址上再盖一座250米的新楼。市民认为太浪费，而规划局有关人士强调炸掉大楼"政府并不吃亏"，"建一个新的更大的医院，政府花掉10亿多人民币，而转让一个老医院地块就获得12亿人民币，应当说政府实现了盈余"。而此前人们已听到了太多类似的事儿：广州天河城西塔楼、西湖第一高楼、青岛铁路大厦……其中甚至竟有刚刚落成的建筑，例如，重庆市鱼洞水鸭凼隆盛大厦交房仅半年就被拆掉，成为全国"最短命"的建筑，数十名刚拿到新房钥匙或刚装修完的业主，转眼就成了拆迁户。诸多"短命建筑"造成的浪费和对环境发展的负面影响难以估量。

按照我国《民用建筑设计通则》的规定，重要建筑和高层建筑主体结构的耐久年限为100年，一般性建筑为50年到100年，但我国建筑的实际使用年限远没有这么长。统计数据显示，我国房屋建筑的平均使用年限不到30年。据建设部住宅产业化促进中心副主任童悦仲说："我国城市住宅寿命低于50年的情况相当普遍，使用年限短已成为我国住宅的突出问题。"而在欧美等发达国家，房屋的使用年限要长得多，美国房产的平均使用年限约为80年，瑞士、挪威等为70年至90年。

"短命建筑"在我国的出现，很重要的一条就是，人们不能以理性的态度对待"老屋"，盲目崇拜新式建筑，在城市建设中追求整齐划一，"随意、残忍"地对老旧建筑一拆了之，这有悖于可持续的科学发展观。其实，拆除建筑并不是旧城改造的唯一方法，改造旧建筑往往事半功倍；即使某个建筑确实不适合在原来位置，将其迁移也比拆除后重建更为节约。这样的例子国内外都有。既然如此，为什么还会有那么多的建筑"中道崩殂"呢？对此，以往多从如何科学制定或严格执行建设规划方面来论述，这当然是十分必要的。但是，真正造成中国"短命建筑"层出不穷乃至有可能成为世界"爆破第一国"的原因，却还有着更加深层次的原因。

近年来，我国经济的快速增长令全球瞩目，但我们的综合国力与发达国家相比仍有很大差距。其中固然有基数的问题，但也有不少被"破窗理论"式的投资增长方式消耗掉了。

所谓"破窗理论"就是，打破一扇窗子可以推动一系列交易行为的发生，从而可以带来商机、创造财富。而实际上"破窗理论"制造了一个只看增量、忽略存量的陷阱。表面上看，打破窗子的行为确实能够促使交易产生，会使当年的GDP受益；但从存量来看，社会并没有因此增加财富，始终只拥有一块好窗子。如果它不被打破的话，这笔钱完全可以投入其他领域产生出新的财富。同样道理，假如我国的建筑寿命可以再长些，把节约下来的庞大资源用作它途不是更好吗？

在英国，建筑平均寿命高达132年，居世界首位，不仅建筑质量受到高度重视，规划、设计也经过详细论证。同时，英国非常注意对建筑物的维护、加固和病害处理，以延长建筑物使用年限，提高资源利用效率。可是为什么当今的中国人对自己的东西破坏起来就那么毫不心痛和手软呢？江南大学一位教授分析其原因：一是规划部门短视，只看眼前，不顾长远；二是长官意志，“拍脑袋”工程。一些大型建筑的规划设计，全凭少数决策者“拍脑袋”或者在领导画定的圈圈里论证，新任领导上任看着不顺眼，于是一声令下又要拆除。

目前，中国正在倡导建设“节约型社会”，要求善用社会资源，走可持续发展道路。胡锦涛总书记在党的十七大报告中明确提出：“坚持节约资源和保护环境的基本国策，关系人民群众切身利益和中华民族生存发展。” 而类似“短命建筑”等隐性浪费现象同样与建设“节约型社会”的精神相悖。因此，必须通过立法，对随意拆除可正常使用建筑物的行为进行严格限制和规范，以逐步减少乃至最终杜绝“短命建筑”。

（摘自《建筑时报》2008年3月31日）

从“春茧”到“海之贝”之变

李兆汝　刘月月

“春茧”与“海之贝”究竟孰优孰劣？为何会有方案变更？

2011年第26届世界大学生运动会主要分会场——深圳湾体育中心设计方案去年底揭晓，“鸟巢”中方总设计师李兴钢的“海之贝”方案中标。今年2月15日，李兴钢所在的中国建筑设计研究院突然收到通知，要求与已经落选的一家日本设计公司设计方案“春茧”进行再深化、比选、审定，日本方案近日将被确定为实施方案。

“春茧”与“海之贝”究竟孰优孰劣？有关部门为何力挺“春茧”？“海之贝”已经中标却又突然遭弃，有关部门的这种行为是否违法？对此，社会各界热议纷纷。相关方面已将此事反映到国务院，住房和城乡建设部正在按照国务院要求进行调查协调处理。本报对此事件也予以高度关注。

从“春茧”到“海之贝”，一波三折

据媒体报道和有关人士提供的信息，从“春茧”到“海之贝”，可以说是一波三折：

2007年7月初，深圳市南山区政府组织开展了深圳湾体育中心设计方案国际咨询发标工作，并通过专家评选方式确定了7个具有较强实力的设计团队参与本次设计咨询工作。

2007年11月24日，在深圳市南山区政府召开的专家评审会上，13位国内外知名专家经过认真讨论和评议，采用打分法确定了获奖方案排名：第一名为4号设计方案“春茧”（设计单位为株式会社AXS佐藤综合计画和北京建筑设计研究院联合体），第二名为5号设计方案（设计单位为HOK体育建筑设计公司），第三名为2号设计方案“海之贝”（设计单位为中国建筑设计研究院）。

2007年11月26日至30日，深圳市南山区政府经过向公众展示后，综合考虑了排名、工期、造价、建设标准等各方面的因素，确定排名第三的设计方案“海之贝”为中标方案，并向中国建筑设计研究院发出了中标通知书。

2008年2月2日，中国建筑设计研究院将修改、完善后的深化方案提交给深圳市有关部门。

2008年2月15日，中国建筑设计研究院突然收到通知，要求与已经落选的“春茧”方案进行再深化、比选、审定。

2008年2月25、28日，深圳市规划局先后两次牵头组织了临时评审会，再对“海之贝”、“春茧”两方案进行比较。

2008年2月29日，中国建筑设计研究院接到深圳市规划局口头通知："春茧"方案将被确定为实施方案。

"春茧"和"海之贝"，各有千秋？

根据有关部门公布的资料，"春茧"与"海之贝"可以说是各有千秋。

"春茧"设计方案的优点在于，用地布局集约，通过白色的巨型网架结构将体育、商业等建筑空间进行整合，形成了形体完整的建筑综合体，有利于赛前赛后综合利用；建筑体态完整，造型独特，能够产生醒目的地域标识性；塑造了一种新型的体育设施空间，将商业、街道等各类型空间融合进了体育建筑内部，将会制造出更有活力的空间；该方案下阶段有继续深化和调整的可能性和可行性。

而它的缺点在于，该方案结构形式复杂，在结构设计和工程造价控制方面存在一定难度和挑战，需要对该方案的造价、工期有足够思想准备。

海之贝"设计方案的优点在于，设计构思富有创意；在体育公园的基础上，增加了生态公园的概念，有利于市民活动；大面积开放空间修改完善的弹性较大；"品字形"的建筑布置方式，有利于营造特色不同的活动空间，便于吸引市民参与；建筑整体感强，造型优美；建筑结构可行性较高。

而它的缺点在于，将体育建筑衔接起来的连廊功能过于单一，缺乏公共建筑应该有的活力；体育建筑距离接待中心过远，流线组织不够合理；膜结构设计，且建筑分散布局，可能形成温室效应，不利于节能。

深圳市规划局：力挺"春茧"？

可以说，"春茧"设计方案受到了深圳市规划局的"力挺"。

南山区政府和深圳湾体育中心建设指挥部解释说：在初期评选方案时，南山区政府按照一般区级体育中心的建设标准和要求，主要考虑到"春茧"在造价上相对高一些，施工难度较复杂，工期较紧张。而"海之贝"在上述几方面具有一定优势，因此确定"海之贝"中标。

深圳市规划局城市与建筑设计处负责人曾代表单位回应说，虽然"春茧"未中标，但是在评审中专家评选总分第一，规划部门认为"春茧"方案跟城市结合得更好，有特点，有独到之处，有优势，不用可惜了，所以将"春茧"确定为实施方案。

2008年1月30日，深圳市规划局向市政府提交了《关于深圳湾体育中心实施方案意见的报告》。该报告提出，政府投资项目的国际招标应当尊重专家评审意见，在没有特别的情况下应以专家评选出的综合排名第一名作为实施方案，专家评审综合排名第一的"春茧"方案在体育建筑设计方面具有创新性，是一个难得的好作品。2008年2月25日，深圳市规划局组织召开专家研讨会，针对“春茧”和“海之贝”的结构设计、工程综合造价、建设工期、施工难点等方面问题进行讨论，并对两个方案进行了评价。专家从赶工期及设计工作深化状况的角度出发，认为“海之贝”方案有一定优势。

2008年2月28日，深圳市规划局再次组织专家对“春茧”和“海之贝”两个方案在结构设计上存在的技术性问题进行研讨。专家认为，我国钢结构设计和实施已相当成熟，“春茧”的钢结构设计和施工完全具有可实施性。

关于造价和工期，因方案深化和技术改进，将对造价进一步控制；同时，该方案尽管在前期造价上会有所增加，但可以减少赛后政府的财政补贴，从而减少政府的长期投入。工期方面，均应力保建设工期，根据专家比选，两个方案工期基本一致。

深圳市政府综合上述判断，确定“春茧”方案为实施方案。

3月30日，深圳湾体育中心建设指挥部向社会公布：“经过慎重考虑和研究，深圳湾体育中心建设指挥部决定改变中标结果，将中标方案确定为4号设计方案‘春茧’。”

设计师：“不理解、不公平。”

“我觉得不理解、不公平”。得知“海之贝”方案被弃，设计师李兴钢高呼不公。他认为，“春茧”方案虽然专家投标数第一，但按评审办法规定，专家评审结果只是整个招标评审程序的第一步，并且在后续的公示和审批过程中不作排序。“海之贝”是经法定招投标程序通过、按国际竞赛方式征集产生的设计方案，整个招投标过程是公开、公平、公正的，充分体现了专家意见、群众意见和行政审批的全面结合，结果是合理、合法、有效的。一个通过公开、公平、公正的合法招投标程序选定并公布的中标结果居然可以被如此儿戏般不经合法程序地被推翻，又不经合法程序地被另外一个原已落选的方案取代，这显然有失公平。

而另有一位来自某设计院不愿具名的设计师在就此事接受本报记者采访时表示：“听到这个事情，作为一个设计师，我很气愤，也很无奈，但没有办法。”他告诉记者，目前我国建设工程招投标中，不论是政府工程还是非政府工程，都存在秩序混乱的问题。本案是在中标通知书下达4个月后才反悔，而他还经历过合同刚签完招标方就反悔的情况呢。

“作为设计方，虽然可以通过法律途径维护自己的权益，但是现实中是很少的，没有那么的时间和精力，尤其对方是政府的时候，更多的选择是不吭声。其实，由于资金、技术等各种因素使招标方想要变更方案，完全可以理解，通过合法的、正规的渠道和途径完全行得通。听说国家已经介入此事，我觉得是好事，对于各级政府、设计单位、百姓都是好事。”这位设计师说。

律师：废标违法？

律师周驿在接受记者采访时认为，中国建筑设计院受邀参加深圳湾体育中心以国际竞赛方式征集设计方案的投标活动，其行为完全符合《招标投标法》规定的投标程序。除非经过法定程序认定该中标为违法，否则必须认定为有效。而在此之外的另行评标或组织评审行为均为违法。此次深圳市有关部门废弃中标方案“海之贝”，未走法定程序，而且敲定已经落选的“春茧”方案更未走法定程序，此举乃两次违法。

北京市辽海律师事务所陈晓云律师在自己的博客中发表了自己的观点。“依据《评标委员会和评标方法暂行规定》第四十八条，使用国有资金投资或者国家融资的项目，招标人应当确定排名第一的中标候选人为中标人。排名第一的中标候选人放弃中标、因不可抗力提出不能履行合同，或者招标文件规定应当提交履约保证金而在规定的期限内未能提交的，招标人可以确定排名第二的中标候选人为中标人。以此类推。”“依据法律规定，在深圳湾体育中心设计项目招标中应该确定在专家评审中排名第一的中标候选人为中标人，在没有法定原因就弃排名第一的候选人而确定排名第三人的候选人为中标人则属违法。那么‘海之贝’作为深圳湾体育中心设计项目中标方案的确定显然违法。”

北京炜衡律师事务所律师孟令欣明确表示，深圳市规划局此举“肯定是违法”。依据我国《招标投标法》和《合同法》的规定，中标通知书一旦发出就与招标文件、投标文件一同构成了完整的合同，就具有法律效力，随意解除肯定要承担法律责任。《评标委员会和评标方法暂行规定》作为部门规章是不能否定合同的效力的，只有经国务院制定的行政法规或全国人大制定的法律可以否定合同效力。另外，我国法律规定当下位法与上位法冲突时，应适用上位法，下位法与上位法相抵触的部分是无效的。因此，本案应适用《招标投标法》和《合同法》的规定，深圳市有关部门应承担废弃中标方案“海之贝”的法律责任，同时，在敲定已经落选的“春茧”方案时未走法定程序，也属违法。

（原载2008年4月9日《中国建设报》）

编前编后：希望是“建筑中国60年”的全记录

作为一贯瞩目中外建筑设计发展历程及思辨的《建筑创作》杂志社，早在2003年起便与《中国建设报》合作，先后推出时论文集系列“点击中国建设”，由于它们的前瞻性、文献性、批评性，使三个年度“点击中国建设”的《温故2003·启示2004》、《回眸2004·影响2005》、《铭记2005·倾听2006》深受业内外欢迎；尔后又在中国建筑学会建筑师分会的大力支持下，先后再推出“品牌年刊”《中国建筑设计年度报告》（2005—2006年版及2006—2007年版），它们不仅在理性上更趋成熟，更通过对业内大事的追踪、评述及记录，有效地宣传了中国建筑师及其作品的年度总结。

2008年12月正值中国改革开放30周年，《建筑创作》杂志社在忙碌完历经四年之久的第29届奥运会的图片、书刊专业化出版任务后，全力投入《1978~2008 中国建筑设计三十年》一书的策划、编撰之中。感谢北京市建筑设计研究院老院长、原城乡建设环境保护部叶如棠部长的题写书名；感谢中国建筑学会理事长、原建设部副部长宋春华的序言；感谢近百计的单位及学者的积极参与，从而使该书问世后获得强烈的社会反响。中国工程院院士张锦秋认为，该书的出版在建筑界是第一的作为，它大胆地填补了行业的“空白”，同时《建筑创作》杂志2008年第12期也刊发专辑纪念中国建筑设计30年的征程，应该说也从理论与实践两大层面书写了中国建筑设计的新篇。事实上，也恰恰在此阶段，时代要求建筑传媒人思考中国建筑设计发展的“大事”及“要点”。如何言说建筑中国，如何评价1949年—2009年60载时光中的建筑中国，是我思考良久的命题，如何将中国建筑60年这一甲子的思想与作品串起来更是个极为复杂的事。为此我先后作了一系列研究笔记计有《建筑中国六十年的历史如何书写》（《中国建设报》2008年10月7日）、《中国建筑设计改革30年的事件与作品述评》（《中国建设报》2008年11月25日）、《新中国建筑文化遗产谁来保护》（《中国建设报》2008年12月18日）、《建筑中国六十年建筑媒体该如何作为》（《中国建设报》2009年2月5日）、《北京当代新十大建筑评选理念及方法建言》（《中国建设报》2009年6月1日）等。它们均成为以《建筑创作》杂志社为主策划“建筑中国六十年系列丛书”的标志及要义。下面试从几方面阐述对该系列丛书的策划及组织编撰的要点。

1. 力求准确的主题策划

2009年5月《中国新闻出版报》全文刊发了中宣部、国家新闻出版总署的批复意见，已将“建筑中国六十年系列丛书”定为全国百部新中国庆典图书之一，这本身是对该策划的褒奖，是对该系列丛书在学术价值、出版意义上的肯定。对于该系列丛书的策划我以为还有两个“事件”要提及：

其一，2009年元月19日在由我刊主办的“第四届建筑师与媒体面对面及新年论坛”上，首发了

《1978~2008 中国建筑设计三十年》及马国馨院士的《建筑求索论稿》两书，我谈出了要做“建筑中国60年”的主题系列活动的设想，近30家专业及大众媒体记者共同探讨着这个主题。我以为建筑中国60年的道路，不仅有建筑创作者的坎坷，更有以作品和事件构成的几代中国建筑师、工程师们的精神档案。这里不仅有一座座城市建设成就的丰碑，更有一段段亦苍凉亦悲喜的生动故事。我们完全可从建筑前辈及大家身上感受到特有的精神轨迹，这能使当今的建筑师从中感悟到何为正本清源，何为深度诠释，何为永恒的可繁茂生长的中国建筑设计精神。据此我还以为，只有图书才能有效梳理建筑设计从人到物的历史。为此在2009年4月23日，我们成功举办了第二届中国建筑图书奖的评选，全面展开对1949年—2009年60载建筑图书的评选，并举办了大型建筑图书展——“用图书镜像建筑”。此举的意义超越了图书本身，呈现了用图书展示中国建筑设计60年历程的构想。

其二，前不久围绕从中央到地方（含北京）的60年城市标志性建筑或新十大建筑的评选，与某高校建筑学院高年级学生召开了一次“建筑师茶座”，面对层出不穷的“地标建筑”之评比，学生们有许多新见解，其中不乏反对新、奇、特、怪的种种说法，但令我不解的是有不少的学生不了解新中国第一个10年的“国庆十大工程”的项目，甚至除梁思成外已说不出多少老一辈建筑师的名字，更有的同学对已奉为建筑经典的诸如北京民族文化宫之类的新中国建筑视为应批判的反例。对此，我以为，根源不在学生，而在于我们的建筑教育史料太陈旧。为什么迄今新中国成立已经60载，我们的建筑史及其教育不能跟随时代而丰富些呢？所以，利用新中国60年建筑盘点的时机，大力宣传并审慎分析中国建筑设计的国际化及其走向显得十分必要。因为中国建筑师及其作品应该被褒奖，中国老一辈建筑师及其业绩应该被人知晓。

2. 书写“建筑中国六十年”是责任是使命

老实讲，无论是作为个人还是《建筑创作》杂志社，均未接到要“盘点”中国建筑设计60年的任务，但为什么我自身有某种负重感呢？恐怕是责任，恐怕是由于这些年从事前瞻性传媒工作所具有的自觉意识。事实上，在2006年12月出版的“中国工程勘察设计五十年”丛书第四卷《建筑工程设计发展卷》中笔者应邀完成了第一章《综述》，其中概述了中国建筑设计50年，特别从7个方面探讨了中国建筑设计50年的基本经验。它们主要是建筑设计理论、建筑设计的创新、中国建筑和建筑师在世界上的地位、工业建筑的发展、建筑艺术水准、中外合作设计、特大型建筑工程项目等。我以为对中国建筑设计60年而言，不是只在过去“编年史”上增加21世纪以来的一大批新建筑，而是要从整个国家及城市文化的视角再去品评其新概念，并从中发现一批新建筑背后所反映的城市化进程及其新“风景”。

建筑中国60年的建筑分析不是独立的，它有赖于业内系统化的城市化演变评析，这种评析会使新建筑的出现变得有所依据。从大的视角看，新中国成立以来中国城市化经历了两大历程。其一是1949年—1979年的曲折历程，其中有正常上升期（1949年—1959年）、剧烈波动期（1958年—1965年）、徘徊停滞期（1966年—1978年）。其二是改革开放以来的城市化，我国城市人口比例从1980年的19.39%，提高到2000年的36.22%，超过了印度和一批低收入国家水平。但必须承认，在20世纪90年代迄今的时段中，虽然城市化率不断上升，但出现了不少没有特色的城市：大江南北，一眼望去，无论是办公建筑，还是大学校园类的作品，都太雷同，缺少个性设计的项目钻了加快城市化建设的“空子”，社会以最小的代价获取最大利益的浮躁心态，使建筑丧失了传承文化的功能，变成了不能表达语义的“同义词”的堆砌。城市里到处是“欧陆风格”的建筑，越来越无法掩饰住建筑文化本身内涵的贫乏。也有国内评论家在总结50年前的大城市建筑时说，面对城市面貌的巨大变化，喜之者欢呼其为“日新月异”，而厌之者称其为“面目全非”；而基本上国外对截至20世纪末新中国建筑的高度评价也一直停留在如北京50年代“国庆十大工程”等少数项目上。必须承认，是新北京、新奥运的追求，给北京城市面貌以几个点上的新奇变化。在奥林匹克公园出现了令世人瞩目的“国家体育场”、“国家游泳中心”、“国家体育馆”三大特色项目；在北京CBD出现了华贸中心建筑群及在颇受争议中胜出的CCTV大厦；而长安街上的国家大剧院“巨蛋”因其建筑与艺术、建筑与音乐的完美结合，也说服并启示了一大批传统观念影响下的不拥护者。如今它们已成为用建筑塑造并反映北京城市精神的项目，它们的品质及影响力越来越为世界所承认，不仅是中国北京当之无愧的标志性建筑，也令世界建筑界所仰慕。在用建筑项目去“盘点”历史的过程中，尤其发现我们之所以似乎找准了建筑创作的方向，其功绩得益于改革开放的国家精神，得益于我们广博地吸收并发展自身的建筑文化，得益于理性对待国外合作设计背景下的原创设计能力的再挖掘，这些都是有待于总结的建筑设计的发展史料。

当今，学术界有些令人担忧的情况，核心是学者缺乏社会责任感。本系列丛书强调：只有社会责任感，才会带来创新意识；只有社会责任感，才会将编撰工作视为一项服务于行业与社会的伟业而甘愿付出；只有社会责任感，才会无所畏惧形成可贵的求索精神；只有社会责任感，才会在著述中关注城市重大问题，进行科学而客观的分析，才会体现出学者及编者的社会职责。

3.“建筑中国六十年系列丛书”的分卷设计

中国建筑60年的历程是极其不平凡的，这不仅仅因为建筑作品是壮丽的画卷，更在于事件、人物、评论、图书、设计机构乃至分门别类的建筑的覆盖广博、史实发展与演变、建筑风格溯源、评述多元化等特点。最初设想的编撰体例是“60年作品+60位建筑师+60年命题”。但自“第二届中国建筑图书奖”评选公告发出后，特别是在马国馨院士和资深建筑学编审杨永生的鼓励下，才最后确定了如下内容。

“建筑中国六十年系列丛书”的宗旨：要让新中国60年建筑的经历不仅真正成为一种思想和

精神的财富，还要呼唤反省并回顾机制。因此，“建筑中国”一词具有新中国大厦奠基与新中国建筑作品建设的双重含义，前者更具宏观的精神，后者具有扎实的工程意义，为此该系列分成7卷。

第一卷 事件卷：《建筑创作》杂志已于2009年第1期始开辟“建筑中国六十年”专栏，其中用了5期全面盘点了60年建筑的大事记。我们的宗旨是不找寻与建筑相关的最喜之事、最痛之事、最悲之事、最奇之事等，而是忠实记录并总结那些60年来最可引发建筑界动荡、最令建筑界思考、最可代表建筑界社会贡献及影响力的事件，并从中汲取到力量。因此，本书的目的不仅是对业内负责，也希望公众从中倾听到来自建筑界的声音，并从中发现新闻点、文化点及知识点。为此，作者对事件的选取原则，不仅仅是建筑本身，还涉及与建筑相关的城市、文化、经济、社会等方面，并按时间之轴展开富于历史感的“图景”描述，并附有事件及事件延拓的各类文章。

第二卷 机构卷：机构学研究表明，设计单位是设计行业发展的根基。中国建筑设计60年，设计机构经历了事业型、事业单位企业化管理、事业改企业、建立现代企业制度等多个阶段。从发展模式上讲，国际通行的设计咨询模式，以美、欧为主的是国际大型工程公司、工程咨询设计公司、专业事务所。其中事务所是基础的、数量最大的、最普遍的设计单位组织形式。本书不仅综述了设计机构的演变史，还透析了工程设计机构的改制思路，进而给出有启发性的设计机构成功发展的数个丰富个案。

第三卷 作品卷：建筑学家邹德侬教授认为，建筑理论支持优秀作品。新中国建筑设计60年来，中国日益成为世界最大的建筑市场和工地，然而除华裔建筑师及当今某些实验型建筑师外，中国尚未出现与大国相匹配的令世界公认的优秀建筑大师。纵观各大出版社的建筑师作品集不下几百种之多，但我们缺少的是有创作观及理论支撑的作品集，只有这种作品集才能不仅指导创作，更指导创新意义上的深度实践。本书站在60年的历史视角上，通过作品评述及作品“鉴赏”分别对中国建筑代表作品给予褒奖、评析及反思。

第四卷 人物卷：用“代际”对建筑师进行群体性的命名与描述，似乎已成为当代建筑师研究的思维方式。纵观新中国60年的建筑师，无论是已过世的梁思成、刘敦桢，还是当代最活跃的中青年新秀，他们都留下求真、传道的魅力，通过对他们的介绍，不仅会有盛大“景观”的发现，更富于对深幽人性的一种砥砺。盘点新中国60年建筑的人物大系，已感到不少前辈的名字不仅社会生疏，甚至连业内的青年建筑师也未曾听说过，因此，本书采取口述历史等表达方式，去挖掘并追溯团队在那段时光中留存的属于中国建筑的珍贵“故事”，还以历史的本来面目，并摆脱“集体创作”的束缚。本书的编撰执著而不盲从、质疑而不虚妄，坚持一种追根究底的胆识及勇气，意在发现几代建筑师充满历史逻辑感的创作轨迹。

第五卷 评论卷：大国的崛起不仅仅表现在科技发达、物质丰裕及军事强盛，在很大程度上也应该体现于文化的繁荣，在这方面评论及批评的作用不能小视。以历史的眼光看，新中国60年，伴随着我国经济社会发展的一次次变革，建筑及建筑评论也成为社会敏感的神经，建筑评论形成了一个双重变奏式的嬗变发展曲线。2001年郑时龄院士出版《建筑批评学》，迄今成为我国第一部关于建筑批评的高水平学术专著。2003年3月创刊的《建筑创作》随刊《建筑师茶座》迄今已出版近80期，围绕建筑与建筑师、建筑与社会、建筑与文化展开了数十个专题，参与评论的建筑师及相关艺术家已超过500人，凸显了思想敏锐、观点鲜明、文笔犀利的大家风范。随着“茶座”的“开张”，我们更注重批评的姿态及方式，讲求批评的策略，坚决避免说“官话”及“一言堂”，给尖锐的批评声以阵地，并有意要形成评论“风暴”。实践中越发悟到：正确的建筑评论应坚持辩证观，避免批评的误解及误用，即坚持肯定与否定、真实澄清与价值判断、理论与实践相结合的批评方式。不仅增强批评的实效性，还要有鲜明的价值判断，如进入21世纪的新中国60年建筑评论，就不该忘记反思“大跃进”那些事，虽然许多做法是经济浩劫或称“建设性破坏”，虽然许多回溯与记忆已是一段段灰色调的，但其反思要点是要提醒人们决策民主化、科学化及公开化，任何城乡建设盲目追求“政绩”的“跃进式”做法都是不合理的。本书从这个层面选取了不少正反两方面的评论文章，重点不仅在记忆，更希望让读者看清建筑行业走过的60年的道路。

第六卷　遗产卷：同城乡新建筑不同，针对新中国60年建筑的《遗产卷》的确立有诸多考虑。首先是国家文物局单霁翔局长3本著作的启发：《城市化发展与文化遗产保护》（2006年6月版）、《从“功能城市”走向“文化城市”》（2007年6月版）、《从“文物保护”走向“文化遗产保护”》（2008年11月版）。他几次对我们强调要借全国第三次文物普查之机，整理新中国60年来尚未进入各级政府重点文物保护单位的建筑名录，这不仅对于全国文物普查有益，更对于推进建筑文化遗产保护有价值。此外，几年来北京、南京、天津、深圳、武汉、重庆等城市对文化遗产的“建设性破坏”个案都要求要强化城乡建设的文化遗产保护观念的普及与再教育。纵观新中国60年文化遗产建设的风风雨雨，虽屡有建树，但更屡见挫折。因此，本书的使命在于不仅要确立“建筑文化遗产”的理念，并梳理好60年文化遗产建筑在保护修复技术上的业绩与经验，也要指出若干教训与不足，借鉴国外成功做法，从而盘点出一份有参考价值的新中国建筑文化遗产保护名录。

第七卷　图书卷：从书本上学历史是一回事，从书本上读建筑历史则是另一回事。《图书卷》是一部讲说新中国60年建筑“图书史”的书，它并非如钟芳玲博士所著《书店风景》（中央编译出版社，2008年10月版）倡言的要定格住书店随时代而变的“风景”，而是要从审视丰厚的书页中，感悟到新中国60年建筑图书的发展历程。虽然每个时代都有自己的声音，但建筑图书所展示的作品及建筑学人的思想独白却可记录我们这个时代那不可磨灭的思想脉动。尽管我们的全部努力是求得用图书之窗展开建筑中国60年的作品、事件、人物、思潮等的记忆，但面对历史巨变，我们至多只能把握住一些"小书"或"小事"，书目也未必能全部囊括，但我们相信这本《图书卷》是"沧海一粟"，我们的努力是在彰显一种力量，即用建筑的阅读形成"抵抗遗忘本身就是一种道德的力量"。

4．"建筑中国六十年系列丛书"的自我评价

作为该系列丛书的策划者本不该自我吹嘘，但面对国家项目，面对犹如新中国的科技与文化档案，我以为该有勇气对已有成果做出定位与评介，这本身也许算是一种自我鉴定吧。

从学术及文献价值上看，该系列丛书有如下特点：

其一，该系列图书的创作本身就呼唤了久违了的文化原创力。文化的原创是文化生存发展的基本动力。尽管60年来中国的建筑设计作品呈现了前所未有的繁荣局面，但"跟风"现象也日益严重，相当多的项目有风格但缺少技术，从本质上反映出对国家建筑设计方针贯彻得不力，本系列的《事件卷》在此方面做出探索，使中国建筑设计60年的史实还原为真实的轨迹。

其二，该系列丛书力求达到较高的学术水准。其《作品卷》不仅划分出中国建筑创作的阶段，还细致盘点并归纳了经典中国建筑设计作品个案，尽管用21世纪初叶的观点看，有些项目技术与创作风格还有些过时或保守，但恰恰这一点才使整个"作品集"丰富且全面，才能从理论和实践上反映出中国建筑设计60年的新水平。

其三，该系列丛书的成功之处还在于盘点了中国有代表性的建筑设计机构。在全国1万多家设计机构中，近10年来由于外资及民营事务所的出现，极大地丰富了设计市场的环境，也重新划分了设计市场竞争的份额，它本质上带来了中国建筑设计管理的革命。

其四，"建筑中国60年"的历史是作品的历史，更是建筑师、工程师奋发成长的历史。历史总是日日翻过，页页翻过，但建筑师应留下他们的名字。该系列丛书的《人物卷》较充分地描述了这些建筑人物。尽管我不能说所列的人物有绝对权威，但它体现出作者史料新鲜、别具只眼、突出中青年建筑师的选取原则。在他们中间不仅有建筑师，还有高校著名教授；不仅有建筑设计大师，还有不少富于潜力的青年建筑师。正是靠《人物卷》的山垒海积的作品与创作理念之说，使本书的学术性及文献性较为扎实。

从建筑文化层面及借鉴性看，该系列丛书有如下特点：

其一，它用大量第一手整理的研究及采访素材，精彩勾勒出新中国60年的建筑文化概貌，如《遗产卷》，真实而客观评述了1949年来建筑文化遗产保护与发展历程，还大胆提出了以"历史、艺术、科学价值"为尺度的评价标准，从而使内容翔实且科学。

其二，丛书的《图书卷》开启了全面梳理中国建筑文化与学术历程的工作，用图书在文化上作总结，意在让历史经验照亮中国建筑文化的前程，用图书打开中国建筑设计历史之窗，因此，影响

力才会深远和扎实。在介绍由第一、第二届“中国建筑图书奖”发端的种种努力的同时，还用一定篇幅评价了作为建筑幕后“英雄”的一代代编辑者，从而形成并倡导着一个意义深远的建筑传播学的多层次模式。

其三，建筑评论伴随着新中国60年一直是业内外关注的大问题。从文化上讲，中国建筑文化之所以普及差、认知率低，在很大层面上与我们几十年来不注重建筑评论的缺憾有关。本丛书的《评论卷》未堆砌华丽辞藻，也未作夸大其词的渲染，它从尊重历史的观点出发选取了不同时代的建筑评论文章，在把握主旋律的同时让读者体会到与时代同步的中国建筑评论的发展，构筑起中国建筑文化的思想体系。

总之，这是一部以建筑的名义向新中国60年华诞致敬的大型系列出版物，它不是一套类似于建筑师随笔的个人情绪化的“小书”，而是集中反映“建筑中国60年”历程中的记忆、语言、文字、图片等精神财富的“大书”，不仅反映了建筑随时代变迁的发展，更可成为珍贵的建筑记忆及“教科书”，可看到中国一代代建筑师不无坎坷、在艰难中奋进的身影。

感谢住房和城乡建设部、北京市各级领导的大力支持，感谢中国建筑学会及建筑师分会对该选题的肯定与指导，感谢马国馨院士、资深建筑学编审杨永生，北京市建筑设计研究院朱小地院长、张宇副院长、邵韦平执行总建筑师等对本系列丛书方向从始至终的把握，更感谢《建筑创作》杂志社出任各分卷执行主编及美编的全体同事们的理解与全身心的投入，我深深为他们的工作精神、工作态度和效率而折服。这里还要感谢出版者天津大学出版社杨欢社长、韩振平副社长及每卷的责任编辑，没有他们超乎寻常的合作精神，这部“巨著”的出版是完全不可能的。这里也向更多应感谢的难以说全名字的作者及贡献者致敬，因为我们大家共同为“建筑中国60年”的伟业做了一件有价值的事。这里尤其要申明的是：为使这套缘于学术机构策划的丛书能尽可能代表中国建筑发展的历程，并替中国建筑60年经验总结做实事，七个分卷的执行主编在过去的十个月间倾力致函并联系全国各院及建筑师。但迄今遗憾地发现尚有部分单位及个人没有反馈，由于出版时间的要求，我们也只好忍痛割爱了，在此对本丛书未能囊括的内容深表歉意，只好待再版时补正了。同时，我也对本丛书在采编、访谈、资料整理、文字加工及版式设计诸方面尚存的不足深感惶恐，敬请各界多多指教。

愿本文成为全体编者的心声，愿该系列丛书为中国建筑60年留下有深度价值的“全景”记录。

金　磊

中国建筑学会建筑师分会理事

BIAD传媒《建筑创作》杂志社主编

2009年7月